SpringerWienNewYork

Alexander Goetz

Schach dem Manager

Strategie und Taktik des königlichen Spiels für das moderne Management

SpringerWienNewYork

Alexander Goetz
Eurovision Management SPOL.S.R.O
Sasinkova 6
81108 Bratislava
Slovakia

Printed in Austria

SpringerWienNewYork ist ein Unternehmen von Springer Science+Business Media
springer.at

Satz: Reproduktionsfertige Vorlage des Autors
Druck: Druckerei Theiss GmbH, A-9431 St. Stefan

Gedruckt auf säurefreiem, chlorfrei gebleichtem Papier - TCF
SPIN: 11313809

Bibliografische Information Der Deutschen Bibliothek
Die Deutsche Bibliothek verzeichnet diese Publikation in der
Deutschen Nationalbibliografie; detaillierte bibliografische Daten sind im Internet
über <http://dnb.ddb.de> abrufbar.

Mit zahlreichen Abbildungen

ISBN 3-211-22869-1 SpringerWienNewYork

VORWORT

Zu allen Zeiten hat der Mensch nach dem Urgrund seines Handelns
geforscht und bediente sich hierfür allzu gerne abstrakter Abbilder
seines Wesens wie dem Spiel, der Liebe und dem Krieg.
Die daraus gewonnenen Einsichten und die Vernetzung
mit unterschiedlichsten Wissens- und Erfahrungsgebieten
trugen ihn weiter und öffneten ihm so neue Welten.
Es waren immer diese kurzen, erhebenden Gefühle,
aus dem Offensichtlichen etwas ganz Persönliches, Verborgenes,
nur für sich alleine zu finden,
das uns Menschen
in jenen Augenblicken der Inspiration größer machte.
Ein Gefühl, das manchmal zu Worten, aber immer zu Taten führte.

Alexander Goetz — August 2004

Danksagung

„Der Sieg hat viele Väter, während die Niederlage oft eine Waise ist.“
Aus dieser Erkenntnis heraus fällt es mir leicht, mich bei den Menschen zu bedanken, die mir geholfen haben, diese Partie Schach zu gewinnen.

Siegfried und Tina Goetz
Dipl.Ing. Andreas Rockenbauer
MK Dr. Alexander Kirschner
Mag. Michael Ehn
Claudia Posekany
... und GM Garry Kasparow, dem „primus inter pares“.

INHALT.

EXECUTIVE SUMMARY

„Schach! Dem Manager“ (**SDM**) ist ein Buch für *schachspielende Manager* und *managende Schachspieler*. Es verbindet die Substanz beider Denkspiele zu einer *synergetischen Handlungsanleitung* für das Management von Figuren und Unternehmen. So können beide Welten voneinander lernen!

Neben den Betrachtungen über die Grundprinzipien eines *erfolgreichen Managements* entwickelt **SDM** das Verständnis für die einzelnen Bestandteile des *Schachprozesses* und deren Auswirkungen auf das Spiel. Die Reise ins Schach beginnt beim *Koordinatensystem des Erfolgs* und führt über die *handelnden Personen* schließlich zum Wert der *Ästhetik* in schachlichen wie auch wirtschaftlichen Prozessen. Selbst die *geschichtliche Entwicklung* des Schachs vermittelt dem Leser ein Gefühl für die augenfälligen Parallelen, die beiden Spielarten des Geistes zugrunde liegen.

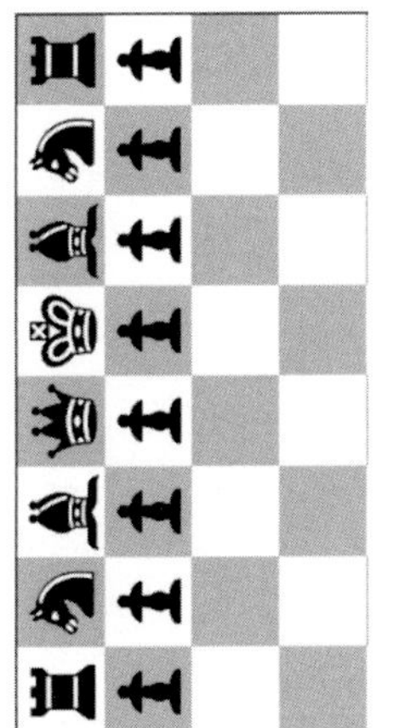

Eine Partie Schach beginnt in der *Eröffnung*, und so beginnt auch der Einstieg in die konkreten **SDM**-Strategeme in dieser initialen Phase, die schon erste grundlegende Strukturen und Strategien erkennen lässt. Sehr bald wird das *Mittelspiel* erreicht, in dem die rein mathematische Fähigkeit zu berechnen keine befriedigenden Resultate mehr liefern kann. Das Gefühl für die richtigen Pläne und Ideen übernimmt das Steuer. Nach dem Mittelspiel wartet das *Endspiel*, das sich durch eine stark reduzierte Anzahl von Figuren auszeichnet. Jeder Fehler kann das sofortige Ende bedeuten, was auch die Gewichtung jedes einzelnen Zugs erhöht. Hier zeigt sich die wahre *Meisterschaft* des erfolgreichen Spielers.

Abschließende Betrachtungen nehmen die grundsätzlichste Art ein, eine Partie Schach zu beenden, nämlich den Gegner *schachmatt* zu setzen. Abgerundet wird **SDM** durch viele *Fallbeispiele*, die die Entwicklung einer Schachpartie der eines Unternehmens gegenüberstellen. Für die Schachfreaks folgt am Ende des Buchs noch eine Sammlung wichtiger *Schachlinks*, die einen vielschichtigen Zugang zum Thema ermöglichen.

1. DIE PARTIE DES JAHRHUNDERTS

„Mechanisch in der Anlage und doch nur wirksam durch Fantasie,
begrenzt in geometrisch starrem Raum
und dabei doch unbegrenzt in seinen Kombinationen,
ständig sich entwickelnd und doch steril, ein Denken, das zu nichts führt,
eine Mathematik, die nichts errechnet, eine Kunst ohne Werke,
eine Architektur ohne Substanz
und nichtsdestominder erwiesenermaßen dauerhafter als alle Bücher
und Werke, das einzige Spiel, das allen Völkern und Zeiten zugehört
und von dem niemand weiß, welcher Gott es auf die Erde gebracht,
um die Langeweile zu töten, die Sinne zu schärfen, die Seele zu spannen.“
(Stefan Zweig)

Was hat ein kurzweiliges Spiel wie Schach mit der großen ernsten Wirtschaft und deren Lenkern gemeinsam? Was überhaupt ist Schach?

Der französische Philosoph Gilles Deleuze bezeichnete Schach einmal als *„Eine Kombinatorik von Orten in einem reinen Spatium, das unendlich viel tiefer ist als das reale Ausmaß des Schachbrettes und die imaginäre Ausdehnung jeder Figur.“* Der schlagfertige Ex-Schachweltmeister Michael Moisejewitsch Botwinnik sieht die Sache naturgemäß einfacher.
Er meinte über Schach einmal launisch zu einem Journalisten: *„Wenn ich es spiele, ist es Wissenschaft, bei Michael Tal (ebenfalls ein Ex-Weltmeister) ist es Kunst, wenn Sie es spielen, ist es einfach nur ein Spiel.“* Selbst so manche namhaften Theoretiker der Wirtschaftswissenschaften haben das Schach schon mit dem viel propagierten *„grenzenlosen Unternehmen ohne Barrieren zwischen den Funktionsbereichen, Ebenen und Standorten“* verglichen. Ein erster Einstieg in unser Thema scheint also bereits gefunden.

Ähnliche Analogien beschäftigen sich mit den drei Stadien eines Schachspiels, also der *Eröffnung*, dem *Mittelspiel* und dem *Endspiel*, und vergleichen diese mit den *drei grundsätzlichen Entwicklungsphasen* von Unternehmen. In der *Pionierphase* funktionieren Information und Kommunikation am einfachsten, alle beteiligten „Figuren" fühlen sich wie in einer großen Familie, ähnlich dem Eröffnungsstadium einer Partie, in dem eine harmonische Figurenentwicklung gefragt ist.
In der *Organisationsphase* werden die emotionalen Beziehungen zurückgedrängt und durch immer mehr formale Strukturen ersetzt, ähnlich den komplexen Plänen und Strategien des schachlichen Mittelspiels. Die Zahl der Aktennotizen, Formulare und Kopien wächst, alles wird unübersichtlich. Erst in der *Phase der Integration* wird der Aufwand auf das Wesentliche reduziert, die Menschen treten wieder in den Vordergrund und integrieren ihre Erfordernisse und Wünsche in das Gesamtziel des Unternehmens, ähnlich dem Endspiel, in dem die *Aktivität jeder einzelnen Figur* eine große Rolle in der Gesamtbeurteilung einer Stellung spielt. Ein interessanter Ansatz von vielen, der schon zeigt, wie tief die Ideen des Schachs im unternehmerischen Alltag verwurzelt sind.

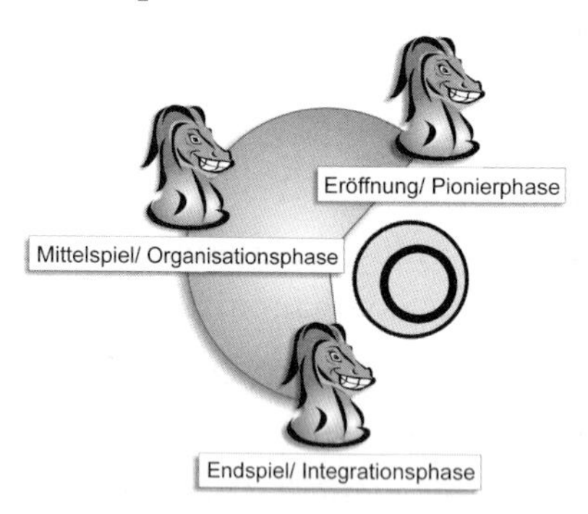

Generalisiert betrachtet ist Schach die freie und dynamische *Transformation* von *Zeit*, *Raum* und *Material* in spielerischer Form, die sich souverän jeder *Tyrannei des Zufalls* entzieht. Das ist die gute Nachricht, die schlechte ist, dass Schach zu schwer für uns Menschen ist - aber nur ein wenig zu schwer. Diese Suche nach dem „*Absoluten*", der Auffindung des jeweiligen Zuges, der den Gewinn mit sozusagen *metaphysischer Korrektheit* verbürgt, das hat uns schon zu allen Zeiten immer wieder herausgefordert. Unter allen Spielen nimmt Schach eine besondere Stellung ein, seine Sprache wird auf der ganzen Welt verstanden, und das schon seit über *15 Jahrhunderten*. Es war und ist wahrhaft das Spiel der Könige, auch wenn die Benannten heutzutage eher dem kurzweiligen Polo oder dem Spiel an der Börse zugetan sind.

Kann es sein, dass dieses Spiel bisher noch nicht erkannte Wahrheiten in sich birgt, die der modernen Lehre der Wirtschaftswissenschaften und des Managements zu Diensten sein könnten? Kann *Schach* vielleicht sogar *notwendige Fähigkeiten vermitteln*, die bis dato nicht auf Universitäten gelehrt werden? Bisher wurde der Einfluss des Schachs auf die *Grundprinzipien der Unternehmensführung* nicht wirklich wahrgenommen oder gar ernsthaft untersucht.

Warum auch, ein Spiel kann doch keine wissenschaftlich fundierten Theorien ersetzen oder sie zumindest unterstützen. Dachte man. Nun ja, Zeiten ändern sich, und mit ihnen entstehen neue funktionelle Paradigmen, die ein genaueres Bild des gegenwärtigen Lebens mit all seiner chaotischen Vielfalt darstellen. Im tatsächlichen Leben wird, im Gegensatz zur noch herrschenden Lehre der geplanten Ordnung, alles unberechenbarer, chaotischer und unübersichtlicher. Warum sollte uns da nicht gerade die „*Theorie des Spiels*" nützliche Hinweise zum neuen Verständnis und Handling des Chaos liefern? Eine gute Frage, auf die

uns **SDM** antworten wird. Bei dieser Gelegenheit möchte ich Ihnen meinen neuen Freund *Chesster* vorstellen, der uns durch dieses Buch begleitet und immer dann zur Stelle sein wird, wenn es um *Verständnisfragen zum jeweiligen Thema* geht oder er das Bedürfnis hat, mich zu unterstützen oder auch zu korrigieren. Chesster ist eine Art von Über-Ich, der das Schach nicht ganz so enthusiastisch sieht und daher die *objektive Instanz* dieses Werkes darstellt. Außerdem schätze ich Chesster's bissigen Humor, der so manche meiner Übertreibungen ins rechte Bild rücken wird.

Doch zurück zu unserer Herausforderung. Was also verbindet Schach mit den grundlegenden Prinzipien des Managements und dessen handelnden Personen? Spontan möchten Sie auf die Fragestellung mit „*logisches Denken und analytisches Vermögen*" antworten. Ja, Sie haben damit Recht. Diese erste Einsicht mag oberflächlich genügen, da ist aber noch unglaublich viel mehr an Gemeinsamkeit vorhanden. Begeben Sie sich mit mir auf die Suche danach, diese Wahrheiten wollen aktiv entdeckt werden! Auf Sie warten verblüffende Parallelen und mehr verbindende Substanz, als Sie sich es jetzt noch vorstellen können.

Beginnen wir also gemeinsam zu suchen. Suchen wir nach dem ordnenden Urgrund, der die Strategie und Taktik des Schachspiels zu einem effektiven Werkzeug wirtschaftlicher Wirklichkeit macht. Zu Beginn ist jedoch etwas an Vorsicht geboten. „*Zu sehen, was jeder sieht, aber etwas daraus entstehen zu lassen, was noch niemand erdachte ...* ", genau so kann das Schach ein Vorbild für das Management von Unternehmen sein. Doch Achtung, Schach, auf welchem Niveau es auch immer verstanden ist, löst Ihre unternehmerischen Herausforderungen nicht, das machen immer noch Sie selbst. Gut Schach zu spielen, heißt deshalb noch lange nicht, ein guter Manager zu sein. Umgekehrt ist ein ausgezeichneter Manager noch lange kein Großmeister des Schachs.

Erst die Erkenntnis der verbindenden Ideen beider geistigen Formen des Spiels verstärkt die erfolgreichen Handlungsmuster im „daily business" und verhilft den „Figurenmanagern" beider Seiten zu mehr Qualität in ihrem Schaffen. Die aktive Ableitung gleicher oder ähnlicher Schlüsse aus dem Vergleich von zueinander artfremden *Elementen* und *Mustern*, wie eben Schach zu Management, das ist der Trick, das ist Crossminding in Reinkultur. Die *Freude an der Entdeckung* dieser interessanten Analogien und die sich daraus ergebenden vitalen Denkprozesse schaffen sehr rasch ein neues Verständnis für Ihr persönliches „*Management von Figuren*".

Die *kognitive Verarbeitung dieser Motive* beschleunigt das Tempo und die Effektivität Ihrer zukünftigen Schlussfolgerungen und Aktionen und macht Sie zu einem erfolgreichen Manager, sofern Sie das nicht schon sind. Lernen Sie durch Schach jedenfalls die anspruchsvollste Form der Kommunikation kennen, die aktive Auseinandersetzung mit den Ideen anderer. Risiko gehen Sie dabei wohl keines ein.

„Schach hat tatsächlich den großen Vorteil, alle neu gewonnenen Erkenntnisse permanent und ohne großes Risiko in der Simulation testen und schließlich weiterentwickeln zu können."

Ja, Chesster, und dieser Umstand sollte in der Tat genutzt werden. Wie Sie sicher bereits bemerkt haben, werden in diesem Buch viele

Schachdiagramme verwendet, um die extrahierten Analogien und Erkenntnisse deutlich zu machen. Wenn Sie bereits Schach spielen, wird ihnen das „Nachspielen“ meiner *Überlegungen auf Basis konkreter Diagramme* keine großen Probleme bereiten. Falls Sie jedoch kein Schach spielen, wird Ihnen ein rasch erworbenes Schachset jedenfalls dabei helfen, die im Buch verwendeten Darstellungen und Zugfolgen nachzuvollziehen und vor allem nachzuspielen! Und mit „nachspielen“ meine ich, die Figuren aufzustellen und sie analog den Anleitungen auch zu bewegen! Es ist dabei nicht wichtig, alle Regeln sofort und genau zu kennen, erleben Sie Schach einfach als dynamisches Bewegungsszenario!
Schon nach den ersten gemeinsamen Minuten mit Ihrem Schachbrett und Ihren Figuren werden Sie zu verstehen beginnen. Lernen Sie, die Vorgänge am Brett intuitiv zu erfassen und daraus konkrete Rückschlüsse zu ziehen. Alles Weitere kommt von selbst. Dafür garantiere ich. Diese ganz persönliche Erfahrung wird Ihnen helfen, Ihre *strategischen* und *taktischen Maßnahmen* im Wirtschaftsalltag neu zu bewerten und frischen Wind in Ihre Strukturen zu bringen.

Doch ist Vorsicht angebracht. Jede neu erworbene Kenntnis will vor ihrer Umsetzung auch wirklich richtig verstanden sein. Manchmal werden Sie sich anstrengen müssen, um die beschriebenen Analogien in ihrer gesamten Tiefe in *konkrete Handlungen* umsetzen zu können. Chesster würde mir sicher sofort zustimmen und Ihnen „No pain no gain!“ zurufen. Und wie Recht hat er damit! Doch wenn der Groschen einmal gefallen ist, garantiere ich ihnen eine neue Erfahrungswelt, von deren Existenz Sie bisher wahrscheinlich nur marginal Kenntnis hatten. Endlich ist der Zeitpunkt gekommen, erstmals etwas konkreter zu werden.

In welcher Form ist Ihnen Schach bisher im Alltag begegnet? Haben Sie nur davon gehört? Haben Sie schon einmal jemanden beobachtet, der Schach spielt? Hatten Sie schon einmal selbst eine Schachfigur in Ihrer Hand? Laut einer Studie hat über *15% der Weltbevölkerung* schon einmal Schach gespielt oder kennt zumindest einige Regeln des Spiels.

Mögen diese Kenntnisse auch schon wieder verkümmert sein, einzelne *Begriffe* und *Eindrücke* bleiben jedem einmal damit Konfrontierten ewig in aktiver Erinnerung. Schon allein die Tatsache, wie viele Schachbegriffe in die gegenwärtige *Wirtschaftssprache* Einzug gehalten haben, zeigt die latente Präsenz des Schachs in verschiedenen Bereichen des Lebens und im Speziellen seine *Artverwandtschaft und Affinität* zum gegenwärtigen Management.

„Sogar ich kenne Begriffe wie das berühmte „Bauernopfer", Schachmatt, das Patt, die Aufstellung oder die Rochade aus dem Wirtschaftsalltag."

Danke, Chesster, für diese unterstützende Wortmeldung. Sogar Schacheröffnungen wie „*Sizilianisch*" müssen für spezifische Prozesse herhalten, auch wenn dieses Beispiel eher in zynischem Kontext für leicht anrüchige Praxen verwendet wird. Auch das Wort „*Zugzwang*" hat in beiden Welten seinen Stellenwert; übrigens sehen Sie hier einen der wenigen interessanten Fälle, neben „*Kiebitz*", „*Patzer*" und „*Zeitnot*", in denen sich selbst die englischsprachige Schachgemeinde des deutschen Begriffs bedient. Und das kommt wohl in anderen Gebieten nicht so oft vor. Alle diese Termini werden uns jedenfalls noch später in schachlichem wie wirtschaftlichem Kontext begegnen. In der Tat sind Leute, die diese Begriffe in den wirtschaftlichen Alltag einbringen, im *heutigen Wirtschaftsleben* nicht nur „cool", sie stehen auch, manchmal ohne es zu wissen, an der Schwelle eines *neuen Verständnisses.*

„So weit, so gut, aber ist die reine Kenntnis von schachlichen Begriffen nicht zu wenig, um den Inhalt des Buches zu verstehen?" Sollte man da nicht Schach auf hohem Niveau spielen können?"

Nicht unbedingt, Chesster. Mein Anspruch ist eben, Schach verstehen zu lernen, ohne es gut spielen zu müssen. Und das alles fern von Banalismus und *falsch verstandener Simplifizierung*. Viel zu oft führen unzulässig vereinfachte Analogien, wie der ausschließliche Vergleich von Schachfiguren mit Menschentypen in einem Unternehmen, zu einer *Trivialisierung des Spiels* und der sich daraus ergebenden Problemstellungen. Dazu ist Schach leider nicht simpel genug. Figuren planlos zu ziehen, ist einfach, wirklich Schach zu spielen, ist hingegen eine komplexe Angelegenheit, und sie wird durch die gegenwärtige *Verdrängung alter Grundsätze und Dogmen* immer komplexer. Falls Sie bereits ernsthaft Schach spielen, eine zwischenzeitliche Warnung: **SDM** verbessert trotz umfassender Erörterung aller Strategien und Motive nur sekundär Ihr Schachspiel, wie schade das auch für Sie sein mag. Auf jeden Fall bringt es Ihnen aber die *tiefgründigen verbindenden Wahrheiten* näher, die sowohl dem Spiel der Könige als auch dem Spiel der Wirtschaft zugrunde liegen. Natürlich kann ich, bevor Sie fortfahren zu lesen, nicht von Ihnen verlangen, zuallererst Großmeister des Schachs zu werden, aber es würde Ihnen keinesfalls schaden. Glauben Sie mir.

Die Idee zu diesem Buch kam mir eines Abends, als ich mich auf einen anstehenden Wettkampf am darauf folgenden Tag vorbereitete. Ich analysierte gerade eine Partie meines voraussichtlich nächsten Gegners und die daraus entstehenden möglichen Mittelspielstellungen, als ich etwas von dem nebenstehenden Diagramm abgelenkt wurde. Dieses Bild zeigt auf den ersten Blick eine etwas eigenartig anmutende *Verteilung von Springern und Läufern* in befremdlich *anziehender geometrischer Verflechtung*. Doch ich erkannte eine noch tiefere Logik in diesem Diagramm. Es war die strategische Einsicht, dass das *Zentrum* eines Schachbretts nicht unbedingt durch Figuren oder Bauern *besetzt* sein muss, um *beherrscht* zu werden, die mich in eine launische Stimmung voller spekulativer Ideen versetzte. Ich ließ von meiner Vorbereitung ab und dachte nach.

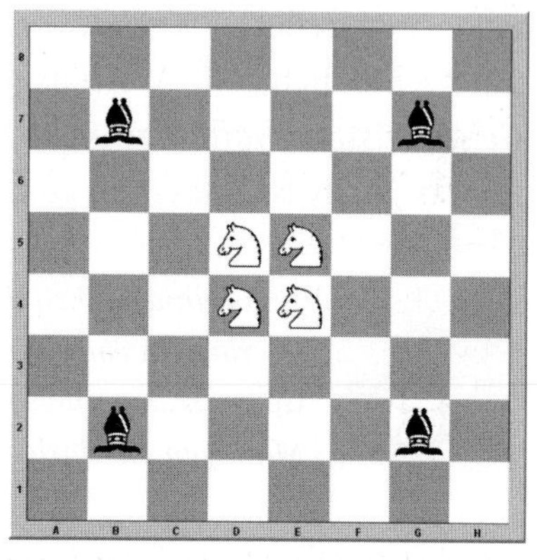

„Ein Zentrum muss nicht unbedingt besetzt werden, um beherrscht zu werden! Das klingt schon etwas spannender, Alex!"

Wie war es doch gleich in der Wirtschaftstheorie? Auch hier muss ein Markt nicht unbedingt durch eigene Figuren besetzt sein, um beherrscht zu werden. Den Beweis dafür liefern uns täglich die McDonalds oder BurgerKings dieser Welt mit ihren äußerst erfolgreichen Franchise-Systemen. Sie *kontrollieren das Zentrum, also den Markt,* größtenteils durch assoziierte freie Unternehmer, ohne ihn selbst zu besetzen. Sie beherrschen ihn einzig allein durch ihre *Ideen* und *Motive.* Genau so wie die Läufer in unserem ersten Diagramm! Eine Basis für **SDM** war geschaffen. Der Jagdtrieb hatte mich erfasst, und ich bemühte mich sofort, nach weiteren konkreten Analogien zu forschen, und wurde auch auf Anhieb fündig. Nach diesem speziellen Beispiel des Franchising folgten allgemeinere Überlegungen, und ich stellte überrascht fest, dass selbst die grundsätzlichsten Strategeme des Schachs als nützliche praktische Basis für unternehmerische Qualifikationen dienen können. Ich war zum Suchenden geworden und begann nun, die Ideen des Schachs mit allen möglichen Ansätzen in der gegenwärtigen Managementliteratur zu vergleichen. Was ich fand, war ein genereller Trend, wirtschaftliche Prozesse mit den unterschiedlichsten Wissensgebieten wie den *Natur-* oder sogar *Geisteswissenschaften* zu verschmelzen, um daraus neue Erkenntnisse für das „daily business" zu gewinnen. Das ermutigte mich.

„Ich erinnere Dich da an das Buch „Exoten im Management" (Verlag Hausner), in dem Biochemiker, Sinologen, Physiker, Germanisten und sogar ein Theologe ihren Zugang zum Management darlegen."

Ich danke Dir für Deinen interessanten Beitrag, Chesster! Dieses Buch untermauert in der Tat meine These, dass die Welt der Wirtschaft dazu tendiert, sich *stärker in artfremde Wissensgebiete* zu vernetzen, grenzenloser zu werden und auf Basis fusionierter Erkenntnis ständig nach neuen Modellen für *Erfolg versprechende Unternehmensstrategien* zu suchen. Wäre da nicht die Verbindung zum Spiel der Könige ein idealer Nährboden für neue spannende Innovationen? Diese Frage fesselte mich sofort und führte mich zu weiteren Gedankenspielen und einem intensiven Brainstorming, das dann die ganze Nacht dauerte.

Und einer, mangels Schlaf und fehlender Vorbereitung, verlorenen Partie am darauf folgenden Tag. Tja, manchmal kann auch ich nicht alles haben. Jedenfalls führten meine Untersuchungen zu diesem Buch und meinen gesammelten Erfahrungen mit dem Schach, und den *vielen interessanten Analogien* und daraus *abgeleiteten Handlungsmustern* für den wirtschaftlichen Alltag.

Wir spielen, um zu gewinnen

„Alle Menschen werden als Originale geboren, sterben aber zu 85 % als Kopien!“ (Unbekannt)

Welchen Stellenwert nimmt Schach in unserem Alltag ein? Für viele Menschen ist Schach ein kurzweiliges Spiel, in dem zwei Spieler belanglos ein paar Figuren hin- und herschieben und sich durch mehr oder weniger geistreiche Kommentare eher rhetorisch als schachlich zu besiegen trachten. Das ist *Kaffeehausschach* und dient uns nicht als Vorbild für unsere Überlegungen. Falls Sie jedoch schon einmal die Gelegenheit hatten, *Schach in einer Wettkampfatmosphäre* zu erleben, sei es real oder virtuell, wird sich Ihre Meinung schnell geändert haben.

Dort ist Schach nämlich alles andere als purer Zeitvertreib, dort wird erbittert um Sieg und Niederlage gekämpft, wenn auch *nicht so vordergründig* wie in anderen Sportarten. Schach erfordert eben besondere Fähigkeiten, die dem beobachtenden Zuschauer zunächst noch verborgen bleiben.

„Es geht Dir also darum, Schach weniger als amüsantes Spiel sondern vielmehr als ernst- und glaubhaftes Medium zur Entwicklung neuer Fähigkeiten zu präsentieren.“

Richtig, Chesster, Schach ist viel mehr als ein Spiel. Hier wird hart an sich gearbeitet, gelernt und gewonnen bzw. verloren. Der olympische Gedanke, die *Teilnahme als Ziel* zu definieren, ist beim Schach, wie übrigens auch in der Wirtschaftsarena, völlig fehl am Platz.

Die rein passive Teilnahme schafft keine Arbeitsplätze, entwickelt keine neuen Strategien oder Technologien und führt in letzter Konsequenz zur Konformität und damit in die sichere Niederlage. Nur wer sich an den Besten orientiert, sein *gesamtes Potenzial aktiv einsetzt* und weiterentwickelt, sich also immer wieder neu erfindet, wird seinem Spiel den eigenen Stempel aufdrücken und darin mit Bravour bestehen. Schach ist ein *Kampfspiel mit klaren Regeln*, eine Welt von Figuren mit ungleichartigen Funktionen, die gut geführt werden wollen. Und das geschieht durch den *determinierten Spielführer*, der seine Mitstreiter *positionell* effektiv *in Szene setzt*, um letztendlich *zu gewinnen.*

„Du verwendest hier einen speziellen Schachterminus, nämlich „positionell", der uns Normalsterblichen noch nichts bedeutet. Erkläre uns erst einmal, was es mit einer positionell geführten Partie auf sich hat!"

Die Positionspartie entsteht durch das Bestreben, zuerst die *bessere, geräumigere* oder *geordnetere Stellung* zu erringen und dem Gegner *stellungsmäßige Schwächen* zu schaffen. Beide Teile suchen auf dem Wege des Manövrierens, des Druckspiels, des Trachtens nach einer wirkungsvollen *Figurenaufstellung* oder *Bauernfront*, ein verwertbares Übergewicht zu erlangen. Das verstehen eingeweihte Schachspieler unter positionellem Spiel, der hohen Schule des Schachs.

Positionelles Spiel erfordert jedoch neue Fähigkeiten, die weit über theoretische Grundlagen und systemische Begabung hinausgehen. So weit, so gut. Doch die entscheidende Frage ist aber nun eben, ob dieses kreative Denk- und Kampfspiel auch wirklich in der Lage ist, *relevante Managementfähigkeiten* und Führungsqualitäten auf spielerische Weise zu fördern und bekannte Versagerursachen besser in den Griff zu bekommen. Kann das Schach dem Manager von heute helfen, jene nicht delegierbaren, aber alles entscheidenden Verpflichtungen zu erlernen und zu verinnerlichen? Kann man durch Schach auch im täglichen Geschäft gewinnen und mit Niederlagen besser umgehen lernen? Um dieser Frage auf den Grund zu gehen, müssen wir uns zu Beginn dem Begriff des Managers und seiner täglichen Aufgaben widmen.

„Wir nähern uns also zuerst dem Wesen des Managements. Ich sehe schon, Du willst mit uns „den langen Weg nach Hause nehmen" und etwas weiter ausholen, stimmt's?"

Das wird leider unvermeidlich, Chesster. Immerhin wollen wir Schach für Manager auf ernsthafte Weise untersuchen und benötigen dazu eine fundierte Basis. Wenn wir also den Begriff *Management* all seiner spezifischen Differenzierungen entkleiden und versuchen, eine allgemein gültige Formel zu finden, stoßen wir auf verschiedene, durch die jeweiligen Denkschulen gefärbte Definitionen. Lösen wir auch diese Färbungen, kommen wir zu einem einfachen Resultat. Management steht für die Ausübung lösungsorientierter *Denk-*, *Entscheidungs-*, *Koordinations-*, *Durchsetzungs-* und *Kontrollprozesse*, die *Ausdauer*, *Kreativität*, *Dynamik*, *Initiative*, *Konzentration* und ein hohes Maß an *persönlichem Engagement* erfordern. Management ist in seinem Wesen mehr als nur die bestmögliche Umsetzung von Entscheidungen, es ist die *Kunst des Machbaren*.

„Die Kunst des Machbaren. Das klingt sehr pragmatisch und wirklich „very Macho", aber wahrscheinlich ist das die gegenwärtige Sicht der Dinge."

Nicht nur die Dinge richtig tun, sondern die richtigen Dinge zu priorisieren und sie auch zu wagen, das ist die Maxime eines erfolgreichen Managers, wobei mein größter Schwerpunkt bewusst auf dem Wort „wagen" liegt. Für die meisten Leute ist ein Wagnis oder Risiko eine Sache, mit der sie nicht einverstanden sind. Und so treffen sie lieber die Entscheidung, die am mühelosesten zu treffen ist, nämlich keine.

Der Begriff *Risiko* selbst ist im Verständnis vieler Menschen gewöhnlich sogar radikal *negativ* besetzt. Viele Unternehmer investieren bedeutende Geldmittel, um Risken jeder Art zu vermeiden. Doch hier zeichnet sich ein *Paradigmenwechsel großer Dimension* ab. Die neue Generation der Manager findet langsam aber sicher heraus, wie wichtig es für das Überleben einer Unternehmung ist, den *Wandel konsequent herauszufordern* und dementsprechende Wagnisse einzugehen. Alle Übrigen glauben entweder, dass Risken etwas für die anderen sind, oder sie hegen die geheime Hoffnung, dass all das Gute im Geschäftsleben irgendwie durch ein Minimum an Risiko zu erreichen ist. Das ist bedauerlicherweise nicht möglich. Sorry.

Manager treffen täglich Entscheidungen, sonst werden sie von ihnen getroffen. Oberflächlicher Spruch oder tiefe Weisheit, Sie kennen die Antwort genau! Dieser angesprochene *Mut zur Entscheidung*, zum kalkulierbaren Risiko ist ein unverzichtbarer Charakterzug des modernen Schachspielers und eben auch des erfolgreichen Managers. Psychologen haben schon des Öfteren darauf hingewiesen, dass die Motivation, Wagnisse einzugehen, außerordentlich komplexen *Wechselwirkungen* gehorcht. Doch ein weiterer Umstand der psychologischen Untersuchungen lässt hoffen. Risikofreudige Menschen werden generell sehr gut mit *komplizierten Situationen* fertig, sie übertreffen sich ständig in *abstrakter Beweisführung* und schaffen so wichtige Optionen für ihre Entscheidungsfindung. Im Fall von Ungewissheit fühlen sie sich gezwungen, die Sache voranzutreiben und die *Initiative zu entwickeln*, obwohl sie vielleicht nicht über alle notwendigen Informationen verfügen.

Solche Menschen benutzen ihre gedankliche Beweisführung jedenfalls dazu, die unvermeidlichen Abgründe auszufüllen, die zwischen ihrem Wissen und ihrem Wollen klaffen. Sie bereiten die Wege von morgen. Wow, dieses ausdrucksvolle Bild von der *dynamischen Führungskraft* wollen wir uns zum Vorbild nehmen und in der Folge weiter ausbauen! In einer Welt des wachsenden Chaos steuert der Manager von heute sein Schiff schon längst nicht mehr nur exklusiv auf Basis seiner bewussten Fähigkeiten.
Vielmehr ist sein „positionelles" Gefühl, sein unterbewusstes Verständnis für die „Stellung" gefragt. Diese bahnbrechende Erkenntnis haben vorausschauende Chief Executive Officers (CEO) schon längst intuitiv erfasst und neue effektive, dieses Gefühl entwickelnde Bildungsmethoden für ihre Führungskräfte an Land gezogen.

„Hast Du noch nie etwas vom Seminar „Der Chaospilot“ gehört? Diese unglaublich erfolgreiche Konzeption ist jetzt schon seit Jahren ein Renner unter den Managementseminaren!“

Danke, jetzt kenne ich es auch. Als „deus ex machina“ bist Du unschlagbar, Chesster. Jedenfalls verlangt die Ausbildung der Manager von morgen eine *ganzheitlichere Sichtweise* des „Spiels“, als es bis dato der Fall war. Und genau hier kommt unser Schach ins Bild. Betrachten wir für einen Moment aber nicht die *bewussten und unbewussten Fähigkeiten eines Managers*, sondern gehen wir noch einen weiteren Schritt zurück. Fragen wir uns erst einmal, auf welcher grundlegenden Basis Manager operieren müssen, um ihre täglichen Aufgabenstellungen überhaupt erfolgreich umsetzen zu können. Fragen wir uns, welcher Urgrund des Erfolgs bereitet sein muss, der dem Manager erst richtig erlaubt, seine Fähigkeiten voll einzubringen. Was muss ein Manager vorfinden, um erfolgreich arbeiten zu können.

Ich hoffe, Sie sind jetzt bereit, den erwähnten Umweg mit mir zu nehmen, um grundlegende Erkenntnisse über erfolgreiche Unternehmungen, sei es in der Natur, in der Wirtschaft oder natürlich im Schach, zu sammeln.

Die 4 Grundprinzipien erfolgreicher Systeme

Die Natur dient uns als großes Vorbild in Sachen Management. Viele der dort umgesetzten Prinzipien geben uns Aufschluss darüber, wie stabile und langfristige Erfolgskonzepte zu managen sind. Die Natur lässt sich natürlich nicht so einfach und direkt auf das Management von Unternehmen oder das Schach umlegen, und doch gibt es eine Vielzahl von Analogien zwischen den Gebieten, durch die sich grundlegende gemeinsame Eigenschaften und Prozesse ausdrücken. Diese Analogien sind teilweise offensichtlich, teils bleiben sie dem ersten Blick jedoch gänzlich verborgen. Sie wollen eben auch aktiv entdeckt werden.

Bevor wir uns jedoch in konkrete Ansätze stürzen, benötigen wir einen Begriff, der in unserer Alltagssprache für alles Mögliche herhalten muss und oft unverstanden benutzt wird, den des *Systems.*

„Es ist interessant, dass einer der bekanntesten Schachspieler aller Zeiten, Aaron Nimzowitsch, sein Werk über die Prinzipien des Schachs „mein System" genannt hat."

Ja, Chesster. Großmeister Nimzowitsch hatte intuitiv erkannt, dass der umfassenden Betrachtungsweise des Schachs ein System zugrunde gelegt sein musste, welchem er Weltgeltung verschaffen wollte. Doch schnell zurück in die Gegenwart. Was also zeichnet ein System, das uns interessiert aus? Welche *wesentlichen Grundeigenschaften* enthält ein System, nach dem wir uns orientieren sollten? Generalisiert formuliert, handelt es sich bei unserem Objekt der Begierde um einen ganzheitlichen Zusammenhang von *Dingen, Teilen, Individuen, Einrichtungen,* die durch Verbindungen unterschiedlichster Art miteinander interagieren. Dieses Ganze ist nach bestimmten *Regeln, Grundsätzen, Zielen* und *Vorstellungen* geordnet oder ausgerichtet. So weit, so gut und philosophisch.

Ein System ist im Allgemeinen allerdings *hochgradig dynamisch,* d. h. es besitzt die Fähigkeit, sich im zeitlichen Ablauf ständig weiterzuentwickeln. Diese Veränderungen verlaufen in bestimmten Strukturen und dienen der Durchsetzung bzw. der Erreichung obiger Grundsätze, Ziele und Vorstellungen. Zwar gibt es auch äußere Einflüsse, die einen Zwang auf das System ausüben, im Wesentlichen organisiert es sich aber von selbst. Es entwickelt sich aus sich selbst heraus weiter und verfügt über starke, *effektive Instrumente,* um nach innen und außen zu agieren und zu reagieren.

Da existiert aber noch ein weiterer Aspekt, durch den sich ein System, ob es sich nun um den Staat, die Wirtschaft oder einfach das Schach handelt, auszeichnet. Es ist das Vorhandensein einer Vielzahl von autonomen Teilsystemen mit eigenen *Ordnungsstrukturen,* die in das große System eingebettet sind und ständig miteinander interagieren.

Bei den initialen Betrachtungen des Schachs werden wir bald näher auf diese *Teilsysteme* wie Figuren, Figurengruppen und die verschiedenen Sphären eines Schachbretts eingehen.

„Bist Du jetzt nicht schon zu allgemein unterwegs? Ich denke, es ist Zeit für Dich, uns die konkreten Prinzipien dieses dynamischen Etwas zu erklären, das wir System nennen."

Du hast natürlich Recht, Chesster. Natürlich fallen unter diese Definition in ihrer Allgemeinheit sehr viele Systeme, nicht nur jene, die wir Wirtschaft oder Schach nennen. Allen diesen Systemen ist jedoch eines gemeinsam. Sie orientieren sich an *vier grundsätzlichen Prinzipien*, die der Natur entlehnt sind und uns ein erstes Gefühl dafür vermitteln, was wir als Manager konkret aus diesen Erkenntnissen lernen können.
Wir halten also fest: Die Basis für unsere tägliche Arbeit als Manager ist ein klar definiertes System, in dem wir uns ständig bewegen, das wir begreifen und auch in seiner Gesamtheit erfassen können. Doch nicht genug damit, diese systemischen Prinzipien zu definieren, müssen wir sehr bald erkennen, dass die praktische Umsetzung bestimmte *Anforderungen an das Management* stellt, die nicht ohne weiteres durch rein wirtschaftswissenschaftliches Know-how alleine abgedeckt werden können. Hier hilft uns zur Abwechslung ein wenig *naturwissenschaftliches Basiswissen* weiter. Erforschen wir also gemeinsam diese vier Grundregeln, nach denen sich erfolgreiche Systeme entwickeln und die folgerichtig eben auch für das Management von Unternehmen ihre Gültigkeit besitzen. Zu Beginn eine Warnung. Es muss uns klar sein, dass oft die *Verletzung* oder *Nichtbeachtung* eines oder gar mehrerer dieser systemischen Prinzipien hinter dem *Scheitern* von Unternehmen stecken. Vor uns liegt jedenfalls eine große Herausforderung, ohne die wir aber nicht zur Quelle der Erkenntnis vordringen können. Und dazu sind wir mit SDM ja wohl angetreten!

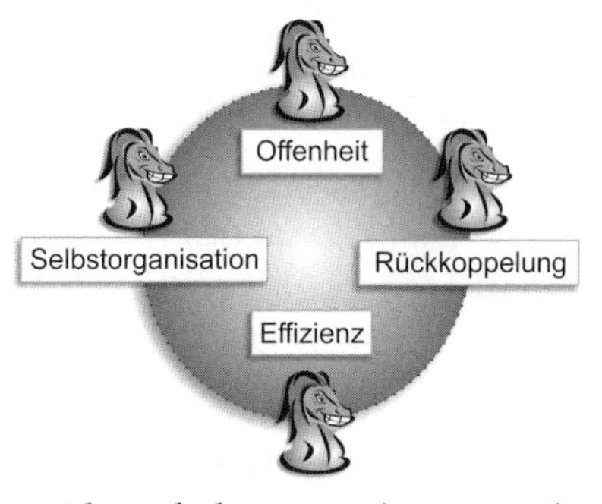

Verschaffen wir uns nun einen ersten Eindruck, was diese vier Prinzipien, bezogen auf Unternehmen, beinhalten und bewirken. Die Natur mit ihrer außergewöhnlich spannenden Art, Prozesse zu managen, gibt uns dazu nützliche Hinweise.

1. Offenheit

Offenheit in natürlichen Systemen bedeutet ganz allgemein Offenheit nach außen. Hier handelt es sich ganz simpel um einen *Austausch materieller* und *immaterieller Güter.* Energie wird in transformierter Form, wie Licht oder Wärme, aufgenommen, verarbeitet, und zum Teil auch wieder abgegeben. Einen interessanten abstrahierten Aspekt dieses Ansatzes werden wir noch bei der Betrachtung des Prinzips der „*Figurenenergie*" kennenlernen. Dieser Austausch von Informationen, und darauf ist die Offenheit letztendlich reduzierbar, dient dem System dazu, sich den *äußeren Bedingungen* anzupassen und sich weiterzuentwickeln. Doch Achtung, reine *Quantität* ist nicht *erkenntnisfördernder Qualität* gleichzusetzen. Aber das werden wir noch viel deutlicher in unseren Schachstrategemen zu erkennen lernen!

„Offenheit bedeutet in der systemischen Natur also den freien Austausch von Informationen, ohne jedoch die Relevanz zu wichtigen Entscheidungen zu überprüfen?"

Wie der bekannte Mathematiker *John von Neumann* einmal formulierte, ist Schach zwar „ein strategisches Spiel mit *absoluter Information*", doch leider zu komplex, um es in eine verständliche mathematische Formel zu bringen oder gar eindeutig zu berechnen. Dies trifft, wie schon bemerkt, auf viele natur- wie wirtschaftswissenschaftliche Systeme in gleicher Weise zu.
Daraus schlussfolgernd, ist dies in Unternehmen nun ganz ähnlich, allerdings richtet sich dort das Prinzip Offenheit gleichwertig nach *außen* und auch nach *innen.* Neben klar sichtbaren externen Kunden gibt es ebenfalls mannigfaltige interne Kundenbeziehungen, die sich in der modernen Managementpraxis in genau definierten innerbetrieblichen *Wertschöpfungsketten* und Strukturen definieren.

Einige Beispiele dafür habe ich sofort parat: Die Konstruktion ist der Kunde der Vorplanung, der Vertrieb ist der Kunde der Produktion, und der Endverbraucher ist der Kunde des Verkaufs. Wir sehen eine Vielzahl von strukturellen Ketten, die einander formen und bedingen. In manchen Unternehmen wird sogar die *Führungsebene* durch das unternehmensinterne Kredo zum Dienstleister an ihren unterstellten Mitarbeitern. Das sind ja wirklich schlechte Neuigkeiten für alle, die das bisher nicht so gesehen haben!
Schach bietet diese Offenheit jedenfalls in spielerischer Form, die das Verständnis des dahinter liegenden Prinzips nachhaltig fördert und verstärkt. Ein Beispiel aus dem Schachalltag gefällig? Wenden wir uns einer Figur zu, die auf den ersten Blick zwar unscheinbar ist, aber doch große Wirkung im gesamten Schachprozess erzielen kann, dem Bauern. Bauern bilden spezielle Formen und *starke Strukturen*, die es den Figuren ermöglichen, aktive Positionen einzunehmen, um so einen größeren Einfluss auf das Spiel zu nehmen. Wir erkennen also als versierter Figurenmanager sofort: Die *Bauern* werden durch ihren Einsatz zu internen Dienstleistern, um als verdienten *Lohn für ihre Leistung* später wiederum von höherwertigen Figuren im Endspiel in ihrem *Vorwärts- und Verwandlungsdrang* unterstützt zu werden. Eine Hand wäscht die andere! Das gute Zusammenspiel der Figuren und Bauern, frei von *formalen Ritualen*, sorgt für Harmonie und eine *kontinuierliche Verbesserung* des eigenen Systems und der Kontrolle der gegnerischen Aktivitäten.

„Das klingt ja alles sehr gut für professionelle Schachspieler, schließlich ist es ihr tägliches Brot. Doch was können wir „Anderen“ daraus erkennen?“

Du siehst es gleich, Chesster. Die Erkenntnis über das „ideale“ Schach verhält sich entsprechend zu jener über die „ideale“ Kommunikation. Auch hier geht es um die Verbindung des Unternehmens zu seiner Innen- und Außenwelt. Dazu nutzt es bestimmte institutionalisierte Kommunikationskanäle wie *Public-Relations*, interne *Informationssysteme* und *Berichtsrichtlinien*, die an unterschiedliche Zielgruppen im Unternehmen, aber auch außerhalb des Unternehmens gerichtet sind.

Moderne Technologien wie das Inter- oder Intranet sorgen für offene Strukturen und den optimalen Fluss zielgerichteter Informationen ohne einschränkenden Formalismus. „Panta rhei!" möchte man spontan ausrufen. Doch verstehen nicht alle Unternehmen diese Form der strukturellen Offenheit in gleichem Ausmaß.
Exzellente Unternehmen zeichnen sich eben besonders darin aus, das Umfeld für eine solche Offenheit zu schaffen und die einzelnen „Figuren des Spiels" ständig und umfassend zu ermutigen, aktiv zur gegenseitigen Entwicklung beizutragen.

„Offenheit ist also ein generelles Prinzip, das sich aus der Aufgabenstellung des Unternehmens und aus dessen Verständnis als Teil eines übergeordneten Zusammenhanges ergibt."

Richtig zusammengefasst, Chesster. Sie ist notwendig als ein Sensorium zur rechtzeitigen Anpassung an die sich abzeichnende Veränderung und, besser noch, an deren aktiver Mitgestaltung.

2. Rückkoppelung

Wie wird die erfühlte Notwendigkeit zur Veränderung nun bewerkstelligt? Die nun folgenden Prinzipien 2 und 3, die Rückkoppelung und Selbstorganisation, stehen zueinander wie zwei unzertrennliche Zwillinge. Das eine kommt ohne das andere nicht aus. Wenn wir nun zuerst die Rückkoppelung betrachten, erkennen wir sie sofort als eine doppelte Lernschleife zur *kontinuierlichen Veränderung* eines Systems. Jede neue Ebene des Verstehens formt und bedingt zugleich ihren Vorgänger und Nachfolger.

Evolutionäre Prozesse sind in der Natur überhaupt nur deshalb möglich, weil es eine Rückkoppelung des Erfolgs gibt, und zwar in allen Systembereichen bis hinunter zum einzelnen Individuum. Die „natürliche" Rückkoppelung kann seine volle Wirkung aber nur entfalten, wenn sie an *jedem Ort* und zu *jeder Zeit* stattfindet und sich aus der Notwendigkeit einer angezeigten Korrektur auch deren umgehende Ausführung ergibt.

„In der Natur geschieht das durch die natürliche Auslese und das daraus folgende „survival of the fittest". Das können wir bereits bei Charles Darwin nachlesen."

Richtig, Chesster. In den *naturwissenschaftlichen* und *philosophischen* Denkschulen war und ist dieses Prinzip allgegenwärtig. In wirtschaftlichen Prozessen fand diese Erkenntnis erstmals in einer japanischen Managementmethode ihre praktische Umsetzung, dem *Kai-Zen*. Kai-Zen ist nichts anderes als ein *rückkoppelnder, kontinuierlicher Verbesserungsprozess*, idealerweise von allen Bereichen und Mitarbeitern des Unternehmens mitgetragen. Das japanische „Kai" bedeutet übersetzt „Veränderung", während „Zen" die bekannte qualitative Bedeutung „zum Besseren" besitzt. Dementsprechend drückt Kai-Zen die Philosophie des ewigen Wandels und der Flexibilität aus, die notwendig sind, um auf die Veränderung der Umwelt rasch zu reagieren. Imai Masaaki, der Autor des gleichnamigen Werkes, sieht diese Verbesserung als Strategie der kleinen Schritte, einer *stetigen Ansammlung* von *geringfügigen Verbesserungen*, initiiert durch die Mitarbeiter des „eigenen" Unternehmens. Doch das alles ist nicht ganz neu. Erste öffentlich publizierte Schriften zu Kai-Zen finden sich bereits im Japan der Nachkriegsjahre. Gut Ding braucht wirklich Weile!
Im Schach der Könner findet sich dieses Prinzip in der Stellungsbehandlung praktisch in jeder Zugfolge. Die Dynamik, mit der sich eine Schachstellung durch jeden Zug verändert, macht die Rückkoppelung und die daraus gezogenen Schlüsse zum Erfolgsprinzip Nummer eins. Diese Rückkoppelung führt über die *grundsätzliche Erwägung* mehrere Züge weiter zur Auswahl der in Frage kommenden *Kandidatenzüge* und schließlich zur *konkreten Entscheidung*.

Das Theorem der Kandidatenzüge

Eine interessante praktische Anwendung des Rückkoppelungsprinzips finden wir im Schach beim *Theorem der Kandidatenzüge*. Dieses *Gedankenmodell* zur *Disziplinierung* des schachlichen Denkens geht auf den russischen Großmeister und Schachautor *Alexander Kotov* zurück.

Was besagt es also, und was kann ein Manager daraus lernen? Beschäftigen wir uns zu Beginn mit dem schachlichen Aspekt des Theorems. Um die Auswahl eines Zuges in einer konkreten Stellung zu erleichtern, verbietet GM Kotov dem Spieler, sich umgehend in wahl- und zahllose Berechnungen zu stürzen, als ihm vielmehr zu raten, zuerst sorgfältig eine *gedankliche Liste* aller für die Stellung *relevanten Züge* zu erstellen. Erst nach einer vollständigen Auflistung sollte der Schachspieler laut Kotov darangehen, die „Kandidatenzüge" einen nach dem anderen detailliert zu analysieren.

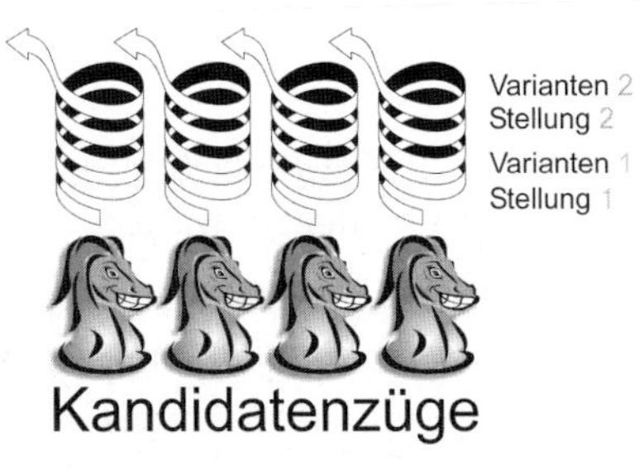

In diesem Prozess stehen dem Schachspieler dann zwei grundsätzliche Methoden zur Verfügung, die Methode der „*Bestätigung*" und die der „*Widerlegung*". Eine 2004 veröffentlichte Studie der Universität Dublin (*Michelle Cowley* und *Ruth M.J. Byrne*) beschäftigt sich im Rahmen des wissenschaftlichen „Hypothesis Testing" mit dem Gedankenmodell von Schachgroßmeistern beim Lösen ihrer konkreten Stellungsprobleme. Der überraschende Schluss der im Rahmen des „*26th Annual Meeting of the Cognitive Science Society*" in Chicago publizierten Erkenntnisse: Großmeister folgen demselben Denkprozess wie Wissenschaftler! Bevor sich erfolgreiche Meister demnach für einen anstehenden Zug entscheiden, folgen sie einem, vom Philosophen Sir Karl Popper als „Falsifikation" bezeichneten, Vorgang.

„Dabei werden aufgestellte Behauptungen, in unserem Falle Kandidatenzüge, nicht auf ihre Durchführbarkeit sondern ausschließlich auf ihre Widerlegung hin untersucht."

Ganz genau, Chesster, Großmeister des Schachs unterscheiden sich hier in ihrem gedanklichen Ansatz ganz grundsätzlich von durchschnittlich erfolgreichen Spielern, denn sie versuchen schlichtweg, ihre ausgewählten Kandidatenzüge auf so viele Arten wie möglich selbst zu widerlegen, um so schließlich zur besten Lösung zu gelangen.

Sie verwenden mehr Denkarbeit auf die möglichen Gegenzüge der Gegner, während „Herr und Frau Durchschnitt“ sich eher Gedanken über die Bestätigung ihrer eigenen Züge machen und auf ein „Übersehen“ des Gegners hoffen. Sehr lehrreich für uns „Sterbliche“! Auf diesen Erkenntnissen aufbauend will die Forschergruppe nun ferner untersuchen, ob derartige Denkmuster auch bei anderen Personengruppen auftreten. Wir erwarten die Resultate mit großer Spannung! Näheres über diese höchst interessante Studie finden Sie in der Linksammlung „Useful links“ im Anhang von **SDM.**

Durch diese systematische Herangehensweise erkennt der Spieler im Laufe seines Denkprozesses jedenfalls die *wahren Herausforderungen* seiner Stellung und kann auf rückkoppelnde Weise Verbesserungen in seinen *Zugfolgen* und *Szenarien* finden. Er kehrt gedanklich nach Belieben zu den kritischen Zügen zurück, verfeinert seine Überlegungen, um schließlich wieder voranzugehen und die beste Abfolge seiner Überlegungen in die Praxis umzusetzen. Durch die notwendige gedankliche Vorausplanung entsteht ein klar nachvollziehbarer Spiralprozess, der den Zugang zum Stellungsverständnis qualitativ ständig weiterentwickelt.

„Im Schach verstehe ich diesen Prozess. Analyse - Entscheidung - Aktion. Doch kann das in Unternehmen auch so einfach und praktisch umgesetzt werden?“

Ich denke schon, Chesster, denn immerhin ist genau die von Dir erwähnte Formulierung schon seit langer Zeit die „erste“ *Handlungsdirektive für Manager*, wenngleich sich die praktische Umsetzung weitaus schwieriger gestaltet als das theoretische Gedankenmodell. Überhaupt ist dies generell nur möglich, wenn auch die Struktur des Unternehmens auf solche Lernschleifen ausgerichtet ist. Was zählt, ist die Bereitschaft, alle im Unternehmensprozess verankerten Menschen *ungehindert Erfahrungen sammeln* zu lassen, diese dann zu verallgemeinern und sie für alle anderen zur „freien Entnahme“ aufzubereiten. So einfach ist das, Chesster!

Die rasante Aufwertung eines lange Zeit unterbewerteten Managementbereichs zeigt einen Erfolg versprechenden Ansatz. Das Prinzip der Rückkoppelung lebt vor unseren Augen, und zwar in Form des *modernen Controllings*, das sich von einer reinen Kontrollinstanz zum unternehmerischen Vordenker erster Güte aufgeschwungen hat. Doch das Controlling kann nicht für sich alleine arbeiten, es benötigt kooperative Partner, welche die Informationen für den Prozess der Rückkoppelung sozusagen „produzieren" und denen erlaubt ist, „hemmungslos" Erfahrungen zu sammeln. Einfach gesagt, zum Prinzip der Rückkoppelung gehört das gleichzeitig vorhandene Prinzip der lokalen Autonomie des exekutiven Managements. Und das bedeutet nichts anderes als Selbstorganisation.

3. Selbstorganisation

In Unternehmen geht Selbstorganisation einher mit Begriffen wie Dezentralisierung, Abbau von Hierarchien, Teamwork und der Delegation von Verantwortung. Wie im Schach setzt dies auch im unternehmerischen Management den Einsatz der richtigen Figuren oder Figurengruppen für die richtigen Aufgaben voraus. *Teamwork* ist in beiden Welten ein wichtiger Begriff, wenn es darum geht, strategische oder taktische Ziele anzuvisieren.

Die Auswahl der angreifenden *Figuren/Figurengruppen* je nach ihrem konkreten Potenzial erfordert jedenfalls ein hohes ganzheitliches Verständnis für die Organisation und ein permanentes Controlling.
Das Controlling wird im Schach wie im Unternehmen nicht als separate, lediglich periodisch aktiv werdende Instanz verstanden, sondern findet praktisch jederzeit und bis in die kleinsten Einheiten statt und liefert nicht nur *harte*, sondern auch *weiche Informationen.* Wir werden hier später noch einen tieferen Einblick in die vielfältigen Bewertungskriterien einer Schachpartie gewinnen.

„Ich verstehe, modernes Controlling sieht sich weniger als „Zahlenbereiter", sondern vielmehr als „Wegbereiter" und Mitgestalter. Habe ich das so richtig verstanden?"

Ja, das hast Du. Deine Formulierung transportiert sogar eine noch viel wichtigere Nachricht, als Dir bewusst ist. Sie weist nämlich schon darauf hin, dass der Weg nicht nur aus harten Zahlen besteht, sondern auch aus einer Vielzahl weicher Informationen, die das Bild zu einem Gesamteindruck aufwerten. Ich denke jedoch, dass viele Unternehmen das in solcher Klarheit noch nicht erkannt haben und Controlling noch immer als Funktion der „eindimensionalen" Kontrolle verstehen. Doch kurz zurück zu unserem Lieblingsspiel. Im Schach ist Controlling schon einfacher umzusetzen, wenn auch nicht leichter in ein formales Konzept zu bringen. Das Schach-Controlling wird durch die Intuition des Spielers eingeschaltet und liefert permanente Entscheidungsgrundlagen, auf deren Basis wir unsere Figuren bewegen.

4. Effizienz

Als vierte und nicht minder wichtige systemische Grundregel gilt das Prinzip des minimalen Aufwandes, der Effizienz. Sie bezieht sich auf jene Ressourcen, die nur in begrenztem Umfang zur Verfügung stehen, also für so ziemlich alle. Dementsprechend müssen Abläufe so strukturiert und organisiert sein, dass ein *minimaler Verbrauch* der dafür benötigten Ressourcen gewährleistet ist. Auf diese Weise entsteht größtmögliche Effizienz. Das bezieht sich sowohl auf die *Hardware*, die wir als Rohstoffe oder abstrakter als Material begreifen können, als auch auf die *Software,* wie z. B. Information, absolute und relative Zeit, dimensionierten Raum und natürlich uns Menschen. Die hohe Kunst des Schachs sieht das Prinzip der Effizienz als oberste Maxime der Figurenentwicklung und -positionierung.

Einfach gesagt, *minimale Bewegung* für *maximale Wirkung.* Gerade in polarisierten Schachstellungen, in denen Angriff und Verteidigung klar erkennbar sind, ist der effiziente Umgang mit dem Material, den Figuren, von entscheidender Bedeutung. Wie wir noch sehen werden.

„Lieber Alex, versuchst Du da nicht, unzulässig zu verkürzen und uns weiszumachen, dass auch Komplexes in Wirklichkeit ganz einfach zu verstehen ist?"

Da hast Du mich missverstanden, Chesster! Bei der Verwendung des Begriffs Effizienz handelt es sich in keinem Fall um die *einfache Beschreibung* eines an sich komplexen Prozesses, sondern um die Einfachheit und *Minimalität*, die tatsächlich praktiziert wird.

Doch Achtung, wir dürfen daraus nicht voreilig schließen, dass wie auch immer geartete Systeme als Ganzes einfach wären. Ganz im Gegenteil, es handelt sich hier um *äußerst komplexe Gebilde*, die aber gerade deswegen lebensfähig sind, weil sie sich einfacher, leicht umsetzbarer Funktionsprinzipien bedienen.

„Die schachliche Erkenntnis, dass ein Springer auf einem spezifischen Feld effektiv postiert ist, bedeutet also noch lange nicht, dass Du das Wesen der gesamten Stellung erklären kannst. Habe ich das so richtig verstanden?“

Damit erkennst Du die Quintessenz der Effizienz, Chesster. Sie ist nichts anderes als eine von *vier grundsätzlichen Konstanten*, die uns helfen, im Fluss des Chaos zu navigieren und stetig voranzukommen. Die Offenheit, Rückkoppelung, Selbstorganisation und Effizienz sind Grundprinzipien der Natur, die es ihr nun schon seit Jahrmillionen ermöglichen, das *herrschende Chaos* erfolgreich *zu managen*. Ein durchaus nachahmenswertes Vorbild, würde ich meinen.

Wir fassen also zusammen. Schach wie auch das Management von Unternehmen basieren auf vier systemischen Grundprinzipien, die uns zur Verfügung stehen, um *effektive Systeme* zu erschaffen und sie erfolgreich zu führen. Bei all der unkalkulierbaren Komplexität sind sie die einzigen funktionellen *Steuerinstrumente*, die uns helfen, im Chaos voranzukommen und permanent wichtige Entscheidungen zu treffen. Mit dieser Erkenntnis schließen wir unsere „systemischen“ Betrachtungen ab und kehren wieder in konkreteres Gefilde zurück. Es liegt nun einzig in der Hand des Unternehmens und der handelnden Personen, ein entsprechendes *Sensorium zu entwickeln* und damit ihre *Beziehungen* zu den unterschiedlichsten unternehmensinternen und externen Gruppierungen herzustellen und dann weiter auszubauen.

Die grundsätzlichen *Instrumente* stehen uns jetzt zur Verfügung. Wie also kann ein „Figurenmanager" nun den Einstieg in seine Praxis finden, also den ersten Zug machen?

Auf Basis dieser Grundregeln des Erfolgs wird der inspirierte Spieler umgehend beginnen, den Masterplan für sein eigenes Spiel zu entwickeln. Er wird sofort darangehen, zu Beginn ein *systemisch orientiertes Unternehmensfeld* zu schaffen, die richtige Strategie und die dazu passenden Ziele und die initiale Anordnung des Materials (der Ressourcen) auszuwählen. Er wird sozusagen die Partie eröffnen. Im zweiten Schritt wird unser „Figurenmanager" die Förderung einer Erfolgsdynamik durch die „*Entwicklung der Energie beteiligter Figuren*" initialisieren. Er wird sie also aktiv postieren und deren Harmonisierung im Zusammenspiel organisieren, analog den noch zu untersuchenden Elementen des Mittel- und Endspiels. Damit hat er erstmals die Sache in Gang gesetzt, jetzt muss er sie nur noch in Schwung halten.

„Daher wird er sich daranmachen, ein Training zu installieren, individuell und in Teams, das in spielerischer Form anstehende Herausforderungen analysiert und die daraus gewonnenen Informationen zur Verbesserung des Systems nutzt."

Tägliches Brot im Schach, mein lieber Chesster! Schließlich wird unser systemisch verankerter Manager eine transparente Erfolgskontrolle umsetzen, die eine *nachvollziehbare* und *rekonstruierbare Dokumentation* des erzielten Fortschritts erlaubt. Professionelles Schach erfordert, wie wir noch feststellen werden, eben nicht nur die Notation der einzelnen Züge, sondern verdichtet diese Dokumentation zusätzlich noch durch eine spezielle Sprache. Auch diese neuen Erkenntnisse werden in den Prozess unseres dynamischen Kollegen einfließen. Zu diesem Zeitpunkt wird er bereits klar erkannt haben, was wir noch im Laufe der nächsten Kapitel herausfinden müssen.

Schach, Schach und immer wieder Schach!

Nach dieser grundlegenden Betrachtung der Prinzipien erfolgreicher Systeme kehren wir wieder zur ursprünglichen Fragestellung nach dem faktischen Wert des Schachvermögens für den heutigen Manager zurück. Schach beinhaltet in jedem Fall die Aufgabe, *unterschiedliche Kräfte* ihren Stärken und Schwächen gemäß zur Erreichung eines *gemeinsamen übergeordneten Ziels* einzusetzen. So weit kommt uns das vertraut vor. Dazu genügt jedoch nicht nur, wie bereits angedeutet, der Zugang zu schachlichen Prozessen. Vielmehr benötigen wir, wie beim *Verständnis* der *systemischen Grundprinzipien*, einiges an Wissen und Fähigkeiten aus anderen Gebieten, allen voran der *Naturwissenschaften* und der *Soziologie*, die Schach als Sinnbild für den spielerischen Umgang mit erfolgsorientierten Szenarien nutzbar machen können.

„Habe ich gerade Soziologie gehört? Soziologie ist doch die Wissenschaft, die sich mit dem Ursprung, der Entwicklung und der Struktur der menschlichen Gesellschaft beschäftigt!"

Ja Chesster, Du unterstellst mir damit mit Recht, Figuren des Öfteren wie Menschen zu behandeln, ihnen *Energie*, Entfaltungsmöglichkeiten und *soziale Interaktion* untereinander zuzugestehen und sogar manchmal mit ihnen zu sprechen. Das hat nichts mit fortschreitender Paranoia zu tun, sondern beweist, wie wir noch sehen werden, einen rationalen und vor allem pragmatischen Hintergrund. Wenn Sie Schach nicht nur vordergründig als Spiel, sondern vielmehr als *gruppendynamische, soziologische Versuchsanordnung* begreifen lernen, werden Sie erkennen, warum ich so denke.

Analysieren wir gemeinsam eine erfolgreich gespielte Partie Schach und entkleiden wir sie all ihrer strategischen Elemente und taktischen Kunstgriffe. In seinem grundsätzlichen Wesen ist der schachliche Prozess ein Bild, das wir, wie schon erwähnt, als eine Ableitung der japanischen Managementphilosophie Kai-Zen begreifen können. Kai-Zen ist in seiner reinsten Form ein kontinuierlicher Prozess der Verbesserung und Optimierung der Assets eines Unternehmens durch

seine Mitarbeiter und Führungskräfte. Ständig wird in Frage gestellt und weiterentwickelt, alle *Trends* und *Strömungen* werden permanent assimiliert und in die aktuelle Situation Erfolg bringend eingebaut. Alles fließt, und das sogar meistens nach unseren Vorstellungen! Im Schach kann die Entscheidungsfindung der Züge und Zugfolgen in gleicher Weise beschrieben werden.
Hier geht es grundsätzlich auch ständig um die Optimierung der Stellung und die effektivere Nutzung von Raum und Zeit durch die handelnden Figuren. Schach ist, einfach formuliert, die spielerische Umsetzung eines kontinuierlichen Verbesserungsprozesses.

„Verstehe ich das richtig, jeder Zug und jeder Figurentausch sollte immer aus der allgemeinen Frage abgeleitet werden: Verbessere ich dadurch meine Stellung?"

Ja, und deshalb ist Schach als kreatives Kampfspiel tatsächlich in der Lage, durch den sportlich-spielerischen Beistand zur besseren *Beherrschung von Fähigkeiten* beizutragen und die grundsätzlichen Management-Qualifikationen besser in den Griff zu bekommen. Gerade der simple Vergleich mit dem Wesen des Kai-Zen zeigt, was Manager Praktisches aus Schach erkennen und lernen können, auch ohne Schachgroßmeister zu sein oder werden zu müssen. Und das ist nur der Anfang.
Jeder „Schachbetrachter" erkennt sofort, dass man die *Postierung* der eigenen Figuren kontinuierlich verbessern muss, um den Gegner Schachmatt zu setzen. Diese „positionelle" Notwendigkeit weist der Führungskraft den Weg im *täglichen Umgang mit Mitarbeitern und Kollegen*. Doch der wahre Trick ist ein anderer. Die Verbindung solcher Muster aus so unterschiedlichen Bereichen wie Schach und Management sorgt unbemerkt für eine *kognitive Verstärkung* der grundlegenden Prinzipien und ermöglicht somit eine festere Verankerung der verbindenden Grundideen im *Unterbewusstsein*. Als Resultat daraus werden Sie nach Lektüre von **SDM** in spezifischen Entscheidungssituationen manchmal mit der plötzlichen Aktivierung dieser *unterbewussten Erkenntnisse* rechnen müssen. Freuen Sie sich darauf und nutzen Sie diese neuen Fähigkeiten zu Ihrem Vorteil!

„Welche offensichtlichen Konsequenzen hat also ein ausgeprägtes Schachverständnis verbunden mit ***SDM*** *für die allgemeinen Fähigkeiten eines Managers?"*

Der folgende Auszug ist sicher nicht vollständig, zeigt aber das große synergetische Potenzial der beiden Bereiche.
Schach kennt keine delegierbaren Aufgaben, man trägt ganz persönlich und unzweifelhaft die Verantwortung für sein Handeln. Viel zu oft wird in großen Unternehmen vergessen, wozu deren Manager eigentlich da sind. *Jack Welch*, der ehemalige CEO von General Electric (GE), meinte einmal im Rahmen eines geplanten Abbaus von Hierarchieebenen:
„... einige, die in der großen Bürokratie eine gute Figur machten, sehen jetzt recht ungeschickt aus, wenn sie auf sich alleine gestellt sind." Dies wollte er sofort und radikal ändern. Ziel seines Programms war, die *Eigenverantwortung* in allen Managementebenen zu fördern und die positive *Performance*, aber auch den *Misserfolg*, des Einzelnen transparenter zu machen. Der durchschlagende Erfolg seiner Mission gab ihm Recht, das neue schlanke Management war effizienter und zugleich effektiver und bescherte GE einen nachhaltigen strukturellen Vorteil für künftige Aktivitäten.
Aber die Beschäftigung mit Schach bietet noch einiges mehr. Schach ist genau genommen das *härteste Entscheidungstraining* für den Manager überhaupt. Es ist das Modell des zeitlich determinierten Denkens und Planens in Reinkultur, schonungslos und offen. Schach kennt keine Ausreden, hier erfolgt immer die *gerechte Strafe* für die eigene gedankliche *Ungenauigkeit* oder die begangenen *Fehler*.

„Folglich ereignet sich im Schach oft etwas Unvorhergesehenes, aber niemals etwas Unvorhersehbares. Das ist die Quintessenz."

Ja, Chesster, wie immer treffend formuliert. Schach vermittelt auf spielerische Art und Weise die Unschärfen des persönlichen Denkmodells und führt dadurch generell zu einer Erhöhung der allgemeinen Leistungsmotivation, es hilft, Misserfolge angemessen zu verarbeiten, erhöht die Fähigkeit zur konstruktiven *Selbstkritik*,

verringert die *Leistungsängstlichkeit*, baut latente und vakante Aggressionen ab und führt zu größerer Ausdauer und höherer *Belastbarkeit*. Sehr oft wird die notwendige Anstrengung und Selbstdisziplin der Spieler in Partien unter Wettkampfbedingungen unterschätzt, die bis zu 6 (sechs!) Stunden dauern können. Hier ist kein Platz für Leistungsängstliche oder Unbelastbare.

„Etwas martialischer formuliert, könnte man diesen Schachspielern zurufen „Do or Die!". Gott sei Dank herrscht absolutes Sprechverbot während solcher Partien."

Schach steigert die Konzentrationsfähigkeit und erhöht die Fähigkeit, *komplexe räumliche Sachverhalte* wahrzunehmen und zu verarbeiten. Es ist immer wieder erstaunlich, wie Großmeister viele Partien, die vor Jahren gespielt wurden, inklusive der Varianten und komplexen Szenarien, fehlerlos aus dem Gedächtnis reproduzieren können. Wie jedes geistige Training verbessert auch Schach das Gedächtnis und erhöht die Fähigkeit zur *kritischen und sachlichen Analyse von Problemen*. Wie wir noch feststellen werden, ist es in ernsthaften Schachpartien die Pflicht der beiden Spieler, ihre Zugfolgen mitzuschreiben. Die *Schachnotation* ist jedoch mehr als nur das Festhalten von Zügen. Sie erlaubt eine lückenlose kritische *Überprüfung* der Partie nachdem sie beendet ist. Und das wird von Schachspielern auch umfassend genutzt, sowohl im *Training* als auch sofort nach *Beendigung einer Partie*. Zum guten Ton einer Schachpartie gehört die gemeinsame Post-Mortem-Analyse, die den beiden Opponenten Zugang zur *Gedankenwelt des anderen* gewährt und so eine weit genauere Einschätzung der gewählten Pläne und Repliken zulässt.

Oft genug wird während dieses gemeinsamen „Happenings" auch „blind" analysiert, d. h. die beiden Spieler besprechen eventuell möglich gewesene Zugfolgen, also Varianten, auch auf abstrakter Ebene, also ohne sie auf dem Analysebrett auszuführen oder sich einer schriftlichen Grundlage zu bedienen.

Hier zeigt sich, wer die erwähnten *komplexen räumlichen Sachverhalte* der jeweiligen Stellungen besser speichern und reproduzieren kann. Ich war als Kiebitz einmal zugegen, als zwei Großmeister über ihre gerade beendete Partie bei einer Tasse Tee fachsimpelten. Es war unglaublich, welche Ideen und Szenarien die beiden auf das nicht vorhandene Brett zauberten. Solche *Blindanalysen* sind jedenfalls ein gutes Gedächtnistraining und ermöglichen ein tiefes Verständnis für die *Fähigkeiten des Gegenübers*, und natürlich ebenfalls für die eigenen.

Schachgroßmeister Jonathan Rowson erlaubt in seinem Buch „*Die 7 Todsünden im Schach*" einen direkten Einblick in die Gedankenwelt eines Großmeisters während seines Spiels. Sehr offen spricht er über den emotionalen Zustand in den verschiedenen Phasen seiner Partien und geht auch ausführlich auf seine persönlichen Stärken und Schwächen ein. Es „menschelt" also. Ohne seine instruktiven Kommentare wäre es unmöglich, manche der Entscheidungen in seinen Partien objektiv nachzuvollziehen. Umgelegt auf die Wirtschaft wäre es so, als könnten Sie mit den Mitbewerbern einen mehr oder weniger *objektiven Gedankenaustausch* über die jeweiligen Marktstrategien, Fehler oder „Brilliancies" führen. Die so gewonnenen Erkenntnisse und die daraus resultierenden Schlussfolgerungen für künftige Aktionen wären doch wohl hochinteressant.

„Das wäre doch einmal was! Alle Führungskräfte der Welt sitzen an einem Tisch, um ihre Erfahrungen auch den anderen zukommen zu lassen. Aber das ist leider Utopie."

Falsch, Chesster! Du denkst, dass das in der Wirtschaftsrealität undenkbar ist? Ich muss Dich enttäuschen. Auch hier unterscheidet sich Schach nur wenig vom Unternehmensalltag, wenn auch auf Basis unterschiedlicher Motivation. Im Schach analysieren die Kontrahenten aus freiwilligen Stücken, in der Wirtschaft geschieht dies nicht immer so ganz ohne zwingende Begleitumstände. Gemeinsam mit der *Arbeitsplatzstabilität* verschwand in den letzten Jahrzehnten auch *Loyalität* der Beschäftigten zu deren Unternehmen und setzte so permanent Wissen und Erfahrung frei, die bereitwillige Aufnahme beim

Mitbewerb fand und noch immer findet. Unabhängig davon hat die Grenzenlosigkeit des *WorldWideWeb* stark dazu beigetragen, Verbindungen über Grenzen hinaus zu schaffen, die bis vor kurzem noch als unvorstellbar galten. So wird, analog der Post-Mortem-Analyse beim Schach, das Wissen der Welt permanent qualifiziert und ausgetauscht. Doch kommen wir einen Augenblick auf unsere schachlichen Agenden zurück. Jede ausführlich diskutierte und anschließend mit Hilfe von *Schachdatenbanken* überprüfte Schachpartie verschafft dem Schachspieler eine Unmenge von nützlichen und verwendbaren Informationen und entwickelt so seine *bewussten und unterbewussten Schachsinne.* Doch die *Informationsflut* nimmt exponential zu. Selbst zu extrem gut analysierten Stellungen entstehen immer mehr Kommentare, Einschätzungen und neue Ideen. Der Zugang zu Informationen ist einfach geworden, die Verarbeitung dieser Informationen ist aber schon etwas differenzierter zu sehen.

Es ist kein Geheimnis, dass wir Schachspieler sehr glücklich sind, wenn wir gewinnen. Also tendieren wir in der nachfolgenden Analyse unserer gewonnenen Partien dazu:

1. **die Probleme herunterzuspielen, vor die uns unser Gegner mit akkurater Verteidigung gestellt hätte;**

„Ja, das kommt mir bekannt vor, Alex. Als wir letztens eine Variante Deiner Partie gegen IM Jakubovic analysierten, wolltest Du nicht wahrhaben, dass er mehr Verteidigungsressourcen zur Verfügung hatte, als Du für möglich gehalten hast.“

2. **die unklaren Varianten einer Partie nicht zu analysieren;**

„Es hat Dir gereicht, die für Dich vorteilhaften Varianten zu analysieren und die unklaren Positionen einfach „tendenziell besser“ für Dich einzuschätzen. Eigentlich hast Du aus dieser Partie nicht viel gelernt.“

3. **... und damit unsere Objektivität zu verlieren.**

Mein lieber Chesster, *gewonnene Spiele sollten gefeiert*, verlorene analysiert werden. So oder ähnlich macht Schach Spaß. Wenn wir jedoch unser Schachspiel langfristig weiterentwickeln wollen, sollten wir auf Chesster hören und auch gewonnene Partien ernsthaft analysieren, obwohl wir nicht mögen werden, was wir dort sehen.

Die Maxime, den Erfolg nicht zu hinterfragen, findet man oft auch in Managementprozessen und vor allem dann später in Bilanzen. Selten wird ein erfolgreiches Quartal oder Geschäftsjahr auf dessen Hintergründe hin analysiert. Oberflächlichkeit *überlagert das rationale Verständnis von Erfolg*. Das führt in darauffolgenden, eher unerfreulichen Geschäftsperioden meistens zu ungläubigem Kopfschütteln und einigen Erklärungsnotständen.

„Aus diesem Grund ein Tipp an Dich, Alex. Analysiere immer Deinen Erfolg! Ein einfacher Ratschlag eines Freundes an die Adresse des Schachspielers.“

Ich habe den Wink mit dem Zaunpfahl sehr wohl verstanden, Chesster. Die rationale Analyse jedes Prozesses, unabhängig ob erfolgreich oder nicht, zeigt professionelle Einstellung und verhilft zu überraschenden Einsichten, die wiederum Basis für die persönliche und unternehmerische Weiterentwicklung sein können. Jedenfalls hilft Schach beim Erwerb dieser Fähigkeiten und schafft *Freude* an den eigenen *innovativen Prozessen*. Wie wir jeden Tag am eigenen Leib verspüren können, gewinnt jeder Mensch nachhaltig an Lebensfreude, wenn er sich in seiner Tätigkeit weiterentwickelt. Wenn er lernen kann, seine *Individualität leben* darf und an seinen Aufgaben wächst.

„Doch leider wird dieser Umstand im täglichen Geschäft im Umgang mit unseren „Figuren“ oft missachtet und verhindert so jede Innovation.“

Authentische Innovationsfreudigkeit setzt aber eben etwas Wichtiges voraus, nämlich eine offene, vernünftige und vor allem konstruktive Einstellung zu Fehlern, und Fehler passieren doch wohl jedem!

Selbst die großartige Evolution lässt sich simpel als systematisches Fehlermanagement begreifen. Die größten wirtschaftlichen Unfälle geschehen aber nicht durch die Fehler an sich, sondern durch das Unvermögen der Verantwortlichen, sie einzugestehen und vor allem daraus die *richtigen Konsequenzen* zu ziehen. Im Schach verhält es sich ähnlich.

Wir kennen alle die folgende Situation. Der eigene Zug erfährt eine unvorhergesehene Antwort, die uns wie einen Anfänger aussehen lässt. Viele Spieler würden in dieser Situation alles versuchen, um eine *Rechtfertigung* zu finden, um zu demonstrieren, dass sie den gegnerischen Zug „natürlich gesehen haben". Sie versuchen nun, mit gekünstelten Zugfolgen den Fehler ungeschehen zu machen, und *verschlechtern* in den meisten Fällen ihre Position noch weiter, manchmal bis hin zum *Verlust* der ganzen Partie. Gestatten Sie Ihrem Gegner lieber einen unbedeutenden psychologischen Sieg, als die ganze Partie herzuschenken. Sie werden bemerken, dass diese kleine Investition am Ende des Tages einen verdienten *Return on Investment* erwirtschaften wird. Unternehmen, die diese konstruktive Einstellung zu Fehlern auf eine natürliche Art in die kollektive *Unternehmenspsyche* integrieren können, werden in allen Managementebenen ein offenes Klima schaffen und so ungeahnte *Innovationsfreudigkeit* erzeugen. Schach kann ihnen dabei sehr helfen!

Nun zu etwas, was Chesster sehr freuen wird. Die Beschäftigung mit Schach aktiviert eine größere *Anzahl* von *Gehirnregionen*, als es jede andere geistige Aktivität vermag.

„Ebenfalls für Schach spricht, dass ein Mensch nur zu 20 % dessen, was er hört, mittelfristig behält, 30 % dessen, was er sieht, 50 % dessen, was er hört und sieht, 70 % dessen, was er sprechend wiedergibt, aber eben 90 % dessen, was er sich selbst erarbeitet."

Richtig, Chesster! Schach bietet das perfekte Umfeld für die selbst erarbeitete Weiterentwicklung eigener Kenntnisse, Ideen und Konzepte und vermeidet eingefahrene Gleise, und das ist doch wünschenswert!

Eine häufig verbreitete Krankheit, die auf erstarrten Denkmustern basiert, ist die uns gut bekannte *Betriebsblindheit* (Schachblindheit). Wir wissen nämlich, dass ein eintöniges „Mehr desselben" über längere Zeiträume hinweg zur nachhaltigen Einschränkung des eigenen Blickfeldes führt. Schachspieler begegnen diesem Umstand mit dem Erlernen neuer Eröffnungen und den dahinter stehenden Konzeptionen und Stellungsbildern, also mit einem „Mehr des anderen". Neue Stellungen verbessern das schachliche Verständnis, zwingen zur *Auseinandersetzung mit neuen Ideen* und führen nicht selten zu einer höheren Ebene des Verstehens. Schach fördert die *Konzentration*, den *Realismus* und die *Ausdauer*, die *Kreativität*, die geistige Flexibilität und die *Fantasie.* Schon Peter Robinson, der Autor von „The Red Herring", meinte dazu: *„Irgendwann im Verlauf seiner Ausbildung sollte man jedem MBA-Studenten in aller Deutlichkeit sagen, dass Zahlen, Methoden und Analysen allesamt nur technische Nebensachen sind. Wichtig für das Geschäftsleben ist die Freude an schöpferischer und kreativer Arbeit.*" Dem ist wenig hinzuzufügen.

Schach verbessert das Gefühl für die *Initiative* und die realitätsnahe Umsetzung eigener *Zielsetzungen*, also die Kunst des Machbaren. Jeder Schachspieler hat in seinen Partien schon oft das Delta zwischen Wollen und Können erlebt. Die Vision ist klar vor Augen, doch fehlt es am konkreten Plan der Umsetzung. Es ist dieselbe Erkenntnis, die erfahrene Manager im Umgang mit neuen Ideen haben. Sie fragen sich daher zuerst einmal immer, wie eine mögliche Umsetzung aussehen könnte, bevor sie sich dann emotional mit der Idee selbst auseinandersetzen. Gute Ideen haben viele, doch oft scheitert es an der Ausführung! Der erste Schritt eines Figurenmanagers ist deshalb immer zuerst die gewissenhafte *Prüfung der Machbarkeit*, um anschließend die notwendigen Ressourcen und Investments dingfest zu machen. Das zwingt ihn, realistisch zu sein, was die Auswirkungen und den Impakt der neuen Idee betrifft.

„Ich nehme daher an, dass erfahrene Schachmeister in erster Linie eher langweilige Pragmatiker und „Realitätskünstler" sind, und erst in zweiter Linie „romantische Freibeuter".

Da hast Du gar nicht so unrecht. Aber denk an Deine Erkenntnisse zum Thema „Die Kunst des Machbaren“; für romantische Freibeuter ist in der heutigen Wirtschaft wenig Platz. Pragmatik, gepaart mit Konsequenz, dass ist es, was mehr denn je gefragt ist.

Schach lehrt die totale Identifikation mit der Aufgabenstellung und erfordert bedingungsloses *persönliches Engagement.* Wie schon erwähnt, steht der Spieler während einer Partie alleine in seiner komplexen Stellungswelt. Er selbst gewinnt oder verliert die Partie, schon deshalb ist persönliches Engagement und absolute Verbundenheit mit seinen angestrebten Strategien und Taktiken unabdingbar für sein Spiel. Schach hebt die Willensstärke und den *Mut zum kalkulierbaren Risiko.* Jeder, der schon einmal über mehrere Stunden eine nachteilige Stellung verteidigt hat, weiß, was Willensstärke ist. Es ist diese spezielle Einstellung, die zum später erwähnten Strategem des „ewigen Widerstands“ führen kann. Bei aller mentalen Stärke darf ein Schachspieler aber nie die feine *Sensorik* für eventuell auftretende Gegenchancen missen lassen. Ein Figurenmanager erkennt die *kritischen Phasen* einer Partie, auf die wir noch zu sprechen kommen werden, und weiß, wann sich kalkulierbares Risiko auszahlen kann.

Das waren jetzt sehr viele Informationen über die Voraussetzungen für das Handeln in beiden Wissensgebieten. Die Tätigkeit als Figurenmanager setzt aber natürlich nicht nur mentale Eigenschaften voraus. Basis jedes Entscheidungsprozesses ist die Grundkenntnis aller relevanten Informationen und Fakten. Fundierte theoretische Kenntnisse wichtiger Stellungen in der Eröffnung, dem Mittel- und Endspiel ersparen energieintensive Nachdenkprozesse und die konkrete kombinatorische Berechnung allgemein bekannter und analysierter Szenarien und Muster. Wir lernen daraus: Wissen ist auch im Schach eine Macht!

„Du willst damit sagen, dass das Rad nicht immer wieder neu erfunden werden muss! Leider oft ein Begleitumstand fehlender Qualifikation und Ausbildung.“

Ich erinnere mich an amerikanische Managementliteratur mit den für diese Wirtschaftsphilosophie typischen simplifizierten „*Ten rules how to be successful*". Man mag darüber denken, wie man will, aber Nummer 8, „Know your figures!", hat im übertragenen Sinn schon einen hohen Wahrheitsgehalt. Jedenfalls ist der theoretische Unterbau und die Fähigkeit, das erworbene Wissen praktisch umzusetzen, bei Managern wie bei Schachspielern eine Grundqualifikation, die als unabdingbare Voraussetzung für den Job gelten muss.

„Doch wie werden diese Fähigkeiten objektiv bewertet und dargestellt? Ein herkömmliches Curriculum Vitae (CV) kann da nur als Basis dienen. Gibt es übrigens etwas Ähnliches wie ein CV auch bei Schachspielern?"

Ja, so etwas Ähnliches. Wie wir noch hören werden, erhalten Schachspieler je nach Spielstärke eine Bewertung und sogar, ähnlich wie in Unternehmen, ansprechende Titel für ihre Positionen in der Schachhierarchie. Die Spitze dieser Erfolgspyramide, die Elite also, erhält den prosaischen Titel des *Großmeisters*, kurz GM genannt.

Ein anderer Umstand ist aber eher für Deine Frage relevant, Chesster. Wie stellt man *persönlichen Erfolg* dar? In dem nun zu untersuchenden Bereich ist Schach dem Management schon einen Schritt voraus, nämlich in der konkreten *Einschätzung des Spielpotenzials* seiner Spieler. Auf der Suche nach einer objektiven Bewertung der individuellen Spielstärke entwickelte der ungarisch-stämmige Mathematiker *Arpad ELÖ*, Professor für theoretische Physik an der Marquette-Universität in Milwaukee/USA, ab 1959 eine ganz spezielle *Berechnungsmethode*, welche die im ständigen Wettstreit miteinander liegenden Spieler erstmals durch ein Ratingsystem kategorisieren konnte.

„Das nach ihm benannte ELO-Ratingsystem basiert auf wissenschaftlichen Methoden, die zum größten Teil der Statistik und der Wahrscheinlichkeitsrechnung entlehnt sind."

Richtig Chesster, und im Jahr 1972 übernahm sogar der Weltschachbund FIDE dieses System. Doch nun ein paar Details mehr dazu. Das ELO-Rating, die heute weltweit anerkannteste Form der objektiven Spielerbewertung, basiert auf der Überlegung, dass zwei gegeneinander spielende, mit einer initialen ELO-Zahl ausgestattete, Opponenten eine wechselseitig einschätzbare Gewinnerwartung aufweisen. Je nach Resultat gewinnt oder verliert man Punkte. Je öfter man spielt, desto genauer wird die eigene Bewertung. Für tiefschürfendere mathematische Erkenntnisse sei für jetzt auf die informative Homepage www.ratingtheory.com (in englischer Sprache) hingewiesen. Im Laufe der Zeit hat es sich zusätzlich eingebürgert, spezifischen Bewertungen auch sprachliche Kategorien zuzuweisen, wie sie in der folgenden Tabelle zum Ausdruck kommen:

1400-1800: Vereinsspieler
1800-2100: Geübte Vereinsspieler
2100-2200: Meisterkandidaten (MK)
2200-2500: Meister (FM=Fide Meister, IM=Internationaler Meister)
2500-2700: Großmeister (GM)
2700-2900: Supergroßmeister (GM)

Der von mir noch vorgestellte GM Garry Kasparow, bester Spieler der Gegenwart, erreichte im Jahr 1999 das höchste ELO-Rating aller Zeiten, es waren unglaubliche *2851*. Gegen ihn zu spielen, wäre vergleichbar mit einer Partie Golf gegen einen entspannten Tiger Woods oder einem Match auf Rasen gegen Pete Sampras in Höchstform. Die Erfolgschancen wären jeweils gleich Null. Oder sogar noch weniger.

„Was unterscheidet eigentlich einen Großmeister von einem durchschnittlichen Schachspieler in den blutigeren Regionen der Hackordnung? Welches Geheimnis steckt hinter seiner Art Schach zu spielen?"

Ohne dem Kapitel über das Mittelspiel vorzugreifen, in dem einige sehr interessante Studien Licht ins Dunkel zu bringen versuchen, sei festgestellt, dass Großmeister *weniger konkret berechnen* als viel mehr

nur spezielle *Muster* und die dazu passenden Strategien *aktivieren.* Sie rufen die richtigen Informationen ab, sie „verstehen" die Stellung. Das Verstehen setzt einen bestimmten *Schatz an Erfahrung* und instinktiv bzw. kognitiv erworbener Muster oder Regeln der Bewertung voraus. Wie Großmeister Gennadi Sosonko zu diesem Thema bemerkte: *„Hinter dem Wort Intuition liegt die unterbewusste Erfahrung aus Partien oder Ideen, entweder der eigenen oder der von anderen."* Die Wissenschaft stimmt dem zu. Eine Studie der Universität Konstanz hat nämlich gezeigt, dass Großmeister Zugang zu ungefähr *100.000* solcher *gespeicherten Schachmuster* haben, die sie für die Beurteilung einer spezifischen Stellung heranziehen können.

Ebenfalls wurde in dieser Studie herausgefunden, dass schwächere Spieler härter daran arbeiten müssen, die Informationen einer Stellung zu entschlüsseln und zu analysieren, also ihr *Kurzzeitgedächtnis* benutzen, während Großmeister in komplexen Stellungen dazu tendieren, sich auf ihr *Langzeitgedächtnis* zu verlassen. Brutale Rechenleistung gegen intuitives Verständnis, ein interessantes Thema, auf das wir in einem anderen Zusammenhang noch zu sprechen kommen werden.

Die folgende Anekdote belegt diese Erkenntnis der *kognitiven Muster* auf eine humorvolle Art und Weise. Großmeister „El Khalif" Khalifman, seines Zeichens Fide-K.O.-Weltmeister 2000, beteiligte sich am Abend eines Turniertags an einer Post-Mortem-Analyse einer Partie zweier GM-Kollegen. In der hochkarätigen Runde entstand bald eine rege Diskussion über verschiedene mögliche Varianten der Spielführung. Bei einer speziellen Mittelspielstellung zeigte GM Khalifman am Analysebrett plötzlich aufgeregt eine Zugfolge und meinte, dass er so etwas Ähnliches schon einmal gesehen hätte.
Ein schneller Check in der *Schach-Onlinedatenbank Chessbase* ergab schließlich, dass dieselbe Stellung tatsächlich 5 Jahre zuvor in einem Großmeister-Turnier so ausgespielt wurde. Und zwar von „El Khalif" *höchst persönlich.* Er hatte schlichtweg darauf vergessen, dass er selbst es war, der diese Idee erstmals in die Schachpraxis eingeführt hatte!

Trotz des „Vergessens“ hatte sich dieses spezielle Mittelspiel-Szenario derart in sein Langzeitgedächtnis eingebrannt, dass es, sobald gebraucht, sofort zur Verfügung stand.

„Ich stelle also fest, dass ein Rucksack voller Muster wahre Wunder im Schach tut! Und im wirtschaftlichen Bildungsprozess geschieht das wie ... ?“

Man könnte meinen, dass die *Ausbildung* der *aktuellen Managerelite* genug an Mustern und Informationen liefert, um den angesprochenen instinktiven oder kognitiven Prozess zu nähren und ein natürliches Verständnis für die Positionierung der unternehmerischen Assets zu gewährleisten. Wie wir jedoch noch feststellen werden, führt erst der *kreative Umgang* mit diesen Mustern zu messbarem *Erfolg*. Jede Partie Schach ist anders, und doch folgt eine jede dem „großen Plan“, einer dem Unwissenden verborgenen Strategie.
Dieser Metaplan fehlt vielen wirtschaftswissenschaftlichen Lehrmethoden. Angehende Führungskräfte studieren an wirklich *klassischen Strukturen*, wie Unternehmen funktionieren, und haben dann große Schwierigkeiten, das Erlernte in der Praxis anzuwenden, weil die realen Ergebnisse partout nicht zu ihren kleinen *Modellen* passen wollen. Wir Schachspieler wissen jedoch aus eigener Erfahrung, dass das Denken eben dort beginnt, wo die klassische Theorie endet.

„Wollten die Universitäten die praktische Intelligenz der Studenten, die sich um

einen Studienplatz bewerben, wirklich messen, würden sie sie nicht mehr auffordern, Analogien zu vollenden, sondern ihre Fähigkeiten anhand der Spieltheorie testen. Die Spieltheorie erfordert nämlich unter anderem die Fähigkeit, auch manchmal irrationale Mittel einzusetzen, um ein konkretes Ziel zu erreichen.“

Danke für diesen Einwurf, Chesster. Wie Du weißt, stammt diese interessante Einsicht von den Zukunftsforschern Wacker, Taylor und Means aus ihrem richtungsweisenden Werk *„Futopia. Die Welt in 500 Tagen, Wochen, Monaten, Jahren“*. Sie beziehen sich damit auf die sich rasch verändernden Wirtschaftsparadigmen, darunter die vermehrte Hinwendung von der *„Theorie der Vernunft“* hin zur *„Chaostheorie“* als

Basis effektiverer unternehmerischer Überlegungen. Anstatt mit Chaos eine extreme Unordnung zu beschreiben, gilt das Chaos in ihren Ausführungen als lebensfähige *Ordnungstheorie ersten Ranges.* Was meine Hoffnung weiter nährt, mit ausgeprägtem und entwickeltem Schachverstand noch viel zum besseren Verständnis und zur nachhaltigen Ordnung des täglichen Chaos beitragen zu können.

SDM zeigt die verallgemeinerte Darstellung aller *rationalen* und auch *irrationalen* Elemente einer erfolgreich geführten Schachpartie in der Weise, dass sie leicht zu konkreten Bausteinen einer Unternehmensstrategie umgestaltet und schließlich verinnerlicht werden können. **SDM** bildet ein Verständnis für die kritischen Situationen einer Partie und den umfassenden Einsatz der richtigen Mittel und Themen zum richtigen Zeitpunkt. Schach zeigt uns, wie viele andere Spiele und der Sport generell, unsere mentalen Voraussetzungen, *Stärken* wie *Schwächen*, im Umgang mit Erfolg und Niederlage. Es lässt uns deutlich unser Wesen erkennen, und das ungeschminkt und direkt.

*„Jetzt verstehe ich schon besser, warum **SDM** eine gute Idee ist. Es schafft das intuitive Verständnis für wichtige Szenarien und stärkt unsere mentalen und charakterlichen Eigenschaften."*

So könnte man es zusammenfassen, Chesster. Es gibt in jeder Schachpartie einige wenige kritische Momente, die von einem guten Schachspieler intuitiv erfasst und zu konkreten Maßnahmen genutzt werden können. Gehen diese Momente ungenützt vorbei, kann die wunderschön geplante Strategie einer Partie gänzlich umsonst sein. Das trifft aber nicht nur auf das Spiel zu, sondern hat überhaupt für jeden erfolgs- oder ergebnisorientierten Prozess allgemeine Gültigkeit. Da wir spielen, um zu gewinnen, wird uns Schach zeigen, wie man zum Gewinner wird. Beginnen wir, an der Basis zu arbeiten.

Das Koordinatensystem des Erfolgs

„Zu sehen, was jeder sieht, aber etwas daraus entstehen zu lassen, was noch niemand erdachte, das ist wahrer Genius." (Nach Albert Szent)

Schach bietet Offensichtliches und Verborgenes gleichermaßen, das eine ist untrennbar mit dem anderen verbunden. Schach interpretiert „*harte Fakten*" nur gemeinsam mit „*weichen Fakten*" zum Gesamtbild der Stellung. Doch eines nach dem anderen. Wir beginnen behutsam und betrachten zu Beginn die offensichtlichsten Bestandteile einer Partie Schach, wie z. B. das dazugehörige Brett. Es gibt Bretter aus allen erdenklichen Materialien wie Holz, Kunststoff, Metall, Kuchenmasse und natürlich, dem Spiel der Könige gerecht werdend, aus reinem Gold. Wie wir jedoch gleich feststellen werden, ist die physische Präsenz eines Schachbretts nicht unabdingbare Voraussetzung für eine gemütliche Partie Schach. Oder auch mehrere!

Das Jahr 1970 sah einen Schachwettkampf der wirklich besonderen Art. Die Hauptperson, Janos Flesch, ein wahrlicher Großmeister seines Faches, saß jedoch vor keinem Schachbrett, sondern in einem von innen verspiegelten Glaskasten von etwa 20 m² in einem bequemen viktorianischen Lehnstuhl. Seine Gegnerschaft, 52 Amateur- und Vereinsspieler, hatte sich um den versiegelten Raum vor seinen verwaisten Schachbrettern versammelt und wartete auf den Beginn dieses denkwürdigen „Schaukampfes".

Diese noch nie dagewesene Demonstration eines „*Blindsimultan*", also eines Wettkampfs, bei dem ein Spieler *ohne Ansicht eines Bretts* gegen mehrere Gegner antritt, hatte sogar die Redakteure des Guinness-Buches der Rekorde angelockt. Und sie wurden bei Gott nicht enttäuscht. Nur mit einem Mikrofon versehen, teilte der Großmeister nun der „Außenwelt" seine Züge für die jeweiligen Bretter mit, während seine Gegner an ihren Brettern versuchten, sich der großmeisterlichen Kunst zu erwehren. Das war schon an sich eine erstaunliche Leistung. Was aber noch erstaunlicher war, der ungarische Großmeister spielte nicht nur, sondern er gewann auch den größten Teil seiner Partien!

„Was hältst Du als Schachspieler von dieser außergewöhnlichen Leistung des Geistes? Für mich ist sie unvorstellbar.“

Für uns Normalsterbliche und selbst für viele seiner damaligen Großmeister-Kollegen war diese beeindruckende Vorstellung weit über dem, was noch vorstellbar war. Sie müssen sich das auf der Zunge zergehen lassen, 52 Partien blind parallel, 38 Siege, 8 Remis und nur ganze 6 Niederlagen. Nach dieser mentalen Gewaltleistung gab es natürlich viele Fragen der anwesenden Presse.

Wie er sich denn auf den Wettkampf vorbereitet hätte, wie er sein Gedächtnis trainiert, wann er seine Begabung für das Spiel und im Speziellen die für das Blindspiel erkannt hätte? Ja, Großmeister Janos Flesch war der unumstrittene Star des Abends. Er beantwortete alle Fragen mit stoischer Gelassenheit, nur bei einer Frage blickte er erstaunt auf, um dann schmunzelnd zu antworten. Welche Frage ihn so amüsierte? Es war die Frage einer Journalistin, die wissen wollte, in welcher Farbe er die Felder des Bretts und der Figuren vor seinem geistigen Auge denn gesehen hätte. Seine Antwort, begleitet durch ein schelmisches Augenzwinkern, befriedigte die Anwesenden jedoch keineswegs: „*Schwarz und weiß*“. Wie enttäuschend für uns Sterbliche!

Das Brett

Wir „Normalos“ benötigen jedenfalls ein deutlich sichtbares und vor allem bespielbares Brett, um unseren schachlichen Gedanken Ausdruck verleihen zu können. Dieses Brett wird in der Folge unser ganz persönliches *Medium* sein, ein gemeinsamer *Wegbegleiter* zum Verständnis der tiefen Wahrheiten, die Schach und das Management von Unternehmungen verbinden. Also los, verlieren wir keine Zeit, und werfen wir einen ersten freudigen Blick auf dieses einzigartige *Koordinatensystem des Erfolgs.*

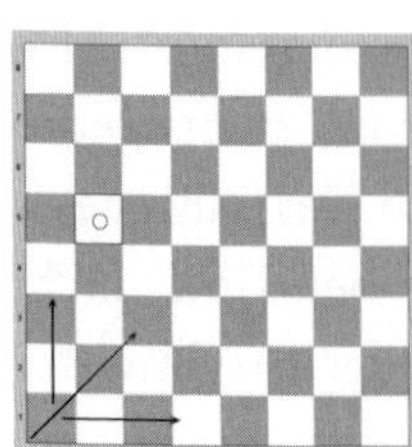

Ein Schachbrett besteht aus 64 Feldern, 32 weißen und 32 schwarzen, auch wenn gängige Bretter oder Diagrammdarstellungen, wie übrigens hier, es mit schwarz und weiß nicht so ganz genau nehmen. Jedenfalls wird jedes Feld durch *Koordinaten* beschrieben, die auf der *X-Achse* durch Buchstaben von A bis H und auf der *Y-Achse* durch Zahlen von 1 bis 8 definiert sind. Das markierte Feld besitzt also die Bezeichnung b5, und eine Figur, die sich darauf niedergelassen hat, wird bei ihrem nächsten Zug dieses Feld als Ausgangskoordinate anführen müssen, also z. B. König von b5 nach b6 (K**b5**-b6).

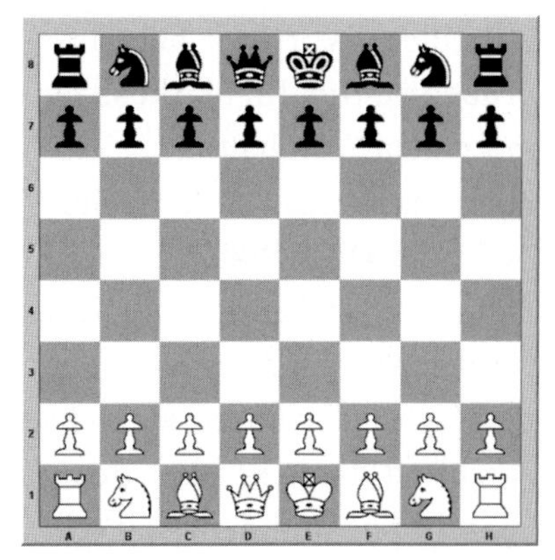

Die Figuren des Weißspielers werden ihre Grundposition auf den *ersten beiden Reihen* (1-2) beziehen, während die des Schwarzen auf den *Reihen sieben und acht* den Beginn der Partie erwarten. So weit, so einfach. Um ein Schachbrett zu betrachten, benötigen wir also eine zweidimensionale Vorstellungskraft. Um Schach zu spielen, werden wir uns noch mit zusätzlichen Dimensionen anfreunden müssen.

„Ein „echter“ Schachspieler wie Du sieht selbst auf diesem zweidimensionalen Spielfeld viel mehr. Er sieht natürlich sofort das Zentrum, er sieht eigene und gegnerische Flanken, benannt als Damen- und Königsflügel nach der Positionierung der beiden Figuren in der Ausgangsstellung. Und wahrscheinlich noch so einiges ... “

Natürlich tut er das, Chesster. Er sieht auch Reihen, die sich entlang der X-Achse erstrecken, genauso wie Linien, die sich entlang der Y-Achse entfalten. Er entdeckt natürlich sofort die wichtigen Diagonalen, die für uns in späterem Kontext noch einige interessante Einsichten gewähren werden. Und er freut sich auf die nächste Partie Schach.
Doch nicht nur für den Schachspieler wie Sie und mich bietet diese faszinierende Spielfläche Raum für weitreichende Interpretationen. Schon des Öfteren wurde das Schachbrett bereits in Analogien als „überschaubare“ *Versuchsanordnung* des Wirtschaftsmarktes bemüht.

Dieser Vergleich ist durchaus zutreffend, denn bei genauerer Analyse sind gewisse Ähnlichkeiten zweifelsfrei vorhanden. Ein quantifizierbarer Markt wird durch die *Anzahl der Menschen* (oder Zielgruppen) determiniert, genau wie bei einem Schachbrett, auf dem die *Anzahl der Felder* und auch die Figuren eindeutig bestimmt sind. Mit einem Wort, wir haben es mit begrenzten Ressourcen herüben wie drüben zu tun. Im Markt sitzen sich *Mitbewerber* gegenüber, wenn auch in einem Verhältnis 1 : N, während beim Schach ein eher überschaubares 1 : 1 herrscht.
Auch die Möglichkeit, Figuren und Bauern in *spezielle Strukturen* (und dahinter stehende Absichten) zu positionieren, zeigt einen vergleichbaren Ansatz in der Marktaufstellung eines Unternehmens, und selbst der Raum am Schachbrett mit seinem *Zentrum* und seinen *Nischen* (Flanken) lässt den Schluss zu, dass der Vergleich zwischen Schachbrett und dem Markt weniger hinkt, als vielleicht angenommen. Jedenfalls ist das Brett die Basis einer jeden Aktivität, und das in beiden Welten. Doch es gibt noch eine andere Eigenheit des Schachbretts, die wir jetzt untersuchen wollen.

Die Felder

Ein Schachbrett ist, wie wir bereits festgestellt haben, nicht homogen aufgebaut. Es besitzt ein geometrisches Muster, eine Anordnung von je 32 weißen und schwarzen, kompakt ineinander verwobenen quadratischen Feldern. Insgesamt erkennen wir also 64 Wirkungsstätten zukünftiger Ereignisse. Felder sind aber keine exklusive Angelegenheit des Schachbretts, man begegnet ihnen natürlich auch in anderen Wissensgebieten und in unterschiedlichster Form. Ich bemühe aber bewusst jetzt keine Vergleiche mit bekannten „feldorientierten" Sportarten oder allgemein bekannten *naturwissenschaftlichen Erkenntnissen*, die uns vielleicht sogar ein leichter verständliches Bild von Feldern vermitteln könnten.

Vielmehr möchte ich einen Schritt weiter in die Abstraktion wagen, um das tiefe grundsätzliche Verständnis von Feldern für die Unternehmensführung und eben auch für das Schachspiel zu schaffen.

Allgemein erkannt, dienen *Felder* als *Träger* oder als *Medium*, um darauf oder darin nach gewissen Regeln bestimmte *wünschenswerte Wirkungen* zu erzielen. Gerade diese Erkenntnis, das *abstrakte Verständnis des Schachs*, unterscheidet einen guten von einem schlechten Schachspieler. Der Meister erkennt die Felder des Bretts nicht direkt als solche, sondern nur in den Wirkungen, die sie für den weiteren Spielverlauf hervorbringen (werden). Dies erklärt vielleicht

auch die Belustigung, die unser Blindsimultan-Hero bei der Frage nach der Farbe „seiner" Felder verspürte. Doch Felder, in der Wirtschaft wie im Schach, haben noch zusätzliche Eigenschaften, die vom Kultivator erkannt sein wollen.

Diese *Felder sind inhomogen*, d. h. die in oder auf ihnen erzielten Wirkungen sind *unterschiedlich wichtig*. Ein Feld, auf dem ein König schachmatt gesetzt zu werden droht, besitzt für das Spiel einen ungleich höheren Stellenwert als das in diesem Moment unbedeutende Feld, auf das ein Bauer vorrücken könnte.

Die Kunst des Schachspielers liegt nun darin, diese Wertigkeiten überhaupt einmal zu erkennen und sein Figurenspiel danach auszurichten. Er muss lernen, sein Spiel zu nuancieren und dementsprechende Prioritäten zu setzen. Diese Felderbewertung ist jedoch *höchstgradig dynamisch*, d. h. die Wertigkeiten von Feldern verändern sich im Laufe einer Partie ständig, praktisch nach jedem Zug. Einige wirklich spannende Erkenntnisse zu diesem Thema erwarten Sie in den folgenden Kapiteln. Jedenfalls stellt die *Antizipation der Veränderung*, das Gefühl für den Lauf der Dinge, ein essentielles Kriterium erfolgreich geführter Schachpartien dar. Felder haben im Schachkontext aber auch noch andere potenzielle Eigenschaften. Sie können *stark* oder *schwach* sein, je nach der *Kontrolle*, die eigene Figuren auf diese Felder ausüben. Schwache Felder des Gegners können, wie wir noch hören werden, als Schaltstelle für die Umgruppierung eigener Figuren oder als Ausgangspunkt und

Zugstraßen für Angriffe dienen. Felder können aber auch durch Figuren blockiert oder besetzt sein und somit ein Hemmnis für die Gewinnung weiteren Raums sein.
Damit haben wir schon die ersten Herausforderungen für unseren Spieler gefunden. Die Komplexität der Felder im *bewertungstechnischen* und *zeitlichen Zusammenhang* stellt den Figurenmanager vor die schwierige Aufgabe, mit dem ständigen Dilemma zwischen Einfachheit und Komplexität fertig werden zu müssen. Er muss in *begrenztem Raum* mit *begrenzten Ressourcen* eigene *Felder* kultivieren und zugleich gegnerische Felder bekämpfen.

„Kommt uns das nicht in einem anderen Kontext bekannt vor, Alex? Ich meine das mit dem Kultivator, den Feldern und den Ressourcen. Vergiss' bitte nicht, dass es hier nicht nur um Dein geliebtes Schach geht!"

Danke Chesster, natürlich geht es hier nicht nur um Schach. Analog zu dieser Überlegung finden wir auch in Unternehmen ähnliche Voraussetzungen. Hier dienen uns Felder zur Umsetzung der bereits erörterten *vier systemischen Erfolgsprinzipien.* Natürlich besitzen Unternehmensfelder die gleichen komplexen Eigenschaften wie Schachfelder, und sie besitzen denselben Stellenwert im ganzheitlichen Zusammenhang, bei Unternehmen in erster Linie, um allen *handelnden Personen*, also nicht nur dem Management, eine gemeinsame Zielrichtung vorzugeben. Unternehmen sind durch Unternehmensfelder darüber hinaus in der Lage, sich über konkrete Ziele hinweg in einem *visionären Kontext* zu positionieren und einen begreifbaren Nährboden zu schaffen, auf dem sich die *Kreativität* und *Initiative* der Kultivatoren entwickeln können.
Unternehmensfelder sind jedoch, wie schon festgestellt, sehr dynamisch und sollten daher auch ständig durch deren *Kultivatoren hinterfragt* und weiterentwickelt werden. Ertragreiche Felder leben ausschließlich von der ständigen Veränderung! Der aufmerksame Manager muss eben genau dieses primäre Ziel in der permanenten Ausübung seiner Aufgabe als Kultivator und Ordnungsfunktion erkennen, er bestellt die Felder und erwirtschaftet auf ihnen dann später den verdienten *Ertrag*.

Schach und speziell das Verständnis für die Art und Beschaffenheit der Brettfelder dienen in hohem Maße der Entfaltung dieser lebensnotwendigen Qualifikationen eines jeden „Figurenmanagers“.

Wie wir also feststellen können, sind Felder in Wirklichkeit *Medien*, auf denen sichtbare *Wirkung* erzielt wird. Im Schach geschieht das durch die Positionierung von Figuren, die sich auf Feldern niederlassen, Felder kontrollieren oder von Feldern verdrängt bzw. geschlagen werden. Um dieses Momentum für andere nachvollziehbar und reproduzierbar zu machen und ihnen somit die Möglichkeit der „*bewussten Kompetenz*“ zu vermitteln, bedient sich Schach eines weiteren Mediums, das wir im folgenden Kapitel untersuchen werden.

Die Notation

Wie reproduziert man Erfolg? Nun in erster Linie durch die Untersuchung, Analyse und Dokumentation der dem Erfolg zugrunde liegenden Wurzeln. Erst die fundamentale Erkenntnis wichtiger Eckpfeiler und deren Entwicklung erlaubt eine *systematische Weiterentwicklung* und Multiplikation erfolgreicher Unternehmungen. Genau das geschieht im Schach auf professionelle Weise durch die Schachnotation. Die Notation, unter der man das Festhalten der einzelnen Züge beider Wettbewerber durch Mitschreiben versteht, gleicht einem genauen *Rechenschaftsbericht* der gemeinsam gespielten Partie.

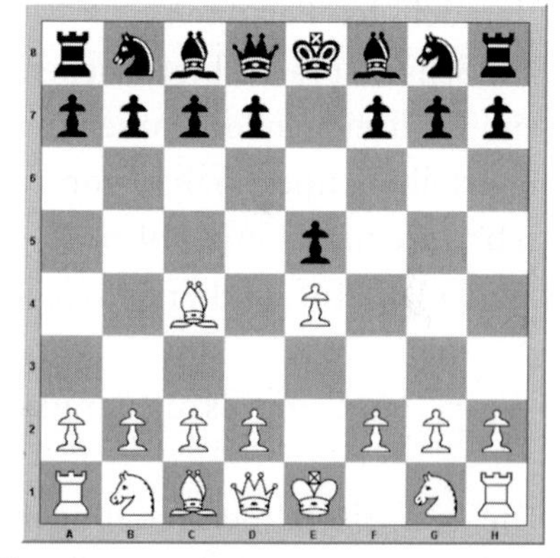

Die eigenen und gegnerischen Entscheidungen werden regelkonform zu Papier gebracht, um den Verlauf des Kampfes Schritt für Schritt nachvollziehen und um das eigene oder gegnerische Fehlverhalten später analysieren zu können. In Partien, die unter der Patronanz des Weltschachbundes FIDE gespielt werden, besteht mit wenigen Ausnahmen die absolute Notationspflicht.

Die Schachnotation ist aber mehr noch als die reine Mitschrift, sie besteht aus einer Vielzahl von *Elementen und Symbolen*, die sich auf die Dokumentation, Bewertung und Analyse einer Partie beziehen. Dieser Umstand macht sie zu einer eigenständigen Sprache, die Schachspieler aus aller Welt, unabhängig von ihrer Muttersprache, miteinander verbindet. Ausgangsbasis für jede Darstellung einer Zugfolge ist die *koordinatenunterstützte Bewegung* der Figuren. Die jeweilige Bezeichnung der Figuren ist zwar in der Landessprache des jeweiligen Spielers erlaubt, muss aber in *algebraischer Schreibweise* niedergeschrieben werden. Wie erwähnt, wird die Bewegung einer Figur grundsätzlich mit dem Kürzel der Figurenbezeichnung, dem Ausgangsfeld und dem Endfeld korrekt beschrieben.

„Also wird ein Läufer, der sich vom Feld f1 auf das Feld c4 vorwagt, wie folgt beschrieben: ***Lf1-c4.***"

Korrekt, Chesster. Im offiziellen Turnierschach wird jedoch, da auf einem Feld immer nur eine Figur stehen darf, *nur das Endfeld* notiert: also in unserem Fall **Lc4**, und daran werden wir uns in zukünftigen Darstellungen halten. Doch habe etwas Geduld, weitere Informationen über die Kürzel der Figuren folgen schon sehr bald im Kapitel über die „handelnden Personen".

Die Schachsprache bietet neben der reinen Notation der Züge aber noch ein weitreichendes Arsenal an Zusatzvokabular zur Bewertung, Beurteilung und Analyse von Zügen, Stellungen und Plänen. Es ist seine sehr *lebendige*, mit *hoher Informationsdichte* versehene Sprache mit Symbolen, Ruf- und Fragezeichen und speziellen Schachtermini.

Hier ein Auszug daraus:

Die simpelsten Bezeichnungen beschäftigen sich mit dem Sieg, der Niederlage (**1 : 0**; **0 : 1**), dem Remis oder Unentschieden (½), dem Schachmatt (#), der Anzeige eines Schachs (+) und der Anzeige, wenn eine Figur geschlagen wird (**x**). Doch da ist noch mehr. Einem starken Zug geben wir ein Rufzeichen, also z. B.: **Kg8-g7!**, während wir einen schwachen Zug mit einem Fragezeichen versehen, **Da5-d8?**.

Ist ein Zug außergewöhnlich brillant, versehen wir ihn mit einem doppelten Rufzeichen, also z. B. **Lc6-e8!!**, während ein grober Fehler ein doppeltes Fragezeichen erfährt, **Sf6-e4??**.
Es gibt aber auch Züge, die aus praktischer Sicht interessant oder originell erscheinen, auch wenn sie vielleicht nicht ganz korrekt sind; sie erhalten eine Kombination aus Ruf- und Fragezeichen, wie z. B. **Ta8-a2!?**. Züge von eher zweifelhaftem Wert werden mit einer Kombination aus Frage- und Rufzeichen bedacht, also z. B. **Dc2-c4?!**. Man beachte den kleinen, aber feinen Unterschied beim Einsatz der Frage- und Rufzeichen.

Eine Zugfolge, die eine unklare Stellung herbeiführt, wird durch das Zeichen für unklar bewertet (∞), während eine Stellung, die Kompensation für eventuelle Opfer bietet, mit dem Zeichen für Kompensation (Weiß hat Kompensation: ⩲, Schwarz hat Kompensation: ⩱) bewertet wird.
Wird in einer Variante einer Zugfolge der dahinter stehende Plan angeführt, notiert man vor der Zugfolge das Zeichen für Plan, also z. B. **Sf6-e4** Δ (mit dem Plan) **Se4-f2**.
Selbst verschiedene Formen der Aktivität werden in der Notation unterschieden. Die bekanntesten Symbole hierfür sind „→" für den Ausdruck „mit Angriff" und das Zeichen „↑", das den Beginn einer Initiative ausdrückt, während „⇆" ein sich anbahnendes Gegenspiel definiert. Ein weiteres Schachsymbol, „↻", drückt einen Entwicklungsvorsprung, also ein Mehr an bereits aktiv positionierten Figuren, aus.
Schließlich gibt es Zeichen, die helfen, eine entstandene Stellung für die weiße oder schwarze Seite einzuschätzen. Eine ausgeglichene Stellung wird durch das Symbol „=" ausgedrückt. Ein leichter (⩲ bedeutet plus über gleich), ein großer (±) oder entscheidender weißer Vorteil (+-) erfährt die eben beschriebene Symbolik. Dasselbe, nur mit umgekehrten Vorzeichen kann natürlich auch für Schwarz angewandt werden, also ⩱, ∓, oder -+.
Dieser Auszug zeigt den derzeitigen Fundus an Schachzeichen und Symbolen. Wie auch die Schachtheorie, ist die Schachnotation passend dazu einer rasanten Weiterentwicklung unterworfen, was gegenwärtig

zu Überlegungen führt, die Symbolik noch um weitere Zeichen zu erweitern, um auch eventuell auftretende Trends und Tendenzen einer Partie besser darstellen zu können. So könnte eine weitere Zeichenkombination eine aktuelle *Stellungsbewertung mit einem Trend verbinden*, wie z. B. das Zeichen für eine ausgeglichene Stellung, die der schwarzen Seite ein höheres Potenzial zutraut (≦). Mit ein wenig Fantasie könnte ich mir in diesem Fall auch ein solches Zeichen vorstellen: =☻. Jedenfalls ist hier in nächster Zeit mit einigen neuen Symbolen zu rechnen.

Ein praktisches Beispiel aus der Analyse einer wirklich gespielten Partie zeigt die Verdichtung der Schachsprache zu einem Werkzeug des Verstehens. Wir bedienen uns der Anmerkungen, die Großmeister *Dr. John Nunn* in seinem Werk „*Schach verstehen. Zug um Zug*" zu einer seiner eigenen Partien liefert. Die Dichte der Analysesprache soll Sie nicht abschrecken, sondern einfach einen Eindruck vermitteln, was alles in die Betrachtung einer Schachpartie einfließen kann. Wenn Sie seine Gedanken nicht alle nachvollziehen können, befinden Sie sich in guter Gesellschaft mit mir. Wir sehen im nächsten Diagramm eine Stellung, die sehr spannungsgeladen ist. Weiß, Großmeister Nunn himself, sieht sich mit einem drohenden Angriff des Schwarzen konfrontiert, der durch den Zug **Sg4!** eingeleitet wird. Nun aber rasch zu seinen Originalkommentaren.

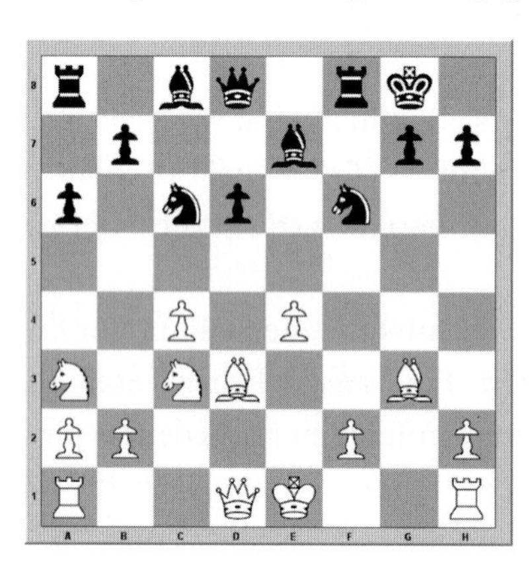

„Schwarz richtet seine Kräfte auf den klassischen Punkt f2, und obwohl Weiß am Zug ist, ist dieser Angriff sehr schwer zu stoppen. Ich spielte daher **Le2?**, was im ersten Augenblick wie die Rettung aussah, denn Weiß kann nun seine Dame mit Tempogewinn (einem Schachgebot auf d5) aktivieren. Nur, das Opfer funktioniert immer noch. ***Dd2?*** hätte sofort nach ***Sxf2!!*** verloren, während ***h3?*** nach ***Sxf2!***, ***Lxf2***, ***Txf2***, ***Kxf2***, ***Lh4+!***, ***Ke2*** (andere Züge führen auch zum Matt), ***Sd4+***, ***Kd2*** zum Matt nach

Dg5# geführt hätte." Nach dem tatsächlich gespielten Zug Le2 folgt nun das uns bekannte Motiv **Sxf2+!**. Doch Großmeister Nunn führt weiter aus: *„Das ist wohl eine dieser Kombinationen, die auf Basis allgemeiner Prinzipien absolut nicht mehr zu erklären oder zu rechtfertigen sind ...*". Soweit ein Auszug aus einer in der Folge verlorenen Partie des englischen Großmeisters, in der es auch weiterhin taktisch ziemlich brutal zuging und jeder *Verteidigungszug* genau vorausgeplant werden musste. Ich möchte Sie hier aber auf ein besonderes Detail hinweisen. Denken Sie an seine letzten Worte das Opfer betreffend, wenn wir beim Thema *„Initiative und dynamisches Potenzial*" angelangt sind.

Jedenfalls ist die Schachsprache in der Lage, die Situation auf einem Schachbrett sehr pointiert und präzise darzustellen und zu analysieren. Sie ist eine lebendige *aussagekräftige Kommunikationsform* voller *emotionaler Zeichen und Symbole* und ermöglicht eine dichtere Kommunikation von Inhalten, als es unsere „normale" Sprache vermag. Sie ist eine innovative Weiterentwicklung, ähnlich der, die in der Welt des Internets, also beim ICQ oder SMS, gegenwärtig verwendet wird.

„Du siehst also die Schachsprache als Vorgriff auf die zukünftige Entwicklung der Sprache und Schrift im Allgemeinen."

Vielleicht!? Kann sie gar als ein Vorbild für die Managementsprache von morgen gelten? Ich weiß es nicht, Chesster. Es wäre doch ein interessanter und allemal lohnenswerter Versuch, die Symbolik der Schachsprache in die Alltagskommunikation von Managern einfließen zu lassen, also z. B. „ ... zu Deinen Vorschlägen: Die Events an der Donau (!), Plakatkampagne (!?), jedenfalls wird unser Mitbewerber XY in die Defensive gedrängt, ich schätze unsere Stellung durch unsere Aktivitäten (±) ein." Die Betrachtung der Schachsprache allgemein und unseres Beispiels im Besonderen führt uns langsam und unbemerkt von rein formalistischen Betrachtungen des Schachs zu einer weiteren Dimension der Erkenntnis. Die Beschreibung und Darstellung der Koordinaten sind dafür zwar von Nutzen, stellen aber letztendlich nur die formale Basis für die *Bühne unserer Hauptakteure* dar.

Die handelnden Personen

„... ein Königreich für ein Pferd.“ (William Shakespeare)

Jede Bühne benötigt ihre *Darsteller*, die sich in unserem Fall sehr oft als vielschichtige, manchmal gar eigenwillige Charaktere herausstellen werden. Ganz wie im Leben also, würde ich meinen. Dieses Kapitel beschäftigt sich ausführlich mit allen diesen Akteuren, wir wollen sie schlicht *Figuren* nennen, die zur Umsetzung einer Partie Schach notwendig sind und sie erst zu vielfältigem Leben erwecken.

Wir werden ebenfalls sehr bald feststellen, dass unsere Schachfiguren sehr *unterschiedliche Fähigkeiten* besitzen, die erst durch unsere ingeniöse Führung ihre volle Wirkung erzielen können. Beschäftigen wir uns zu Beginn mit der wohl eigenwilligsten aller Figuren. Aus meiner Sicht muss bei der Untersuchung aller am Schachprozess beteiligten Figuren an erster Stelle wohl der Mensch mit all seinen *Unzulänglichkeiten*, aber auch herausragenden *Fähigkeiten* stehen. Es sind seine Fähigkeiten, welche die im Folgenden beschriebenen Schachfiguren erst zu dem machen können, was sie sind, nämlich strategische, taktische und nicht zuletzt äußerst *energiereiche Werkzeuge* in einem höchst komplexen und dynamischen System.

Der Spieler

Es gibt ein einfaches Bild, nach dem der Mensch zu *90 % aus Gefühl* und nur zu *10 % aus Verstand* besteht. Manche Wissenschaftler gehen sogar noch weiter und räumen den Gefühlen noch mehr Kraft und Bedeutung ein. Beide zusammen, *Rationalität und Emotionalität*, machen jedenfalls den Menschen aus. Alle Anstrengungen, die Gefühle auszublenden, zu verdrängen oder zu verbieten, sind daher *aussichtslos und letzten Endes schädlich* für jeden angestrebten Leistungsprozess.

„Dieser Aspekt wird in der herkömmlichen Managementlehre sträflich vernachlässigt, obwohl er ein wesentlicher Bestandteil unserer Leistungskultur ist.“

Wir selbst sind die wesentlichen Instrumente unserer schachlichen wie wirtschaftlichen Realität, wir sorgen dafür, dass „es" immer wieder geschieht. Unsere ureigensten *Gedanken*, *Nerven*, *Gefühle*, *Ängste*, *Hoffnungen*, *Pläne* und *Visionen* geben uns die einmalige Chance, geistig produktiv zu werden aber auch Fehler zu machen.

Sie werden mir mein weites Ausholen verzeihen, doch erfordert die Umsetzung eines Leistungsprozesses wie Schach ein gewisses Maß an *Leistungsfähigkeit*. Diese Leistungsfähigkeit eines Menschen, wie auch eines Unternehmens, basiert üblicherweise auf psychischen und physischen Fähigkeiten, bewusst oder unbewusst, die sich nicht selten direkt aufeinander auswirken. Das war uns schon immer klar.

Die Definition dieser Fähigkeiten, deren Analyse und deren praktische Umsetzung sind schon etwas diffiziler und deshalb das Thema dieses Kapitels. Wir untersuchen in erster Linie *individuelle* Formen, die wir bei einzelnen Menschen oder Figuren finden, berücksichtigen aber auch *kollektive* Formen, die wir in *Unternehmen* oder *Figurengruppen* kennenlernen. Kollektiv entwickelte Fähigkeiten, die höchste Form der unternehmerischen Leistungsfähigkeit, entwickeln sich meist auf Basis gemeinsam entwickelter Mission-Statements und Visionen und münden idealerweise in eine integrative Unternehmenspsyche. Diesen wichtigen Umstand werden wir im Speziellen im Kapitel über den relativen Wert der Figuren wiederfinden und zu schätzen lernen.

Untersuchen wir jedoch zuerst die *individuellen Fähigkeiten* eines Spielers und da in erster Linie die psychologischen Komponenten in der Schachstrategie und -taktik. Oft genug spielt unsere eigene Menschlichkeit gegen uns oder, wie ein bekannter Großmeister einmal bemerkte: „Eine gute Strategie schützt vor taktischer Torheit nicht!". Wie ganzheitlich die heutige Schachstrategie unsere Fähigkeiten zu entwickeln versucht, zeigt das Kultbuch des schottischen Großmeisters Jonathan Rowson mit dem Titel „*Die 7 Todsünden im Schach*". GM Rowson analysiert offen und ehrlich die grundlegenden *menschlichen Schwächen*, die eine Partie Schach negativ beeinflussen können.

Seine instruktiven Einsichten sprechen für sich und zeigen uns auch interessante Parallelen zum „daily business". Hier ein kurzer Auszug aus seinem äußerst instruktiven Fundus, der für jeden „Figurenmanager" zur Pflichtlektüre erhoben werden sollte.

1. Denken

Das Denken als erste *Todsünde*? Viele würden dem wohl sofort zustimmen. GM Rowson meint damit aber nicht das Denken an sich, sondern ein *unveränderliches, permanent gebrauchtes Denkmuster*, das allzu schematisch starren Regeln folgt und das Vertrauen in die eigene Intuition vermissen lässt. Er sieht diese eingeschränkte Wahrnehmung als ein häufiges Symptom mangelnden Selbstbewusstseins oder der grundlosen Überschätzung des Gegners.

„Als Gegenmittel empfiehlt GM Rowson übrigens die systematische Entwicklung der eigenen Intuition und des schachlichen Selbstbewusstseins."

Im „daily business" des Managements findet man dieses Muster sehr häufig, gerade in mittleren und unteren Managementebenen. Eingebettet in das System, gibt es für viele Manager nur zwei Wege, das *Ausbrechen* oder die *innere Aufgabe*. Letzteres führt zu oben beschriebenen Verhaltensmustern, die garantiert das Ende einer jeden Karriere oder eines jeden *persönlichen Fortschritts* bedeuten. Die Formulierung von Zielen und die *Auffrischung der inneren Stimme*, der Sensibilität, helfen, ein neues Selbstbewusstsein zu schaffen, das den Ausweg aus dem Dilemma findet und nicht zuletzt zu obiger erster Option, dem Ausbruch, führt.

Mein Tipp an solche Kandidaten: Bilden Sie sich fort, setzen Sie sich neue *Einkommensziele* und ändern Sie sofort ihr *Verhalten*, dann werden Sie bald nachhaltig die *Initiative* in Ihrer Partie übernehmen.

2. Blinzeln

Jede Schachpartie folgt einem *Bewertungstrend* und hat *wenige kritische Momente*, in denen eine mutige Entscheidung den Sieg bringen oder den Verlust vermeiden kann. Gute Schachspieler fühlen die Trends einer Partie durch ihre ausgeprägte Intuition und besitzen auch die nötige *Sensibilität*, kritische Momente für aktive Operationen zu nutzen. Sie spüren die Gefahr oder die Chance in den Schlüsselmomenten und gehen mit offenen Augen und offenem Geist durch die gesamte Partie.

„Rowson bedient sich des Begriffs „Blinzeln" für diese daraus folgende Todsünde des Schachs deshalb, weil es oft nur eines winzigen Augenblicks der Unachtsamkeit bedarf, um die entscheidenden Momente einer Situation zu versäumen."

Bei den meisten Sportarten haben die Akteure klare Hinweise auf die relative *Bedeutung jeder Spielsituation*. Es bedarf keiner besonderen Sensibilität, um als Tennisspieler beim Satzball oder als Golfer bei einem schwierigen Putt am achtzehnten Loch *maximale Konzentration* und Aufmerksamkeit aufzubringen. Doch Schach ist anders. Die Regeln des Spiels verraten einem nicht, welche Stellungen fehleranfälliger sind als andere oder auf welche Züge es besonders ankommt. Irgendwie müssen wir Schachspieler dasselber herausfinden, es gibt dafür keine allgemein gültige Formel. Allerdings zeigen Schlüsselmomente immer wieder bestimmte Zeichen und ein deutliches Signal, die den sensiblen Schachspieler auf subtile Weise warnen. Wenn er sich warnen lässt.

Jedenfalls hilft uns, ähnlich wie beim konstruktiven Dialog mit unseren Figuren, eine aktive Auseinandersetzung mit der aktuellen Stellung weiter. Sprechen Sie mit sich selbst, natürlich unhörbar für Ihren Gegner, diskutieren Sie intuitive Empfindungen mit sich und stellen Sie sich permanent selbst wichtige Fragen zu Ihrer aktuellen Position.

„Ja, manchmal sind es die richtigen Fragen zum richtigen Zeitpunkt, die einen Spieler zu einer neuen Erkenntnis oder dem Mut zur Entscheidung führen."

Ja, Chesster, die Zwiesprache mit der eigenen Intuition hat schon so manches ans Tageslicht befördert. Ich denke, du kennst die Geschichte über den Bau-Max-Chef Martin Essl, der wieder einmal in Ungarn unterwegs war und riesige Rosenfelder entdeckte.
Auf seine Frage, was denn mit den Rosen geschehe, sagte man ihm, dass diese großteils mittels LKW nach Holland transportiert werden. Dort werden sie blitzschnell und perfekt umgeladen und weiterbefördert - zu seinen eigenen Gartencentern nach Österreich. Essl holt sich die Rosen für seine Märkte jetzt direkt aus Ungarn - ohne den Umweg via Amsterdam. Wahrscheinlich war dem Bau-Max-Chef schon längst unterbewusst klar geworden, dass manche Waren auf gar verschlungenen Wegen zu seiner Einkaufsorganisation fanden, der Rest ergab sich dann von selbst.

Gute Schachspieler führen, vom Gegner unbemerkt, oft innere Zwiegespräche in Situationen, die für sie kritisch erscheinen, und holen sich so den nötigen Input für mutige Entscheidungen.

3. Wollen

Eine weitere Schachsünde ist die *Fixierung auf ein bestimmtes Ergebnis* oder eine bestimmte Erwartung. Wie oft haben stärkere Spieler ihre Stellung schon überzogen und dadurch verloren, nur um die eigene Erwartungshaltung oder die der Zuschauer zu erfüllen. Innere Ausgeglichenheit und eine Spur Fatalismus bzw. Realismus täte hier gut. Wer einfach sein Bestes geben will, unabhängig vom Resultat, wird dieser Sünde selten zum Opfer fallen. Das „ungestüme" Wollen bringt aber auch noch andere Probleme mit sich. Die häufigste Ursache von schachlichen Niederlagen ist wohl die *fehlende Geduld* in den entscheidenden Phasen der Partie. Ein Schachspieler sollte nie vergessen, dass der sicherste Weg zu einem großen Vorteil über das

Streben nach kleinen Vorteilen führt. Lassen Sie lieber Ihren Gegner die Fehler machen, bevor Sie etwas zu voreilig forcieren und sich in Schwierigkeiten bringen.

„Ein bekannter Großmeister, wahrscheinlich war es Viktor Kortschnoi, formulierte einmal, man müsse sich vor einer Partie entscheiden, auf wie viele Resultate man spielen möchte. Ein zu riskantes Spiel brächte jederzeit auch das ungewünschte dritte Resultat, die Niederlage, in den Bereich des Möglichen."

Natürlich, Chesster! Doch wie oft vergisst man in der Hitze des Gefechts diesen weisen Rat und riskiert letztendlich zu viel. Es sind immer diese kurzen entscheidenden Momente, in denen man meint, alles auf eine Karte setzen zu müssen. Doch jetzt sind wir schlauer.

4. Materialismus

Wir Menschen hängen im Allgemeinen an materiellen Dingen und als Schachspieler im Speziellen an unseren Figuren. Daraus ergibt sich oft eine *verzerrte Wahrnehmung* der „Stellungsrealität". Wir wollen unseren materiellen Vorteil bewahren, unterschätzen aber die Dynamik einer Stellung und geraten in Nachteil. Dieser Umstand ist übrigens auch ein Grund für die gegenwärtige große Beliebtheit von *positionellen Opfern* oder Gambitspielen.

„Gambit nennt man eine spezielle Art der Eröffnung, in der schon früh ein Bauer geopfert wird, um eine meist taktisch, manchmal auch strategisch bessere Stellung zu erreichen. Nicht umsonst heißt gambetta auf italienisch „ein Beinchen stellen"."

Man wirft dem Gegner förmlich das eigene Material nach, nur um ihn in eine *psychologische und positionelle Zwickmühle* zu locken. Nur wer schon einmal ein Opfer ohne sofort erkennbare Kompensation angeboten hat, weiß, wovon ich hier spreche. Auf der Seite des unfreiwilligen Empfängers zeigt sich dann oft der grundlegende *Konflikt* zwischen dem emotionalen Bedürfnis, *Material anzusammeln*, und der notwendigen rationalen Objektivität der Stellungseinschätzung.

Ein wenig Pluralismus im eigenen Denken und die Auseinandersetzung mit diversen Opfertypen hilft, die Objektivität nicht zu verlieren. Stellen Sie sich die Figuren nicht als Punktezahl oder lebloses Stück Holz, sondern als gebündelte Energie vor, die eine Wirkung auf die vor Ihnen befindliche Stellung ausübt.

5. Egoismus

Die fünfte Todsünde des Schachs führt Rowson auf die *fehlende Objektivität* im Spiel und auf das „Vergessen des Gegners" zurück. Wir denken lieber an das, was wir vorhaben, und vergessen dabei oft, den Gegner und seine Möglichkeiten angemessen zu berücksichtigen. Das führt dazu, Stellungsvorteile schneller für erreichbar zu halten, als sie es tatsächlich sind. Einmal in dieser Einbildung gefangen, gibt es kein Entkommen mehr. Ich spreche aus eigener leidvoller Erfahrung.

Eine diesbezüglich sehr aufschlussreiche und ebenso amüsante Episode mag sich wohl so oder ähnlich im Jahre 1908 abgespielt haben, als der gefürchtete *Kaffeehausspieler Burletzki* einen Wettkampf über sechs Gewinnpartien mit dem starken *Meister Köhnlein* ausmachte. Burletzki ging mit großem Selbstvertrauen und „Ichgefühl" in den Kampf, aber die erste Partie gewann Köhnlein. Burletzki darauf: *„Ich habe einen dummen Fehler gemacht."* Die zweite Partie gewann ebenfalls Köhnlein. Burletzki: *„Alle Partien kann man nicht gewinnen."* Die dritte Partie gewann wiederum Köhnlein. Burletzki: *„Ich bin heute nicht in guter Form."* Die vierte Partie ging ebenfalls an Köhnlein. Burletzki: *„Er spielt nicht schlecht."* Die fünfte Partie gewann Köhnlein. Burletzki: *„Ich habe ihn unterschätzt."* Schließlich gewann Köhnlein auch die sechste Partie, worauf Burletzki einsichtig meinte: *„Ich glaube, er ist mir ebenbürtig!"* Dieses unbefangene Gefühl des Verlierers zeigt wohl die Ausprägung der fünften Todsünde in seiner reinsten Form.

Doch kehren wir wieder zu Rowson's Einsichten und damit in die Gegenwart zurück. Eine weitere Auswirkung des Egoismus führt laut Rowson dazu, dass sich Schachspieler in *spezifische Rollenverhalten* drängen lassen, die sich negativ auf die objektive Behandlung der Partie auswirken. Man beginnt, für die Galerie zu spielen, sieht die Dinge nicht mehr, wie sie wirklich sind, oder möchte beweisen, dass der Unterschied im ELO-Rating sich auch deutlich für alle Anwesenden in der Partie ausdrückt. Diese *fehlende Objektivität* kann zu Situationen führen, in denen man sich weigert, dem Gegner Zugeständnisse zu machen, auch wenn sie absolut notwendig wären. Die Konsequenzen sind augenscheinlich, man verliert die Partie. Großmeister Rowson empfiehlt ein wichtiges Mittel gegen die nachteiligen Wirkungen dieses Realitätsverlusts, die *Prophylaxe.* Mit prophylaktischen Aktionen überlisten wir auf elegante Weise viele emotionale Motive und bleiben sicher auf unserem vorgezeichneten Weg. Er weist darauf hin, dass diese grundsätzliche Vorsicht sowohl im Angriff als auch in der Verteidigung seine Berechtigung hat.

„Da fällt mir ein Zitat des Ex-Weltmeisters Garry Kasparow ein: Die größte Kunst beim Schach ist, den Gegner nicht zeigen zu lassen, was er kann. Wie wahr das doch ist!“

Ja, der Gegner spielt eben nur so gut, wie man es zulässt, Chesster. Betrachten Sie daher die Partie auch ab und zu aus der Sicht Ihres Gegners und sprechen Sie mit den gegnerischen Figuren, Sie werden feststellen, dass Ihre „psychologischen Stellungsprobleme“ am besten behandelt werden, indem man sie mit dem Gegner teilt.

6. Perfektionismus

Der Perfektionismus als krankhafte Eigenschaft ist nicht nur im Schach ein altbekanntes Problem. Die Folge ist, zu viel zu wollen, bestimmte *starre Vorstellungen* über die Stellung zu haben und ständig das inadäquate Imitieren bestimmter Muster zu wiederholen. Im Perfektionismus manifestiert sich der starke Wunsch, in jeder Situation immer den besten Weg, das *perfekte Modell finden zu wollen.*

Oft ist die Basis dieser hinderlichen Eigenschaft ein akuter Mangel an Selbstvertrauen, der sich in der Etablierung von übertrieben verallgemeinerten Kategorien äußert. Im Schach drückt sich ein übertriebener Perfektionismus in dem Verlangen aus, den Gegner für scheinbar kleine Nachlässigkeiten exemplarisch zu bestrafen und eine dementsprechende *moralische Autorität* darzustellen.
Nicht selten wird dadurch mehr Zeit als notwendig verschwendet, und sieht man Perfektionisten deshalb öfter in Zeitnot als praktischer veranlagte Zeitgenossen, die einen schnelleren Zugang zur Entscheidungsfindung aufweisen.

„Tu es oder tu es nicht! Es gibt kein Versuchen! Das meint zumindest unser greiser Yedi-Meister Yoda zu diesem Thema.“

Du triffst den Nagel auf den Kopf, Chesster. Perfektionisten tun sich schwer, Entscheidungen auf einer pragmatischen Basis zu treffen, da sie ständig auf der Suche nach dem wahren, einzigen und besten Zug sind. Gr0ßmeister Rowson weist einen Weg aus dem Dilemma, indem er Schachspielern das Training des eigenen Selbstbewusstseins und der eigenen Intuition empfiehlt.

7. Fahrigkeit

Die siebente Todsünde des Schachs beschreibt GM Rowson als eine typische Charaktereigenschaft, die uns allen dann und wann anhaftet. Wer kennt die Situationen nicht, in denen *höchste Aufmerksamkeit und Konzentration* vonnöten sind, um anstehende Aufgaben zu lösen, die wir einfach in diesem Moment nicht aufbringen können. Situationen, in denen wir „den Faden verlieren“ und beginnen, uns *treiben zu lassen*, was nicht selten mit steigender Nervosität und Angst verbunden ist. Rowson sieht die Gründe in vielfältigen Wurzeln verankert, die sehr stark mit *unbewussten Motiven* und emotionalen Erinnerungen zu tun haben. Er nennt diese Elemente *emotionale Echos* und sieht einen Lösungsansatz in der bewussten Auseinandersetzung mit den unterbewusst *verankerten Mustern* und Bewertungsschemata.

Erst die Befreiung von inadäquaten geistigen Altlasten ermöglicht eine Befreiung von emotionalen Echos und die Bildung eines neuen *kognitiv verankerten Bewertungsnetzes* und die damit verbundene Aktivierung der neu justierten Intuition. Wie wir gesehen haben, spielt die *Intuition* überhaupt ein zentrales Motiv in Rowsons Überlegungen.
Großmeister Rowson zufolge verfügt jeder erfolgreiche Schachspieler über einen enormen aktiven und passiven Wissensschatz, der sich oft als guter Ratgeber erweist, wenn man auf ihn hört. Das erworbene unterbewusste Wissensnetz kann so, ohne dass wir es besonders stimulieren müssten, spontan und auf wundersame Weise entscheidend zur Lösung eines aktuellen Problems beitragen.
Gerade das passive Wissen, auf dem sich nachhaltig die Intuition bildet, wird aber erst durch eine *dauerhafte und engagierte Beschäftigung* mit einer Sache möglich. Erwarten Sie daher nicht zu viel von der einmaligen Lektüre dieses Buches und einer daraus wundersam entstehenden neuen verbesserten Intuition. Dazu ist etwas mehr nötig!

„Um dies zu erreichen, gibt Rowson einen halb ernst halb scherzhaft gemeinten Rat: das „Sprechen“ mit den eigenen Figuren. Du kennst das ja aus Deiner eigenen Schachpraxis!“

Ja, Du hast Recht, aber bei aller scheinbaren Absurdität enthält dieser Ratschlag einen vernünftigen rationalen Kern. Mit seinen Figuren zu sprechen, hilft, die eigene Stellung auf dem Brett mit neuen Augen zu sehen und die eigenen *eingefahrenen Denkmuster* zu durchbrechen. Besonders entscheidend ist diese Fähigkeit in kritischen Situationen, die einen großen Raum in GM Rowsons Betrachtungen einnehmen.

„*Neuronales Kidnapping*“ ist Rowsons Bezeichnung für das Phänomen, das in bestimmten, als emotional bedrohlich empfundenen Situationen der Teil des Gehirns, der für Notsituationen zuständig ist, die Kontrolle übernimmt und rationale Gedanken nicht mehr zum Zug kommen lässt. Das führt oft zu Kurzschlüssen in einer sonst höchst funktionellen „Stromversorgung“. Die häufigste Ursache von Fehlentscheidungen im Management wird übrigens auf den uns sehr bekannten Grund „Stress“ zurückgeführt, einer speziellen Form des neuronalen Kidnappings.

Im Schach betreffen solche Fehlentscheidungen aber nicht immer nur Verteidigungspositionen, sondern basieren oft auch im Hochgefühl, eine „technisch" gewonnene Stellung erspielt zu haben. Manchmal hat eben auch der Geruch des bevorstehenden Sieges so seine Tücken.
Die besten Züge in einer gewonnenen Stellung nicht zu finden, ist im schachlichen Sinne schon ärgerlich, es ist aber der psychologische Impakt, der in den meisten Fällen den Rest zum Verlust einer Partie beiträgt. Oft genug spielt man während einer Partie wieder und wieder vergangene Stellungen im Geiste nach, in denen man hätte gewinnen können. Sehr menschlich, aber auch sehr nachteilig für den Rest des Lebens, sorry, natürlich für den Rest der Partie.

Anstatt gegenwärtige Stellungsprobleme zu lösen, tritt man sich für vergebene Chancen wiederholt in den eigenen Hintern. Natürlich ist dies eine Art von *fehlender Selbstdisziplin*, ein weiteres wichtiges Feld für die Verbesserung des eigenen Schachs und generell für die Fähigkeit, Unternehmen zu führen. Überhaupt spielen Emotionen und die Kontrolle derselben einen essentiellen Part in der Fähigkeit des Schachmanagements. Ein gutes Beispiel ist die „*Theorie des ewigen Widerstands*". Manche Schachspieler sind durch die Struktur ihrer Psyche absolut in der Lage, nachteilige Stellungen mit größter Hartnäckigkeit zu verteidigen und den Gegner quasi „ewig" zu beschäftigen. Diese Glücklichen!

„It ain't over until it's over!", würde wohl unser Freund aus der Pop-Musik Lenny Kravitz etwas dazu beitragen können."

Tatsächlich können kleine positionelle Vorteile zwar optisch und psychologisch wahrgenommen werden, die Verwertung derselben kann bei genauestem Spiel der schwächeren Seite jedoch lange dauern oder sogar unmöglich sein, da es im Schach eine sogenannte „*Remisbreite*" gibt. Die Remisbreite bezeichnet in der Tat einen Spielraum in der Stellungsbewertung, die bei genauestem Spiel beider Seiten zu keinem Gewinn führt. Im praktischen Schach spielen solche theoretischen Bewertungen nur eine untergeordnete Rolle, hier zeigt sich der bessere, *fantasievollere* und vor allem *psychisch stabilere Schachspieler* „on top".

Jedenfalls soll diese Theorie den praktisch orientierten Spieler ermutigen, seine Defensivressourcen in schlechten oder strategisch verlorenen Stellungen immer optimal auszuschöpfen und nicht so leicht die Flinte ins Korn zu werfen.

„Das erinnert mich stark an Winston Churchills Aussage: Gib' niemals auf. Niemals. Niemals. Niemals."

Natürlich kennen wir seine Einstellung, dass noch niemand durch Aufgabe gewonnen hätte, doch bedarf es einer sehr stabilen und ausgereiften Psyche des Verteidigers, solche Stellungen über längere Zeit auszuhalten. Diese Selbstdisziplin trägt indes öfter Früchte, als man glaubt. Für diese Erkenntnis benötigen wir nicht unbedingt historische Großereignisse. Vielmehr werden uns die Erkenntnisse über die Transformation von Vorteilen im Kapitel über das Mittelspiel die Augen öffnen!
Zur Leistungsfähigkeit eines professionell agierenden Schachspielers gehört auch die richtige Einstellung, sich auf einen Gegner vorzubereiten und sich mit seinen speziellen Fähigkeiten auseinander zu setzen. Wie wir im Kapitel über den gegenwärtigen Stellenwert von *Schach- und schachunterstützender Software* feststellen werden, ist die „Sichtbarmachung" der Gegner gegenwärtig schon ein sehr einfaches Unterfangen geworden. Schachdatenbanken sorgen für die totale Transparenz eines jeden Spielers auf Vereinslevel. Seine *Eröffnungen*, *persönlichen Vorlieben*, *Stellungstypen* und sogar bevorzugte Stellungsphilosophien, wie Angriff oder Verteidigung, können heute schon selektiert und in ein Spielerprofil übernommen werden. Das ist *Benchmarking* und *Mystery Shopping* auf sehr hohem Level, sogar bis zur psychologischen Ebene, würde ich meinen. Mehr spannende Einsicht dazu etwas später!

Wir kennen jedenfalls inzwischen die Vorlieben unserer Gegner, ihre schachliche Ausrichtung, z. B. positionell oder dynamisch, und können so die Richtung der Partie in die von uns gewünschten Bahnen dirigieren. Doch Achtung, unser Gegner, welchem Spielniveau er auch immer angehört, kann das ebenfalls! Sogar ohne großen Aufwand.

Das erklärt übrigens auch ein manchmal auftretendes Phänomen, das wir im Fußball das „*Cup-Syndrom*“ nennen.
Eine Mannschaft der obersten Spielklasse verliert gegen einen Nobody der Amateurliga. Gerade in offenen Turnieren, in denen Schachspieler aller Spielstärken zugelassen sind, kommt es in den ersten Runden oft zu überraschenden Ergebnissen. Turnierfavoriten verlieren ohne große Gegenwehr gegen Nobodies. Wie ist das zu erklären? Für den Turnierfavoriten ist es ein Spiel von vielen, vielleicht ein wenig lästiger, da er unter Erfolgszwang steht, für sein „Nobody“-Gegenüber ist es die Partie der Partien. Er kann nur gewinnen und ist psychologisch und eben auch schachlich optimal für die anstehende Partie vorbereitet. Der Turnierfavorit verlässt sich auf seine über Jahre erworbene Spielstärke, der Nobody weiß das psychologische Moment auf seiner Seite.

In neuen Geschäftsfeldern oder *Nischen* sehen wir oft ein analoges Phänomen. Kleine *schnelle Unternehmen*, anfangs von den Main Players sträflich unterschätzt, besetzen diese Freiräume mit adäquaten Produkten und Dienstleistungen und etablieren so nachhaltig ihr Know-how quasi vor der Haustüre des „großen“ Mitbewerbs. *Unflexible Strukturen* seitens des Mitbewerbs tun dann ihr Übriges und verhindern konzertierte Aktionen gegen diese „Marktfrechheiten“.

Kleine Unternehmen mit großer Wirkung, würde Chesster sicher dazu meinen! Jeder Wettkampf zwischen Individuen oder Kollektiven kann statistisch in ein voraussichtliches Resultat gekleidet werden. Wie wir schon erfahren haben, beruht die Bewertung der Schachspieler eben auf dieser Wahrscheinlichkeitsrechnung. Doch selbst die durchaus imposanten 99 % Gewinnerwartung schützen vor der einen Partie nicht, die statistisch bei 100 Spielen verloren zu gehen droht. Wenn dann eben diese eine, so unscheinbare Partie tiefgreifende Konsequenzen für das Fortbestehen Ihres Unternehmens hat, na dann wird es schnell Nacht.

„Stop Alex. Ich erinnere mich da in diesem Zusammenhang an einen wirklich denkwürdigen Wettkampf. Der liegt aber schon einige Zeit zurück!“

Gut gemerkt! Ein schönes schachliches Beispiel für die psychologische Wirkung dieser Geringschätzung eines Gegners geschah in der europäischen Mannschaftsweltmeisterschaft 1980 in Skara, die ob einer Sensation großes öffentliches Interesse auf sich zog. Am ersten Brett des Wettkampfes „Russland : England“ saßen sich der amtierende Weltmeister *GM Anatoly Karpow* und der englische *GM Tony Miles* gegenüber.
Miles, der gegen Karpow in vergangenen Auseinandersetzungen nie über ein paar Unentschieden hinausgekommen war, also kein ernst zu nehmender Gegner für Karpow schien, beschloss, auf den Eröffnungszug Karpows, **e4**, die äußerst *provokante Antwort* **a6?!** zu versuchen. Nun ja, a6 leistet nichts für die Kontrolle des Zentrums, entwickelt keine Figur und gilt überhaupt als extrem nachteilig für Schwarz. Dieser Zug erhält neben dem Fragezeichen nur deshalb ein Rufzeichen, weil er in dieser speziellen Auseinandersetzung eine unglaubliche psychologische Wirkung erzeugte.
Es war die Provokation in ihrer reinster Form. Karpow sah in diesem Zug eine Beleidigung seiner Person und des Wettkampfs an sich und versuchte Miles dafür *gebührlich zu bestrafen.* Ein Karpow in rational logischer Höchstform, hätte die psychologische Herausforderung auf seine unnachahmliche Art die entsprechende Antwort zukommen lassen.
So aber war Karpow wütend geworden. Er, der Meister der kühlen Logik, der Weltmeister, kontrollierte eine der wenigen Male seine Emotionen nicht und wollte Miles auf grundsätzliche und *exemplarische Art* vor aller Welt bestrafen. Dementsprechend spielte er wider sein Naturell schon im frühen Partiestadium ungewöhnlich aggressiv, aus seiner Sicht sollte die Partie wohl in höchstens 25 Zügen zu Ende sein. Zug um Zug merkte Karpow jedoch immer mehr, dass er in eine dumme Falle gelaufen war, was in noch wütender machte.

Alle Welt sah einen emotional unausgeglichenen, verunsicherten Weltmeister, der mit Weiß eine für Schwarz extrem nachteilige Variante am Brett um jeden Preis widerlegen wollte. Miles verstärkte den psychologischen Druck geschickt durch oftmaliges schnelles Ziehen und das anschließende Verlassen seines Platzes. Karpow verzweifelte immer mehr, und seine Verunsicherung nahm kritische Ausmaße an. In besserer Stellung übersah er eine einfache Kombination, die Schwarz zuerst den Ausgleich und schließlich sogar die Initiative einbrachte. Als ein völlig entnervter Karpow schließlich durch eine weitere Kombination in eine Verluststellung geriet, hatte die Welt ihre große Sensation. Miles beendete die Partie mit Stil und legte damit den Grundstock für den bis heute anhaltenden Mythos um seine Person.

„Professionelles Agieren bedeutet eben auch, keinen Gegner zu unterschätzen, wie auch immer er seine Partie anlegt, und scheint er auch noch so unbedeutend aus gegenwärtiger Sicht."

Hätte der damalige Weltmeister Anatoly Karpow kurz vor seiner Partie das Buch Rowsons zur Hand gehabt, wer weiß, wie diese Partie dann ausgegangen wäre, Chesster. Vielleicht hätte er mit „Rowsonscher Abgeklärtheit" einfach nur seine Stellung kontinuierlich verbessert, die psychologischen Mätzchen seines Gegners als Schwäche gedeutet und schließlich kontrolliert gewonnen. Aber beim Schach weiß man das nie so genau. Mit diesem schachhistorischen Dokument beenden wir den Exkurs in die psychischen und physischen Voraussetzungen für die optimale Umsetzung der schachlichen Fähigkeiten. Sehen wir Schach einfach auch als gutes *Medium zum Nachdenken über die eigene Person* oder das eigene Unternehmen, um ein besseres Verständnis über uns selbst oder unsere unternehmerische Positionierung zu finden.

Manche Schachspieler neigen dazu, mit ihren Figuren imaginäre Dialoge zu führen, zu ihnen zu sprechen und ihnen manchmal sogar Vorwürfe zu machen. Ich gehöre auch zu dieser Sorte Mensch, und mein Psychiater findet das ganz in Ordnung so. Jedenfalls bieten uns die handelnden Figuren des Schachs eine willkommene Möglichkeit, unsere soziale Intelligenz auf höherer Ebene unter Beweis zu stellen,

und letztendlich mit den eigenwilligen Charakteren fertig zu werden. Wie schon erwähnt, entwickelte sich Schach evolutionär, und so zogen die uns bekannten Figuren nicht immer so, wie wir es heute kennen. Erst die Einführung der Langschrittigkeit mit ihren neuen Kombinationsmöglichkeiten veränderte das Schach grundlegend.
War Schach vorher nicht mehr als ein Glücksspiel, entwickelte sich nach dieser Revolution rasch eine erste *fundamentale Schachtheorie* und somit eine ernsthaftere Betrachtungsweise des Spiels. Dieses Kapitel zeigt uns nicht nur die Regeln, nach denen Figuren grundsätzlich ziehen können, sondern darüber hinaus auch die stellungsbezogene Charakteristik der gegenwärtig verwendeten Figuren.
Jede Schachfigur hat ihre *speziellen Stärken und Schwächen*, die im Spiel durch ihren ingeniösen Einsatz verstärkt oder vermieden werden können. Gerade der Anfänger wird die speziellen Fähigkeiten der einzelnen Figuren und ihre Zugrouten nicht gleich verinnerlichen, mit der regelmäßigen Beschäftigung damit wird sich das aber schnell ändern.
Es ist interessant zu bemerken, dass jeder angehende Schachspieler schon sehr bald eine *spezielle Affinität zu gewissen Schachfiguren* entwickelt. GM Garry Kasparow hat bereits in jungen Jahren eine Liebe zur Dame, zum Läufer und speziell zur Kraft und Dynamik des Läuferpaars entwickelt und dies in unzähligen Partien eindrucksvoll durch seinen virtuosen Umgang mit diesen Figuren dokumentiert. Manche Psychologen behaupten sogar, aus der Zuneigung des Spielers zu speziellen Figuren Rückschlüsse auf die gesamte Psyche eines Menschen ziehen zu können. Wir sind jedenfalls gespannt!

„Bei solchen Sitzungen wäre ich gerne anwesend. Vielleicht würde ich ja noch einiges über das menschliche Wesen und das manchmal sonderbare Verhalten der Menschen lernen.“

Kehren wir von der Spekulation zur Realität zurück. Wir wollen vorerst die Schachfiguren einmal als das sehen, was sie sind, nämlich Material, das möglichst effektiv am Brett zum Einsatz gebracht werden muss. Ich habe neben den durch die Spielregeln definierten Zugmöglichkeiten auch eine Art von *Charakterprofil* der Stärken und Schwächen einzelner

Figuren erstellt, das dem Schachspieler die praktische Handhabung erleichtert. Dieses Profil hilft uns auch, adäquate Analogien der Figuren zu Elementen des Managements zu definieren. Jedenfalls folgt nun eine Beschreibung der einzelnen Figuren und der im deutschen und englischen Sprachraum verwendeten Kürzel.

Der König (K)

Der König (♚♔, King) ist die wichtigste Figur im Schach. Sein Ende ist auch das Ende einer jeden Partie. Ihn gilt es deshalb, vor unstandesgemäßen Anträgen, also *Schachgeboten gegnerischer Figuren, zu beschützen.* Historisch gesehen unterstützt die Figur des Königs die Theorie, dass Schach aus diversen strategischen Jagdspielen hervorgegangen sein muss, da ein König zwar gejagt, aber *nie aus dem Feld genommen*, also geschlagen werden darf. Es lohnt sich allemal, sich in Ruhe die Merkmale dieser Figur anzusehen, die wir im Allgemeinen als unbezahlbar betrachten. Da wir dem König keinen materiellen Wert zuordnen können, wird er oft als *Verteidigungs-* und *Angriffsfigur* unterschätzt. Ein König ist stark und schwach zugleich. Die Stärke des Königs als Aktivposten einer Partie nimmt zu, je mehr Figuren das Spielfeld verlassen. Im Endspiel ist er der Main Player, nicht selten entscheidet sein Eingreifen die Partie.

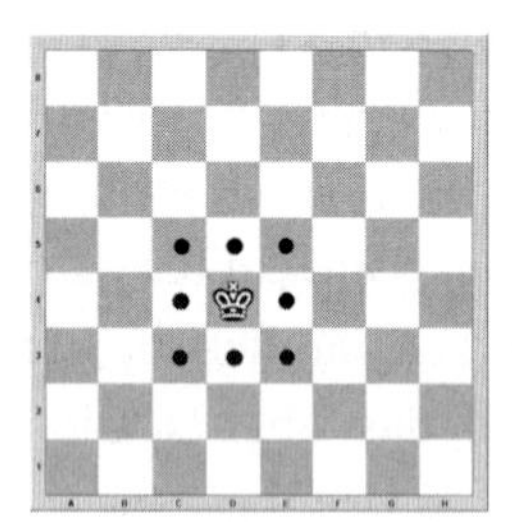

Der König kann, ideal postiert, von seinem Ausgangsfeld *acht weitere Felder* betreten und hat grundsätzlichen Zugang zu allen 64 Feldern. Er kann in jede Richtung ziehen, aber immer nur ein Feld pro Zug. Wie es sich für Monarchen ziemt, muss zwischen zwei Königen *immer ein Feld Distanz* bleiben, was zu einer taktischen Möglichkeit führt, die wir noch genauer unter die Lupe nehmen werden, der Opposition.

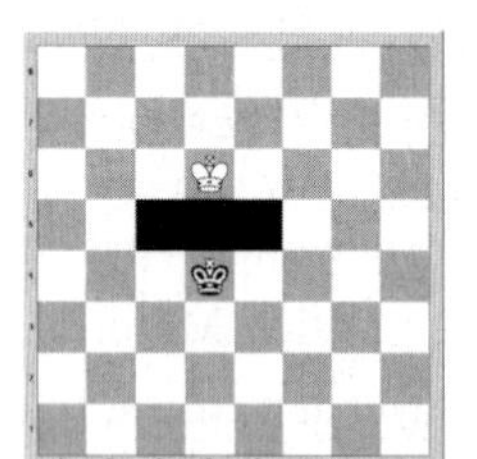

Unter Opposition versteht der Schachspieler nicht eine konträre Meinungshaltung, sondern die Möglichkeit, den gegnerischen König durch oben beschriebene Distanzregel, und den Zwang zu ziehen, zu einer (unvorteilhaften) Veränderung seiner aktuellen Position zu zwingen.

Dies ist besonders wichtig, wenn es darum geht, zusätzlichen Raum für Bauernvorstöße zu schaffen, einem der grundsätzlichen Ziele im Endspiel. Der König ist der unumstrittene Chef seiner Firma, dessen Hauptanliegen die Arbeit der anderen Figuren während der normalen Arbeitszeit ist, also in der Eröffnung und dem Mittelspiel. Er selbst beginnt mit seiner hauptsächlichen Arbeit aber erst, wenn es im Büro schon wesentlich ruhiger geworden ist, nämlich im Endspiel. Dort wird er zur Hauptfigur in Strategie und Taktik. Nähere Einsichten zu diesem Thema werden wir bei den Strategemen des Endspiels erfahren.

Die Dame (D)

Die Dame (♛♕, Queen) ist die Figur mit dem *größten Spielpotenzial* und dementsprechendem Wert. Sie kann Diagonalen genauso wie Reihen und Linien betreten und gegebenenfalls auch kontrollieren, sie vereinigt die Fähigkeiten von Läufer und Turm in einer Person. Angriffsspieler wie Garry Kasparow schätzen die Dame wegen ihres großen Potenzials, denn sie ist die eigentliche Gefahr für den gegnerischen König. Wie im Leben eben! Die Dame kann grundsätzlich alle 64 Felder betreten. Zentral postiert, hat die Dame zu *27 Feldern direkten Zugang* (=T+L).

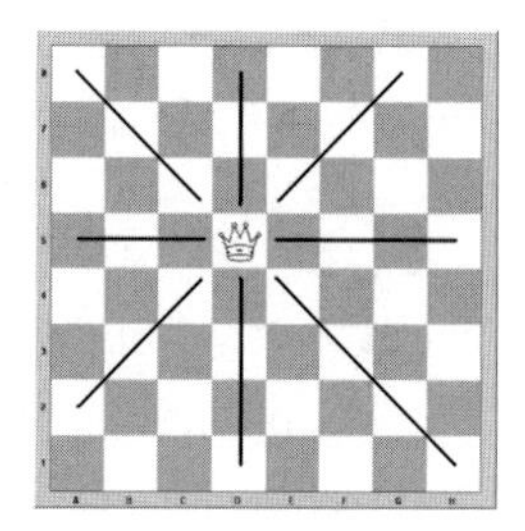

Das ist an sich schon eine ganze Menge, aber wir vernachlässigen oft die dynamischen Aspekte der Figuren, wenn wir sie rein nach der Anzahl der von ihnen beherrschten Felder fragen.
Die Dame kontrolliert durch ihre *hohe Mobilität* in der pragmatischen Wirklichkeit des Schachs indirekt noch viel mehr Felder.

„... was sie im Zusammenspiel mit einem Springer zu einer alles kontrollierenden Macht werden lässt."

Die Dame ist durch ihre Stärke eine beliebte Angriffsfigur, die nicht selten einen entscheidenden Schlag gegen den gegnerischen König ermöglicht. Je weniger Figuren am Brett verbleiben, desto größer wird der Radius der Dame, die, wie viele andere Figuren, ihre einflussreichste

Position im Zentrum des Bretts findet. Sie ist aber auch ein Asset, das *nicht leichtfertig den Angriffen minderwertiger Figuren ausgesetzt werden darf*, was sie auch durchaus verletzlich macht. Mit ihrem kompensationslosen Verlust werden die Streitkräfte entscheidend geschwächt, und ein Gewinn erscheint mit einer „Minusdame" weniger als aussichtslos. Selbst der beste Spieler aller Zeiten, Großmeister Garry Kasparow, könnte einem durchschnittlichen Vereinsspieler wohl keine ganze Dame vorgeben, ohne sofort in akute Verlustgefahr zu geraten.

Der Turm (T)

Der Turm (♖ ♜, Rook) ist eine langschrittige Figur, die ihre Erfüllung in den Reihen und Linien eines Schachbretts findet. Das bedeutet, dass

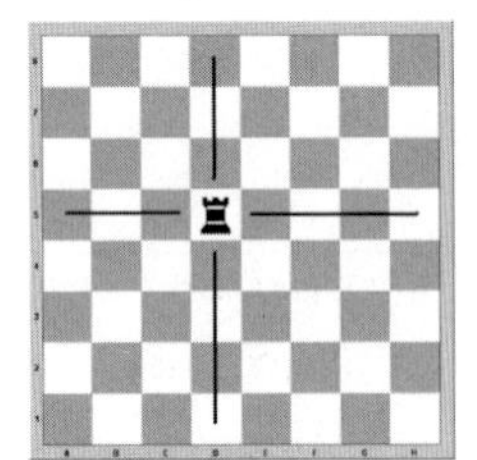

er zu allen 64 Feldern grundsätzlichen Zugang hat und so gerade im Endspiel zu einer der wichtigsten Figuren avanciert. Egal, auf welchem Feld postiert, hat der Turm immer *direkten Zugang zu 14 Feldern*, keine störenden Hindernisse vorausgesetzt. Auch seine Affinität zu seinem Monarchen ist einzigartig. Durch die Prozedur der *Rochade* erlaubt er dem König, sich in Sicherheit zu bringen. Eine genauere Erläuterung der Rochade finden Sie in der Einleitung zum Kapitel über die Eröffnung.

Wie schon angedeutet, besitzt der Turm eine große Stärke in offenen Strukturen, nicht selten wird ein Raumvorteil durch die Stellung eines Turmes begründet. Geschlossene Strukturen verursachen beim Turm *Klaustrophobie* und machen ihn zu einem *schlechten Verteidiger*. Er ist eine sehr konservative Figur, die sehr pragmatisch eingesetzt wird.

Seine größte Stärke besitzt der Turm jedoch in seiner Fähigkeit, Figuren und im Speziellen den gegnerischen König von gewünschten Zugrouten oder Feldern abzuschneiden, denn eine offene Turmlinie ist für den gegnerischen König eine absolute, nicht zu umgehende, Barriere.

Der Läufer (L)

Während fast allen Figuren das gesamte Spielfeld für Ausflüge zur Verfügung steht, gibt es für den langschrittigen Läufer (♗ ♝, Bishop) nur eine einfärbige Welt, nämlich die seines Ausgangsfelds. Er zieht *geradlinig auf allen Diagonalen seiner Farbe*, bis er auf ein Hindernis trifft, das er, falls gewünscht, schlagen kann. Durch seine Wirkung kann er auch leicht zur entfernten Kontrolle wichtiger Felder beitragen. Die legendäre „Röntgenwirkung" des Läufers wird uns noch in einigen wichtigen Strategemen begegnen.

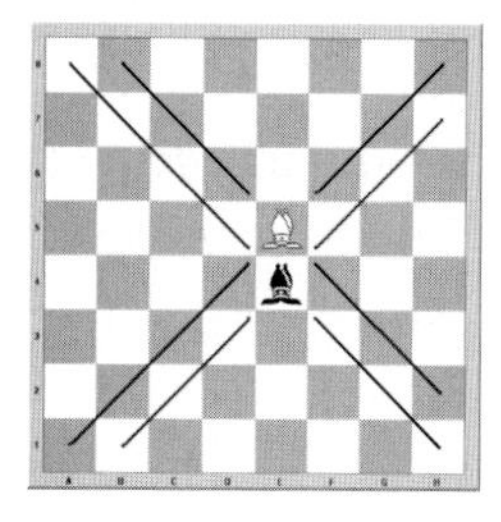

„Verlässt ein Läufer also das Brett, schwächt er damit seinen Felderkomplex. Darauf sollte man immer achten!"

Im Zentrum postiert, hat der Läufer Zugang zu *13 Feldern seiner Farbe* und zu insgesamt 32 am gesamten Schachbrett. Läufer fühlen sich in offenen Stellungen wohl, in denen sie weite Strecken zurücklegen oder rasch von einem Flügel zum anderen wechseln können. Nicht immer ist das Potenzial des Läufers offensichtlich zu erkennen. Manchmal ist er scheinbar passiv positioniert, stellt aber ein permanentes Kontroll- und Bedrohungspotenzial dar. In blockierten oder geschlossenen Stellungen, besonders wenn er von eigenen Bauern auf derselben Farbe seines Feldes umgeben ist, fühlt sich ein Läufer als minderwertiges Mitglied seines Teams.

Ein besonderes Kapitel stellt der Einsatz des sogenannten *Läuferpaars* dar. Zwei Läufer zentral postiert kontrollieren 26 Felder, also nur eines weniger als die Dame, und sind daher eine wahre Macht in offenen Stellungen, wie man aus dem obigen Diagramm schon erahnen kann. In der Praxis der Großmeister wird das Läuferpaar höher eingeschätzt als jede andere Kombination von Leichtfiguren, also z. B. S+S oder L+S.

Der Springer (S)

Der Springer (♘♞, Knight) ist eine seltsame Figur. Während seine Kollegen auf Geraden (Reihen, Linien, Diagonalen) wandeln, vollführt der Springer ein seltsames Zugmuster, das mit dem Buchstaben L verglichen werden kann. Er ist die einzige *nicht lineare Figur des Schachs*, ein „krummer Hund“ sozusagen. Das Diagramm zeigt, welchen Einflussbereich ein zentral postierter Springer sein Eigen nennt. Ein weiterer Charakterzug macht den Springer wirklich einzigartig: Er ist die einzige Figur, die auf ihrer Zugroute *über andere Figuren „springen“ kann*, ohne sie schlagen zu müssen. Durch diese Fähigkeit fühlt er sich in blockierten Stellungen mit wenigen, für ihn maßgeschneiderten Stützpunkten (Aufgabenprofilen!?) wohler.

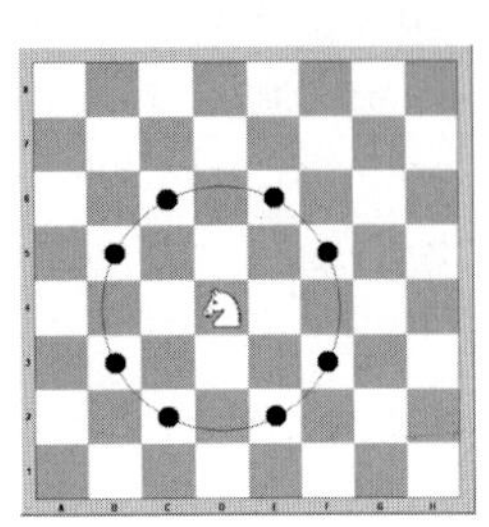

Er gilt dem Läufer deshalb gleichwertig, weil er seine eingeschränkte Mobilität und die geringere „Geschwindigkeit“ durch seinen prinzipiell *unbegrenzten Wirkungsbereich* kompensiert. Britisches Understatement würde zum Springer meinen: „He gets there, ...at the end!“ Der Springer ist im Gegensatz zu langschrittigen Figuren immer nur in einem eingeschränkten Einsatzgebiet effektiv. Er greift, bezogen auf seinen Standort, *immer Felder der jeweils anderen Farbe an* und ist daher die einzige Figur, die eine gegnerische Figur bedrohen kann, ohne selbst bedroht zu werden. Ideal positioniert, erreicht der Springer von seinem Ausgangsfeld zwar nur 8 Felder, grundsätzlich kann er aber jedes der 64 Felder ansteuern. Das macht ihn zu einem idealen Verbündeten der Dame, mit der er ein sehr effektives Angriffsduo bildet. Überhaupt sind Springer, da sie jedes Feld betreten können, sehr unberechenbar.

„Der bekannte Internationale Meister und Schachautor John Watson widmet den Springern sogar ein eigenes umfangreiches Kapitel mit dem bezeichnenden Titel „Sleepless Knights“. Diese rastlosen Tiere tauchen an den unmöglichsten Positionen auf, stiften heillose Verwirrung und verschwinden dann einfach wieder.“

Ein anderer Großmeister, Alex Yermolinsky, zeigt uns das Beispiel des „überflüssigen Springers“, bei dem 2 Springer dasselbe Feld zu besetzen drohen. Da immer nur eine Figur ein Feld in Besitz nehmen kann, führt diese Positionierung zu mittelfristiger Ineffizienz einer der beiden Figuren. Im Vergleich zum Läufer kann ein Springer keine Zeit verlieren. Ohne dem Kapitel über Strategie und Taktik vorzugreifen, in dem wir auf die Zeit und den *Verlust von Zeit* noch zu sprechen kommen, werde ich hier eine einfache Erklärung für diese spezielle Eigenschaft des Springers liefern. Möchtest Du vielleicht, Chesster?

„Gerne. Zeit verlieren bedeutet nichts anderes, als auf seine Ausgangsposition zurückkehren zu können und dadurch das ursprüngliche eigene Zugrecht (den Zugzwang) an den Gegner abgetreten zu haben.“

Wir fassen also die Erkenntnisse über unseren nichtlinearen Freund zusammen. Der Springer zeigt ein unorthodoxes Zugmuster, das sich von allen anderen Figuren unterscheidet, was ihn sehr unberechenbar macht. Er ist zwar räumlich immer nur beschränkt einsatzfähig, beherrscht aber sein Gebiet wie kaum eine andere Figur im Schach.

Der Bauer

Der Bauer (♝ ♗, Pawn) ist die einzige Figur, die anders schlägt, als sie zieht. Dies führt zu der eigenartigen Situation, dass sich zwei Bauern gegenseitig unbeweglich machen können. Bei einem weißen Bauern auf b4 und einem schwarzen auf b5 hat der b4-Bauer keinen Zug, abgesehen von möglichen Schlagfällen auf a5 oder c5. Jede andere Figur könnte vom selben Feld entweder wegziehen oder den Bauern schlagen, er kann beides nicht. Unbewegliche Bauernpaare, die sich in dieser Weise diagonal aufgereiht gegenüberstehen, nennt man Bauernketten. Wenn das Zentrum von unbeweglichen Bauern besetzt ist, spricht man von einem blockierten Zentrum.

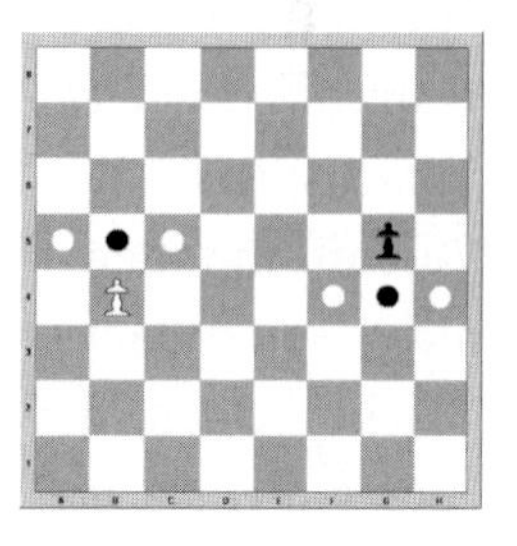

Meist bedeutet das, dass sich das Partiegeschehen im Wesentlichen auf den Flügeln abspielt. Grundsätzlich sind *Bauern und Bauernketten* in der Lage, den *Raum auf einem Schachbrett zu teilen* oder für einen Spieler Raum zu gewinnen. In vielen Fällen legt die Bauernstruktur nahe, dass die Spieler auf entgegengesetzten Flügeln angreifen, was die Stellung sehr spannungsreich machen kann. Bauern sind im Allgemeinen im Zentrum von größerem Wert, da sie die Postierung von gegnerischen Figuren, die ja bekanntermaßen zentralisiert die größte Energie besitzen, verhindern.

„Bauern sind die Seele des Schachspiels. Diese inhaltsvolle Erkenntnis stammt

von François-André-Danican Philidor, einem Komponisten und Schachpionier des 18. Jahrhunderts. Er war der Erste, der im Schach den Nachweis eines strategischen Plans erbringen wollte, und galt als Gründer der positionellen Schule."

Der Bauer als „Persönlichkeit" ist nicht so vielseitig. Er hat irgendetwas von einem *Tramper*, der eine kerzengerade Straße entlanggeht, aber immer auf der Suche nach einer Gelegenheit zum „Ausscheren" sucht. Wenn er jedoch sein Ziel, die gegnerische Grundlinie, erreicht, kann er sich in jede beliebige Figur außer den König verwandeln und so für eine positive Wende in der Partie sorgen. Unzählige Partien wurden letztendlich genauso entschieden!

Mit der Betrachtung des Bauern schließt die Galerie der Figuren ihre Pforten, und wir wenden uns gleich dem praktischen Wert unserer Erkenntnisse zu. Wie in jeder analogen Betrachtung ist **SDM** auch hier bestrebt, *vergleichbare wirtschaftliche Elemente* für die Figuren eines Schachspiels zu finden. Ohne unzulässige Verkürzungen oder Vereinfachungen trotzdem dem Anspruch des Buches zu dienen, ist nicht so einfach. Natürlich ist es simpel, den König einem *CEO* gleichzusetzen, die Dame dem *Unternehmer* oder *Hauptaktionär*, den Läufer dem *Chief Information Officer*, doch selten trifft das die offensichtliche Realität. Aus dem Anspruch heraus, objektiv zu sein und keine Trivialitäten zuzulassen, geht **SDM** einen anderen Weg und zwingt Sie, den Leser, immer aufmerksam zwischen den Zeilen zu lesen.

SDM gibt Denkanstösse, liefert aber keine unseriösen Fertiggerichte. Es wäre natürlich einfach, Schachfiguren einzig und allein mit Positionen in Unternehmen oder mit den Charakteren einzelner Menschen zu vergleichen. Doch Schach, wie das Leben selbst, spielen sich fast nie in solchen „geringdimensionalen" Zusammenhängen ab. In den seltensten Fällen sind die Schachfiguren selbst der Gegenstand von direkten Analogien, vielmehr produzieren sie durch ihren konkreten Einsatz in spezifischen Stellungen ständig neue analogen Szenarien.

„Alex, Du argumentierst schon wieder etwas zu abstrakt. Der Ansatz mag stimmen, doch einige nähere Erläuterungen und Beispiele wären angebracht. Und vergiss' nicht, Schach! Dem ***Manager ...***"

Jede Figur hat ihre spezifischen Eigenheiten. Man könnte das schon fast einen Charakter nennen, der im Zusammenspiel mit situativen Elementen eine jeweils konkrete Wirkung auf die untersuchte Stellung hat. Vereinfacht gesagt, jede Figur hat ihre ganz eigene Art, in verschiedenen Stellungen zu wirken. Ich sehe gerade diesen Umstand als besondere Herausforderung für **SDM**, da es eben simple und eindimensionale Analogien fast unmöglich macht. Natürlich sind allzu abstrakte Darstellungen nicht immer im Sinne der Verständlichkeit, doch damit müssen wir leben lernen.

Um Chesster doch etwas versöhnlicher zu stimmen, nehme ich seinen Ratschlag an und betrachte ein seltenes konkretes Beispiel, das auf der Charakteristik des Bauerns aufbaut. Bauern sind Figuren, die der *Stellung eine Struktur geben*, Raum teilen oder sogar Raum gewinnen und doch zugleich die meiste Zeit im Hintergrund agieren. Erst im Endspiel, bei reduziertem Material, steigt ihr sichtbarer strategischer Wert durch die Möglichkeit der Verwandlung. Sie sind also recht eigenwillige Zeitgenossen. Eine offensichtliche Analogie zu den Mitarbeitern eines Unternehmens, die durch ihre Strukturgebung die kollektive Psyche eines Unternehmens prägen. Sie teilen den Raum der einzelnen Abteilungen und Projektgruppen und sind durch ihre Präsenz auch ein spürbarer physischer Faktor der Raumnutzung.

Bei reduzierter Bürokratie treten ihre Leistungen mehr und mehr in den Vordergrund, was nicht selten bei adäquater Performance zu Beförderungen führt. Ein schönes Beispiel, aber eben nur eines von vielen. Chesster sieht zumindest schon etwas versöhnlicher aus.

„In der Tat zeigt dieser Vergleich ein schönes Beispiel der Persönlichkeit des Bauerns, wenngleich ich jetzt fast geneigt bin, Deine Abneigung gegen das allzu Triviale zu teilen."

Figuren können durch ihre spezifische Postierung aber auch ein Sinnbild für eine spezielle Verteilung, Stärke und Anordnung der Unternehmensstreitkräfte sein. Die langschrittigen Units, wie Läufer, Türme und die Dame, stehen für offensiv orientierte Strategien, während die Springer für *projektorientierte Aufgaben* eingesetzt werden oder für die *Kommunikation* zwischen den Units sorgen. Die Verteilung der Bauern und Figuren auf dem Schachbrett kann aber genauso gut eine spezielle Positionierung gegenüber den *Mitbewerbern* ausdrücken.

„Manchmal sind die Figuren des Spiels aber einfach auch nur spezielle Menschentypen in spezifischen Situationen oder Unternehmen, obwohl Du immer vor verkürzter Wahrnehmung warnst. Und das mit Recht!"

Diese Erkenntnis vom Charakter der Figuren in spezifischen Stellungen bringt uns in ein Dilemma. Einerseits wollen wir den Wert aller Figuren für unser Spiel rational einschätzen lernen, andererseits zwingt uns jeder Zug, unsere mühsam erarbeitete Bewertung über Bord zu werfen und nochmals von vorne zu beginnen. Diese konstruktive Zerstörung fordert uns aber auch permanent auf, wachsam zu sein und alle sichtbaren und vermuteten Wahrheiten ständig zu hinterfragen.
Diese notwendige Wachsamkeit ist ein zeit- und energieaufwendiges Unterfangen und stellt für viele Schachspieler die Herausforderung schlechthin dar. Einen pragmatischen Ansatzpunkt für die mögliche Lösung dieses Problems halte ich für Sie im nächsten Kapitel parat.

Der relative Wert von Figuren

„Die Mathematik handelt ausschließlich von den Beziehungen der Begriffe zueinander, ohne Rücksicht auf deren Bezug zur Erfahrung.“ (Albert Einstein)

Wie bei allen interessanten technischen Herauforderungen hat der Mensch natürlich auch versucht, das Schachspiel durch wissenschaftliche Untersuchungen in *mathematische Größen und Algorithmen* zu zerlegen. Respektable Erfolge zeigten sich bis dato speziell in der Entwicklung der gegenwärtigen Schachcomputer. Wie wir jedoch noch sehen werden, ist dieser rein mathematische Ansatz aus praktischer Sicht ein schwieriges Unterfangen. Jedenfalls hat es sich im Laufe der Zeit eingebürgert, die *Wertigkeit der Figuren zueinander* zu beurteilen, um Positionen mit ungleich verteiltem Material besser einschätzen zu können.
Diese vergleichende Bewertungsform hat sich im Laufe der Zeit weltweit durchgesetzt und kann daher inzwischen als internationaler Standard angesehen werden. Hier ein kleiner Auszug der wichtigsten Tauschwerte von Figuren und Figurenkombinationen zueinander:

König (**K**):	**ohne (unendliche) Bewertung**	
Dame (**D**):	**2 T; 1T+1S(L)+2 Bauern; 3 S(L);**	**8-9 Punkte**
Turm (**T**):	**1 L(S)+1-2 Bauern;**	**4-5 Punkte**
Läufer (**L**) oder Springer (**S**):	**3 – 3,5 Bauern;**	**3-3,5 Punkte**
2 Leichtfiguren (**S,L**):	**T+2 Bauern;**	**6-7 Punkte**

Wie so oft bei unseren Betrachtungen ist diese mathematische Bewertung eben nur die halbe Wahrheit, da Schachfiguren nur in optimalem Umfeld ihr wahres Potenzial erreichen können. In einem begrenzten Raum und bei bevölkertem Brett ist die volle *Entfaltung einer Figur* nicht immer sofort wie gewünscht in die Tat umzusetzen.

„Meister unterscheiden in ihrem Spiel daher die objektive, mathematische Bewertung der einzelnen Figuren von der konkreten positionsbezogenen Bewertung, die dementsprechend einen höheren praktischen Stellenwert für die Partie besitzt.“

Diese pragmatische Sicht der Dinge macht eben den kleinen, aber feinen Unterschied zwischen „*die Figuren zu ziehen*“ und „*Schach zu spielen*“ aus, wie wir das noch in der höchst eindrucksvollen Dramaturgie des *erstickten Matts* kennenlernen werden, in dem einzig ein Springer das Matt erzwingen kann und sich dafür sogar „seine“ Dame höchstselbst freiwillig opfert. In den meisten Stellungen fehlt dieser extrem überzeichnete Unterschied zwischen objektiver und stellungsbezogener Bewertung, doch findet man in fast jeder Schachpartie so einige Positionen, in denen die rein mathematische Einschätzung außer Kraft gesetzt scheint. Hier zählt alleine die *konkrete Wirkung* oder *Energie* der Figuren. Die Tatsache, dass der stellungsbezogene Wert einer Figur einer bestimmten Energiemenge entspricht, bedeutet aber auch, dass die Figur nicht mehr länger als statisches Objekt gesehen werden kann, sondern als *dynamische Struktur*, als Prozess der *Fähigkeit*, in einer Stellung etwas Nützliches zu tun. Leider sehen wir Figuren oft geradezu zwanghaft in ihrer Eigenschaft als Masse und erst danach als Leistungspotenzial.

Uns Menschen fällt es eben generell schwer, *Material* und *Energie* als gleichwertige Äquivalente zu verstehen. Diese Problematik betrifft jedoch nicht nur die Schachspieler unter uns.
Diese oder ähnliche Fälle sind auch im täglichen Umgang von Führungskräften mit ihren Mitarbeitern zu bemerken. Sie nehmen eher die Position und das vorgegebene Aufgabengebiet des Mitarbeiters wahr als dessen *offensichtliches energetisches Potenzial.* Ein Grund mehr, Schach als ernsthaftes Trägermedium für *führungstechnische Lernprozesse* zu verwenden. Der Hauptgrund der Komplexität des Schachs ist nun mal die situative Außerkraftsetzung *objektiver Figurenbewertungen* und der manchmal notwendige Verstoß gegen „goldene“ Regeln oder idealisierte „Struktogramme“, um letztendlich erfolgreich bestehen zu können.

„Wacker, Taylor, Means haben das im großen Zusammenhang als eine wichtige Regel für das Management des Chaos formuliert: Übe Dich im intelligenten Ungehorsam!“

Und wie ich denke, eine sehr nützliche Feststellung im Umgang mit der täglich wachsenden Unordnung in unserer Welt. Im Schach finden wir dafür gerade in letzter Zeit genügend Beispiele, und das Folgende ist so eines. Wir sehen vor uns eine denkwürdige Partie, die in Fachkreisen große Aufmerksamkeit auf sich zog, da sie eine kontroversiell diskutierte Eröffnung, das *Wolga-Gambit*, einer Neubewertung unterzog.

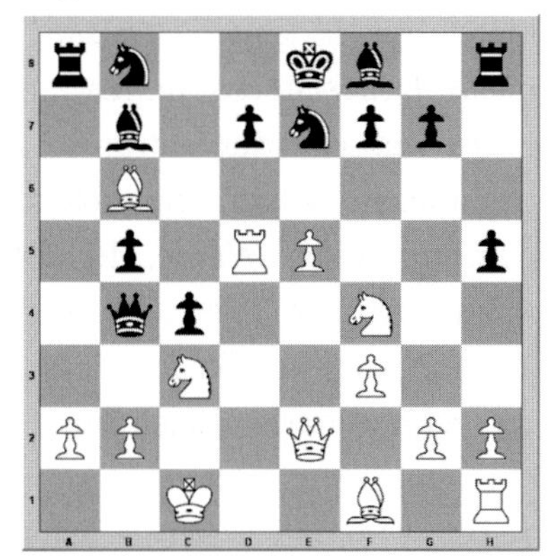

Die handelnden Großmeister, Bogdan Lalic (Weiß) und Alexander Khalifman (Schwarz), sind in der Schachszene dafür bekannt, ihre Partien sehr „scharf", also *taktisch orientiert*, anzulegen, was die vorliegende Partie wieder einmal beweist. So sitzen sie sich also gegenüber, die beiden, und versuchen, dem Gegner unliebsame Überraschungen zu bereiten. Das grundsätzliche Thema ist die Bewertung von Figuren zueinander, und im Speziellen steht der *Wert der Dame* auf dem Prüfstand. Der letzte weiße Zug war **Txd5**. Wie schätzen wir die Stellung ein?

Weiß hat viele Drohungen, z. B. das weitere Schlagen auf b5, den Fang der Dame, und es scheint, als hätte Schwarz bereits verloren. Doch nun folgt eine bemerkenswerte Entscheidung Khalifmans, der seine Dame für einen Turm und einen Springer gibt. Wir rechnen nach und erkennen, dass dieser Tausch laut Tabelle zu wenig Material für die Dame gewinnt. Trotzdem lässt sich Khalifman von unseren Rechenkünsten nicht beeindrucken und spielt **Dxc3+!**. Lalic wiederum vertraut unseren mathematischen Fähigkeiten und schlägt die Dame, **bxD**, worauf Schwarz sich den versprochenen Springer sichert, **Sxd5**. Weiß nimmt diesen Springer, **Sxd5**, worauf Schwarz mit **Lxd5** wieder die ursprünglich von ihm angestrebte Materialverteilung herstellt.

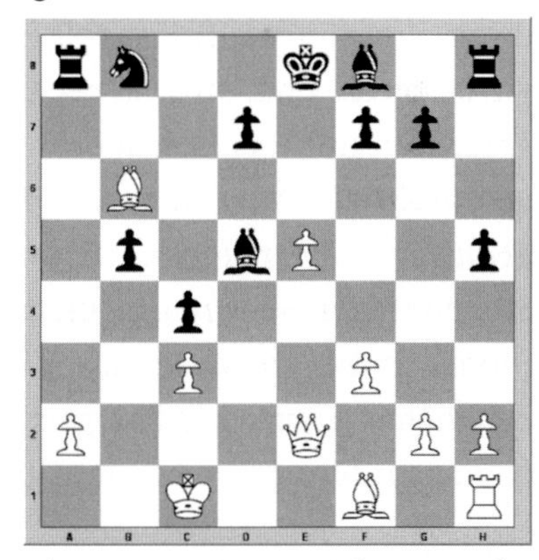

Der Pulverdampf hat sich verzogen, und wir sehen ursächlich eine weiße Dame gegen Turm und Springer kämpfen. Diesem Umstand widmen wir ein eigenes Diagramm. Was genau ist geschehen? Schwarz hat zwar *mathematisch gesehen einen klaren Nachteil*, die Stellung bietet ihm jedoch eine *Vielzahl von aktiven Plänen*, und vor allem hat er die Initiative übernommen. Sein Turm droht Gefährliches auf der a-Linie, sein schwarzfeldriger Läufer ist zum Leben erwacht, und der gegnerische König sieht sich seiner Schutzfiguren beraubt. War es vor dem Opfer der Weiße, der das Spiel diktierte, so ist er jetzt in der unangenehmen Lage, seine Stellung verteidigen zu müssen. Es ist daher also nicht verwunderlich, dass Großmeister Khalifman seinen Vorteil in nur zehn weiteren Zügen zum Sieg ausbauen konnte.

Selbst wenn Sie jetzt als Schachspieler durch diese großmeisterliche Kunst überfordert sind, wie ich übrigens auch, sollten Sie daraus doch eines intuitiv erfasst haben, nämlich den *prinzipiellen Kampf zwischen Geist und Materie* und die dahinter erkennbaren Ideen. Hier kämpfen zwei Individuen gegeneinander, nur bewaffnet mit Ideen und Einschätzungen, und eben einer Handvoll energetischer Strukturen, auch Figuren genannt.

Dieses Beispiel zeigt uns die oft erwähnte Energie von Figuren in spezifischen Stellungen. Man erkennt ihr offensichtliches Potenzial darin, Zugrouten effizient folgen zu können, strategisch wichtige Felder zu besetzen und schnell verschoben werden zu können. Oder ganz spezielle Aufgaben besonders effektiv, in unserem Fall im Angriff, auszuführen. Allgemein könnten wir also diese Energie mit der „*Fähigkeit einer Figur, Arbeit zu verrichten*“ beschreiben. Diese Stellungsenergie wird im modernen pragmatischen Schach natürlich immer höher bewertet als der objektive *mathematische Wert* der beteiligten Figuren. Aber genau darin besteht im Spiel die primäre Herausforderung für uns Menschen.

„Jetzt verstehe ich auch ein wenig, warum Schachcomputer so ihre Probleme mit dem Stellungsverständnis haben. Sie benötigen etwas, was nicht in objektivierter Form existiert.“

Gut erkannt! Weil ihnen, lieber Chesster, einfach wenig bis keine objektiven Messfaktoren zur Verfügung stehen. Es ist ein wenig so, wie die Einschätzung von Menschen in Unternehmen. Wer kann einen Menschen und seine Fähigkeiten, vielleicht sogar noch in speziellen Situationen, schon objektiv einschätzen? Dem Manager bleibt nur die Möglichkeit, einerseits die wenigen Informationen wie die Ausbildung oder die bisherigen Aufgabengebiete des Mitarbeiters zu evaluieren und andererseits für eine möglichst *aktive und energiereiche Positionierung* zu sorgen. Der Rest ergibt sich dann von allein.

Analog dazu stellen wir fest, dass die Kunst des versierten Schachspielers eben darin besteht, diese *Entfaltungsfreiheit* der eigenen *Figuren* zu gewährleisten, aber zugleich auch die des Gegners einzuschränken. Unser Figurenmanager hat also das Spiel ganzheitlich zu sehen, während eine Führungskraft in einem Unternehmen im Normalfall genug mit der Positionierung ihrer eigenen Figuren beschäftigt ist. Doch kehren wir zu den handelnden Personen zurück. Genauso wie wir Figuren nur in ihrer konkreten Situation bewerten können, gestaltet sich auch die Bewertung diverser *Kombinationen von Figuren* in einer speziellen Operation. Mathematisch gesehen ist das eine klare Sache, die sich aus der erwähnten *Punkte-/Bauernbewertung* ableiten lässt. In der Praxis hat sich jedoch herausgestellt, dass manche Figurenkombinationen effektiver miteinander harmonieren als andere. Wie im Leben eben.
Ein Beispiel dafür ist das Zusammenwirken von *Turm und Läufer*, das über die Effektivität von Turm und Springer zu stellen ist. Es scheint also so, dass langschrittige Figuren sehr gut miteinander kooperieren. Doch das nächste Beispiel widerlegt diese These schon wieder. Ein tödliches Tandem mit viel Angriffspotenzial ist das Zusammenwirken der langschrittigen *Dame* und dem eher lokal aktionsfähigen *Springer*, die besonders in gemeinsamen Mattangriffen eine unglaubliche Meisterschaft entwickeln. Jedenfalls schlägt diese Kombination in vielen Fällen bei weitem das Duo aus Dame und Läufer.

„Kannst Du mir wenigstens in diesem Fall mit einer rationalen Erklärung dienen? Warum ist das so?“

In diesem Fall kann ich das sogar, Chesster. Dame wie Springer haben grundsätzlich Zugang zu allen schwarzen und weißen Feldern und können so mehr Felder kontrollieren bzw. bedrohen als die Kombination aus Läufer und Dame. Bei dem bereits erwähnten Duo Läufer und Turm ist das Ganze schon wieder unklarer. Man könnte geometrische Argumente dafür heranziehen, die auf spezifischen *Schnittpunktmustern* fußen, aber letztendlich basiert meine Einschätzung auf unzähligen Gesprächen mit Spitzenspielern und der eigenen Erfahrung. Natürlich gibt es auch für diese „Regeln" ganz konkrete Ausnahmen, die aber die Gesamteinschätzung nicht ändern.

Wir wollen uns jetzt aber wieder mit der Auswirkung dieser Erkenntnis für das Management von Unternehmungen auseinandersetzen. Wie im Schach gibt es auch in Unternehmen Figuren bzw. Figurenkombinationen mit unterschiedlichen *Wirkungsbereichen bzw. Positionen.* Die interessanteste Entwicklung im modernen Management ist jedoch, dass die handelnden Figuren zwar unterschiedliche Wertigkeiten und Einflussbereiche besitzen, sie jedoch, analog dem Schach, nicht grundsätzlich hierarchisch eingesetzt bzw. strukturiert sein müssen. Keine Figur muss der anderen größere Rechte einräumen, jede Figur erfüllt die ihr situativ *zugewiesene Aufgabe* im großen Konzert des Managements. Im Schach sehen wir dieselben Muster. Manchmal verteidigt eine Dame, während ein Springer angreift, ein anderes Mal wiederum greift der König höchstpersönlich an (ein), während ein Turm das einzige Einbruchsfeld bewacht. Jede Figur ist ohne Rücksicht von jeder gegnerischen angreifbar, die Ausnahme bilden nur die zwei Könige zueinander, und jede Figur versucht, ihre Kollegen ideal zu unterstützen bzw. in Position zu bringen.

„Ich beginne zu verstehen. Du meinst also, dass an die Stelle der üblichen Hierarchie funktionsübergreifende Teams mit spezifischen Aufgaben treten."

Richtig erkannt, Chesster. Manchmal sind es Projektteams aus wenigen Figuren, die den Auftrag erhalten, im gegnerischen Camp für Unruhe zu sorgen und so Schwächen zu provozieren, während die restliche

Truppe rein auf „Stand by" steht. Selbst unsere simplen Bauern spielen ihre Rolle durch ihre Aufgabe, den Raum durch ihre Struktur zu beeinflussen. Das Figurenmanagement im Schach zeigt, wie wir also sehen, einen sehr modernen Ansatz des Umgangs mit „Human Ressources". Einzig die *koordinierte Gesamtleistung* aller am jeweiligen Prozess Beteiligten entscheidet das Spiel, unabhängig von Titel und Position. Eine bemerkenswerte Errungenschaft! Das moderne Unternehmensmanagement versucht ebenso, auf solche schwerfälligen hierarchischen Strukturen zu verzichten und bevorzugt eine eindeutige, klare Aufgaben- und Leistungsorientierung statt einer eindimensionalen Kontrollorientierung.

Die Kommunikation der einzelnen Menschen miteinander tritt in den Vordergrund und wird so zu einem wichtigen Erfolgselement, um schnell und effektiv auf dem Markt agieren zu können. Die Performance der einzelnen Figuren in konkreten Operationen ist entscheidend, nicht die grundsätzliche „Regel" oder Bewertung z. B. durch Titel oder Funktionsbezeichnungen.
Selbst der CEO ist eher ein „Primus inter pares", der Unterstützung benötigt, sich in Projektteams einbringt (siehe Endspiel) und ohne die Kooperation seiner Figuren ohnmächtig ist. *„Schnell und effektiv statt regelkonform"* lautet die Devise. Über die Aufgabe von Unternehmen und ihren Führungspersönlichkeiten sagt z. B. Jack Welch, der langjährige CEO von General Electric: *„Die Hauptaufgabe ... liegt darin, eine stimulierende Atmosphäre, ein Klima zu schaffen, in dem die Menschen die Ressourcen zum Wachsen haben, ..., in dem sie den eigenen Horizont, die eigene Sichtweise vom Leben erweitern können".*

Mit ein wenig Fantasie und philosophischem Spirit könnte diese Formulierung auch auf den Umgang mit Figuren in einer Schachpartie anzuwenden sein. Im Schach geht es nach Welchschem Vorbild eben genau darum, eine Atmosphäre zu schaffen, in der die Figuren die richtigen Ressourcen, wie den Raum und die Zeit, zum Wachsen, also zur optimalen Performance, haben. Ein schöner Vergleich, finde ich!

„Ich fasse zusammen. Figuren und Figurenkombinationen haben ihren äußeren und inneren Wert. Erst wenn sie richtig eingesetzt werden, entfalten sie ihr gesamtes kreatives Potenzial."

Treffender hätte ich es auch nicht sagen können, Chesster. Trotz Deiner interessanten Einsicht möchte ich mich jetzt aber einer spannenden Thematik zuwenden, die sich als direkte Konsequenz aus dieser Zusammenfassung ergibt. Wenn nämlich Figuren nicht mehr rein mathematisch bewertet werden können, stellt die Verteilung des Materials keinen objektiven Maßstab des Erfolgs mehr dar.

Materie und Geist

Nachdem wir uns mit den formalen Aspekten des Schachs, wie dem Brett und der Beschreibung von Bewegung, beschäftigt haben und anschließend erste Gehversuche mit unseren Figuren vollzogen haben, gehen wir noch einen Schritt weiter. Zwar haben wir erkannt, aus welchen *nachvollziehbaren Elementen das Spiel* besteht, einem Brett, einem Koordinatensystem und genau definierten Figuren, doch das Ganze ist, wie schon erwähnt, mehr als die Summe seiner wahrnehmbaren Einzelteile. Es genügt nicht, einfach nur scheinbar offensichtliche Fakten zu sammeln, es muss auch die *richtige Information* zur *richtigen Stellung* vorhanden sein.

„In dem alten Film „Der rosarote Panther" mit Peter Sellers betritt Inspektor Clouseau ein Hotel in einer kleinen Stadt. Vor dem Pult der Rezeption liegt ein harmlos aussehender Hund und schläft. Clouseau fragt den Gastwirt: „Beißt Ihr Hund?". „Nein" antwortet der Gastwirt. Dermaßen beruhigt, beugt sich Clouseau über den Hund, um ihn zu streicheln. Der Hund beißt ihn natürlich prompt in die Hand. „Sie sagten, Ihr Hund sei nicht bissig" schreit er den Gastwirt an, worauf der antworte: „Das ist auch nicht mein Hund"."

Sehr amüsant, Chesster. Diese kleine Episode veranschaulicht treffend, was ich eingangs über scheinbar offensichtliche Wahrheiten meinte.

Sie erinnern sich an den philosophischen Ansatz, das Schach zu beschreiben: „... *eine Kombinatorik von Orten in einem reinen Spatium, das unendlich viel tiefer ist als das reale Ausmaß des Schachbrettes und die imaginäre Ausdehnung jeder Figur.*“ Wie konkret dieser Abstrahierungsversuch in der Schachpraxis Einzug findet, sehen Sie anhand unseres nächsten Diagramms. Die schachlich Vorgebildeten unter Ihnen erkennen in diesem Bild einen Leckerbissen der besonderen Art. Weiß hat die unbestrittene materielle Übermacht, doch Schwarz hat es in der Hand, zu gewinnen. Als ich im zarten Alter von zwölf Jahren, ich hatte gerade die Grundregeln des Schachs verstanden, mit dieser Aufgabe konfrontiert wurde, sollten drei frustrierende Tage vor mir liegen. Matt in vier Zügen, noch dazu mit einer sehr reduzierten Anzahl von Figuren. Ha, gelacht. Obwohl mir das zynische Grinsen meines Schachlehrers zu denken hätte geben müssen. Ich war jedenfalls zu Beginn frohen Mutes.

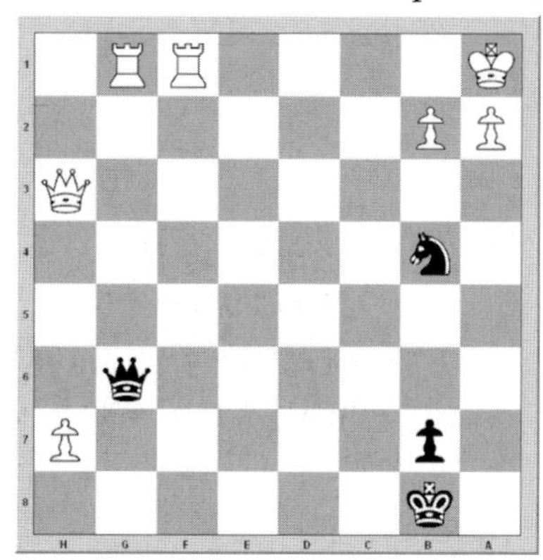

Haben Sie die Lösung schon gefunden? Ein lateinischer Tipp, „do ut des!“ (Gib’, auf dass Dir gegeben wird!). Verwirrt? Ich war es auch. Nachdem ich drei Tage lang am Rande der totalen Frustration verbrachte, ließ ich mir die Zugfolge zeigen. Da Sie mit den Schachkoordinaten und den Bewertungssymbolen schon firm sind, bauen Sie bitte diese Stellung auf und ziehen Sie Ihre Figuren. Opfern Sie fast alles, was Sie haben, um am Ende alles zu bekommen.

(Die Lösung: 1. ... Sb4-c2+, 2. Ka1-b1 ... Sc2-a3+, 3. Kb1-a1 ... Df5—b1+ !!, 4. Te1xb1 ... Sa3-c2# !!)

Ich konnte zwar den Ärger ob meiner Unfähigkeit nicht verbergen, die Ästhetik der Lösung stimmte mich dann aber versöhnlich. Ich habe das Diagramm der Endstellung aber auch noch aus einem anderen Grund angeführt. Es zeigt ein *grundsätzliches Mattmuster*, dass einem jeden Schachspieler, einmal gesehen, für immer in Erinnerung bleiben wird.

Er wird ohne große Anstrengung in jeder ähnlichen Ursprungsstellung bereits die Endstellung sehen, unabhängig von „Störgeräuschen", wie der materiellen Verteilung. Ein erstes wichtiges Muster für die

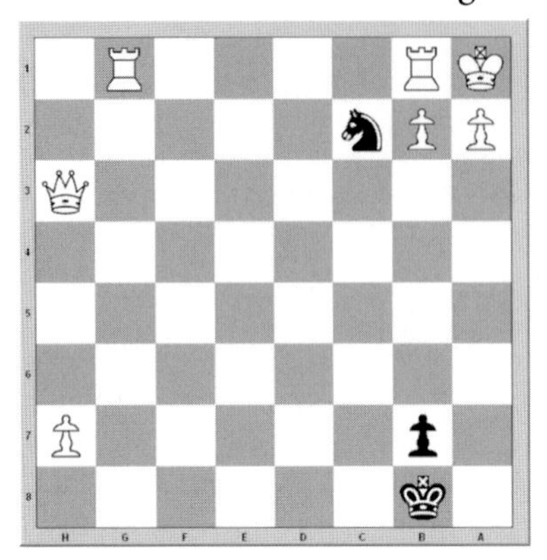

Figurenmanager beider Seiten ist gefunden. Welche analogen Rückschlüsse lässt nun das erstickte Matt und mit ihm eine Vielzahl von geistigen Triumphen über puren Materialismus für das Management von Unternehmen zu? Nun, als wichtigste Erkenntnis, dass es *harte* und *weiche Informationen* gibt, die beide ihre Wertigkeit in konkreten Situationen haben. In unserem Ausgangsdiagramm wäre der Führer der schwarzen Steine ohne das forcierte Matt wohl nicht mehr lange überlebensfähig gewesen. So aber führte seine Einschätzung und die vielleicht sogar bewusste Herbeiführung der scheinbar ungleich verteilten Stellung zum überraschenden umgekehrten Resultat.

„Der Management-Guru Henry Mintzberg hat einmal gemeint: Harte Fakten informieren den Intellekt, es sind aber in erster Linie die weichen Fakten, die Weisheit schaffen."

Überhaupt ist die gesamtheitlich korrekte Einschätzung von harten (Material) und weichen Fakten (Stellungsbewertung) eine der wichtigsten Eigenschaften eines modernen Figurenmanagers. Pure materielle Größe ist schon lang kein dauerhafter Erfolgsgarant „per se" mehr, und selbst ehemalige verstaatlichte Unternehmen, als Beispiel die vielen privatisierten Telekomunternehmen, müssen mit dem realen Verlust von Größe zu kämpfen lernen. Was alleine zählt, ist der *Zugang* in die Köpfe bestehender und möglicher Kunden, der manchmal auch über unkonventionelle, weiche Methoden zum Ziel führt. Erfolgreiche Manager haben eine genaue Vorstellung, ein *emotionales Muster*, wie Kunden für die eigenen Produkte und Dienstleistungen begeistert und gewonnen werden können. Einmal erfahren und erkannt, wird dieses Muster bei *Bedarf ohne großen Aufwand* abgerufen, und die

Erfolgschancen neuer Strategien oder Produkte werden damit eingeschätzt. Genau wie in unserem Beispiel über das erstickte Matt. Einmal *gesehen*, für immer *verinnerlicht* und *verstanden*!

„Ein sehr ästhetisches Bild eines kognitiv verarbeiteten Erfolgsmusters. Wenn wir doch alle Erfolg versprechenden Muster so einfach in unseren Managern speichern könnten."

Nach so viel Materie jetzt wieder ein wenig Geist. Die hohe Kunst des menschlichen Schachs und auch sein Vorteil gegenüber dem Computer ist, die *Wahrscheinlichkeit einzuschätzen* und die daraus entstehenden Unsicherheiten zu managen. Es ist der berühmte „Blick", mit dem man nicht nur die Figuren am Brett sieht, sondern auch, wie sie zukünftig ziehen könnten. Doch auch Schachspieler sind Menschen, mit all ihren Stärken und Schwächen. Pure *Kombinationsfähigkeit* wird erst mit den dazu passenden mentalen Eigenschaften zu einem hoffnungsvollen Potenzial. Die folgenden Einsichten über dieses Thema und der Umgang mit den verschiedenen Variationen aus *Können* und *Wollen* könnten so oder ähnlich aus einem Buch für angehende Verkaufsrepräsentanten oder Führungskräfte entlehnt sein. Hier sehen Sie die *vier Erfahrungsebenen* des Schachs verglichen, mit den vier *Entwicklungsstadien eines Verkäufers*:

„Meide die Ignoranten, sie wissen nicht, dass sie schwach spielen."
Unbewusste Inkompetenz führt zu falscher Selbsteinschätzung, die durch gezielte gemeinsame Analyse und daraus abgeleitete Erkenntnis zur Leistungsverbesserung führen kann.

„Hilf den Einsichtigen, sie wissen, dass sie schwach spielen."
Bewusste Inkompetenz hilft bei und führt zu systematisch angelegter, kontinuierlicher Verbesserung.

„Achte die Bescheidenen, sie wissen nicht, dass sie stark spielen."
Unbewusste Kompetenz ist die ideale Basis zur systematischen Entwicklung und Vermittlung von objektivierten Leistungsgrundlagen und dient als Beispiel für das Prinzip „Lerne von den Erfolgreichen".

„Folge den Weisen, sie wissen, dass sie stark spielen."
Bewusste Kompetenz ist in der Lage, die Leistungsgrundlagen zu erkennen, bei Bedarf jederzeit und ohne großen Aufwand zu reproduzieren, und führt zur systematischen Multiplikation des Vertriebspotenzials. Die bewusste Kompetenz stellt also die Spitze unserer Entwicklungspyramide dar und dient uns als Sinnbild für unser Ziel, ein erfolgreicher Figurenmanager zu werden.

„Jetzt wird es aber wieder Zeit für leichtere Kost. ***SDM*** *soll ja auch vermitteln, dass Kreativität und eigene Entfaltung mit Freude verbunden sind, stimmt's?"*

Danke für Deinen Sinn für das Wesentliche, Chesster. In der Tat fühlen wir uns am besten, wenn wir unsere Aufgabengebiete aktiv gestalten und miterschaffen können. Wann immer wir als Figurenmanager danach streben, unsere Figuren *harmonisch und effektiv anzuordnen*, wird uns beim Spiel ein Gefühl der Zufriedenheit und Freude beschleichen. Das liegt in unserer Natur. Wir werden mit Genuss unsere Stellungen betrachten und uns an den gelungenen Strukturen erfreuen. Warum ist das wohl so? Ja, Chesster, jetzt wird es Zeit, sich Gedanken über den Stellenwert der Ästhetik im Schach zu machen.

Die Ästhetik als schachliches Prinzip

„Das Schöne ist das Scheinen der Idee durch ein sinnliches Medium, die Wirklichkeit der Idee in begrenzter Form." (Georg Wilhelm Friedrich Hegel)

Es war schon immer eine zutiefst menschliche Eigenschaft, sich ein *Abbild seiner Gedankenwelt* zu erschaffen. Zuerst malten wir die Götter, wie wir sie sahen, dann zeichneten wir geometrische Formen in den Sand, und schließlich entwarfen wir Raumschiffe, um sie ins Weltall zu schicken. Und erfreuten uns zu allen Zeiten an der Entwicklung unserer schöpferischen, ästhetischen Fähigkeiten. Nichts hat im Laufe der Jahrhunderte die Geister mehr bewegt als die Frage nach der *Schönheit und der Ästhetik* als ordnendes, aber auch trennendes Prinzip.

Schach hat durch seine geometrischen Voraussetzungen, aber auch durch seine asymmetrischen Aspekte die Inspiration und die Suche nach wahrer Schönheit immer wieder gefördert. Gar manche „Schachkünstler“ waren so in ihre Stellungen verliebt, dass sie diese durch Züge nicht mehr verändern oder gar „zerstören“ wollten. Das war schlecht für ihr Spiel, aber eine Wohltat für ihr ästhetisches Empfinden. In der Tat nimmt die Ästhetik im Schach einen größeren Stellenwert ein, als mehrheitlich angenommen. Ich selbst war jahrelang von einer speziellen Eröffnungsstruktur so angetan, dass ich trotz minderwertiger theoretischer Bewertung nicht von ihr ablassen konnte. Zu sehr war ich von den Mustern und deren Struktur gefangen. Erst die kreative Zerstörung durch die objektive Analyse des realen Werts dieser Eröffnung und eine schnell gefundene Ersatzdroge in Form einer anderen Eröffnung erlöste mich von meiner Sucht.

Schachspieler wie Nichtspieler werden von Schachbrettern angezogen wie die Motten vom Licht. Warum ist das so? *Warum fasziniert uns das Bild einer Schachstellung*? Warum sind wir sofort gefangen von der stummen Darbietung des Scharfsinns, der Dramatik, der Geduld und der Fantasie? Wahrscheinlich, weil wir uns sofort und ohne große Anstrengung online begeben können und in die offensichtliche oder noch verborgene Wahrheit eindringen können. Wir bringen uns ein, ohne einen anderen dabei zu belästigen.
Das hier dargestellte Beispiel zeigt eine auf den ersten Blick normale Anordnung der weißen und schwarzen Figuren. Das Material ist gleich; das bedeutet, Weiß und Schwarz besitzen die gleiche Anzahl von Figuren. Trotzdem fällt dem versierten Schachspieler sofort die aggressive Aufstellung der weißen Figuren auf. Sie drohen, den gegnerischen König, der seiner Verteidigungsfiguren beraubt wurde, einzügig schachmatt zu setzen. Natürlich kann das vom Gegner noch verhindert werden, doch nur um den hohen Preis neuer Schwächen.

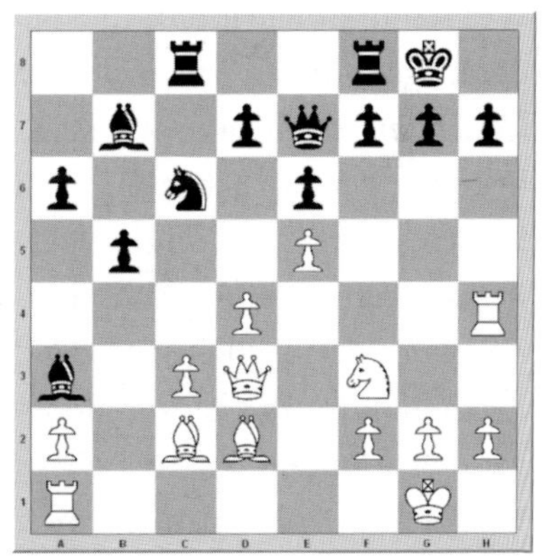

Wir sind sofort gefangen von der Idee, *weiße Angriffspläne* und dementsprechende *schwarze Verteidigungsressourcen* zu entwickeln. Jeder Betrachter identifiziert und solidarisiert sich sofort mit einer der beiden Seiten. Dieses zweidimensionale Bild ist für den Wissenden voll mehrdimensionaler motivatorischer Dynamik und Initiative.

„Schönheit ist Tiefe der Fläche“, meint der Dichter und Dramatiker Friedrich Hebbel zu diesem Thema und hatte bei seinen Überlegungen wohl eine Schachstellung vor Augen.“

Ja, genau. Schachpositionen vermitteln Freude und inspirieren zur sofortigen Teilnahme. Die Betrachtung ist also der erste Schritt eines angehenden Spielers, sein Schach zu entwickeln. Jetzt fehlt nur noch die Kunstfertigkeit, die hier gezeigten Stellungen durch Figurenmanöver, die richtige Strategie und Taktik nutzend, am Brett zu erschaffen. Diese Fähigkeit setzt jedoch eine starke *visionäre wie visuelle Ausprägung* voraus. Die Verfechter ganzheitlicher Unternehmensführung werden dieses Beispiel aus dem Schachdesign allzu gerne als Idealbild einer gestalterischen Umsetzung unternehmerischer Visionen aufgreifen. Unsere zuvor gezeigte Stellung vermittelt durch bloße Betrachtung dazu, mitzuspielen, zu kombinieren und sich aktiv wie kreativ einzubringen. Welch ein Vorbild für die Erschaffung *unternehmensinterner Dynamik*. Bilder, die durch ihre alleinige Präsenz zur Aktivität herausfordern!

Wir schlussfolgern daraus, dass Unternehmen, die ihre Strategie in ein derart *einfaches, zielorientiertes Design* zu verpacken wissen, die Gewinner der Zukunft sein müssen. Ästhetik ist griechisch und bedeutet Wahrnehmung, sie ist daher die Lehre von der Sinneserkenntnis, von der Gesetzmäßigkeit der Harmonie in Natur und Kunst. In neuerer Zeit ist die Ästhetik sogar zu einer *Kommunikationswissenschaft* erhoben worden, durch die Zeichenkomplexe systematisch entschlüsselt und dadurch vermittelt werden können. Es ist bewiesen, dass die gestalterische Qualität der Umgebung mit großer Sicherheit nachhaltig das Verhalten der Menschen beeinflusst. Manche Psychologen behaupten, dass sich aus ästhetischen Werten sogar *moralische Muster* entwickeln können.

Trotz dieser Erkenntnisse haben viele Unternehmen den Stellenwert von Gestaltung und Kunst für ihre Unternehmenskultur noch gar nicht oder nur marginal entdeckt. Hier entsteht ein wichtiges neues Unternehmensfeld für die Manager von morgen, die nicht mehr nur „das Machbare" managen, sondern auch die Bilder einer Erfolg versprechenden Zukunft zu visualisieren lernen müssen.

„Vielleicht wird die Ästhetik ja ein neuer Gegenstand wirtschaftswissenschaftlicher Untersuchungen und somit elementarer Bestandteil der universitären Ausbildung?"

Zeiten, in denen die Ästhetik von Geschäftsberichten bewertet und in einem Ranking veröffentlicht wird (vgl. Trend 09/03), zeigen den steigenden Stellenwert anspruchsvollen Designs für die *ganzheitliche Unternehmensführung*. Selbst funktionelle Gegenstände werden zu Objekten kultureller Aufmerksamkeit.
Die Parallelen zum Schach sind augenscheinlich. Die hohe Schule des schachlichen Designs erschafft die *emotionale Verbindung* zwischen der Aufstellung der Figuren, also der Strategie, und dem anvisierten Ziel. Schach macht Visionen sichtbar, und das ist die gute Nachricht für Figurenmanager und solche, die am Weg dorthin sind. Überhaupt ist eine der wichtigsten Managementaufgaben des Kommunikationszeitalters die Sichtbarmachung von Ideen und Visionen. Es gehört durchaus *„seherische Kraft"* dazu, man kann es auch Überblick nennen, *Visionen in die richtigen Bilder* zu übertragen. Ohne entsprechende Visualisierung ist jede Vision wertlos, doch dazu benötigen wir mehr Wissen über Bilder und ihre verschiedenen Arten der Wirkung.

Viele Führungskräfte haben jedoch aufgrund ihres Werdegangs keinen wirklichen Einblick in die Erfahrungswelt von gesetzmäßigen Zusammenhängen zwischen Erleben und Verhalten und stehen daher auch dem gesamten Gebiet der Gestaltung skeptisch und manchmal sogar ablehnend gegenüber. Hier ist für das Management von morgen viel Terrain gutzumachen. Erst wenn es lernt, sei es wissenschaftlich oder eben spielerisch, die verbalen und visuellen Kommunikationsbotschaften inhaltlich und ästhetisch den Bedürfnissen und

Erwartungen der Empfänger anzupassen, wird sich der gewünschte Erfolg einstellen. Schach kann dazu Wesentliches beitragen. Eine Schachstellung regt selbst den nur marginal schachlich gebildeten Menschen dazu an, zumindest *intuitiv* die Situation erfassen zu wollen. Das wird jedes Mal deutlich sichtbar, wenn jemand einen Raum betritt, in dem zwei Menschen Schach spielen. Er fühlt sich sofort magisch davon angezogen, näher zu kommen, um die beiden zu beobachten, um die sich dynamisch verändernde *Bildkultur der Partie* und der Spieler mitzuverfolgen.
Der visionäre Topmanager braucht heute eine analoge Bildkultur, die es ihm ermöglicht, richtige Entscheidungen zu treffen und Menschen für die *gemeinsamen Ziele* zu begeistern. Die Erschaffung dieser Bildkulturen wird indes immer wichtiger, da jede Idee irgendwann in ein Bild umgesetzt werden muss, damit sie verkauft werden kann. Unternehmen, Produkte und Menschen sind letztendlich alle Images, also Bilder. Bilder wie Visionen sind wichtige Erscheinungen vor unserem geistigen Auge und sind besonders in Bezug auf die zu erschaffende Zukunft von unschätzbarem Wert.

„Du meinst also, dass die Hauptaufgabe jedes Managers zukünftig darin besteht, dafür zu sorgen, dass seine Visionen, im Sinne von „creating the future“, Gestalt annehmen?“

Richtig, Chesster, aber nicht irgendeine Gestalt, wie dies heute vielfach der Fall ist, sondern die bestmögliche, um die Zielsetzung auch unter aktuellen Wettbewerbsbedingungen erreichen zu können. Erst die entsprechenden *Reize* verursachen die geplanten *Reaktionen*. Und genauso funktioniert Schach auf Meisterniveau. Die Substanz ihrer Vision, die *Erkenntnis des Wesentlichen* und die visuelle Umsetzung des visionären Bildes, das unterscheidet die Großmeister des Figurenmanagements von den mittelmäßigen Mitspielern. Das abstrakte intuitive Verständnis der Ästhetik einer Partie trennt das Amateurhafte vom Meisterlichen. Diese Fähigkeit schlägt auch im pragmatischen Wirtschaftsalltag jede Form von rein mathematischer Kalkulation und Planung um Längen. Ich gehe sogar noch einen Schritt weiter, und spreche diesen Menschen geradezu einzigartige Fähigkeiten zu.

Ästhetisch orientierte Figurenmanager erkennen auf Anhieb die wahre Identität eines Unternehmens, seine *geistigen* (Sprache, Fantasie, Intelligenz, Wissen), *körperlichen* (Zeichen, Symbole, Farben, Stile) und *seelischen* Merkmale (Philosophie, Kultur, Wertesystem, Dynamik). Diese tiefe Einsicht verschafft ihnen einen großen Vorteil gegenüber den unaufgeschlosseneren Kollegen. Der Ästhet ist genau der gesuchte Typ von Manager, der in der Lage ist, für sein Unternehmen die „Partie des Jahrhunderts" zu spielen.

„Da fällt mir zum Titel unseres Kapitels noch eine Partie ein, die Du uns zum Abschluss zeigen könntest. Hier vereinigt sich kraftvolle Ästhetik und ingeniöse Vorstellungskraft zu einem wahren Feuerwerk an unglaublichen Kombinationen."

Ich kann mir denken, an welche Partie Du da denkst. So wie die Managementliteratur *außergewöhnliche Leistungen* und Menschen verewigt, gibt es auch in der Schachliteratur einige wenige Partien, die sich durch ihre Außergewöhnlichkeit und Ästhetik einen Platz in der *„Hall of Fame"* des Schachs gesichert haben.

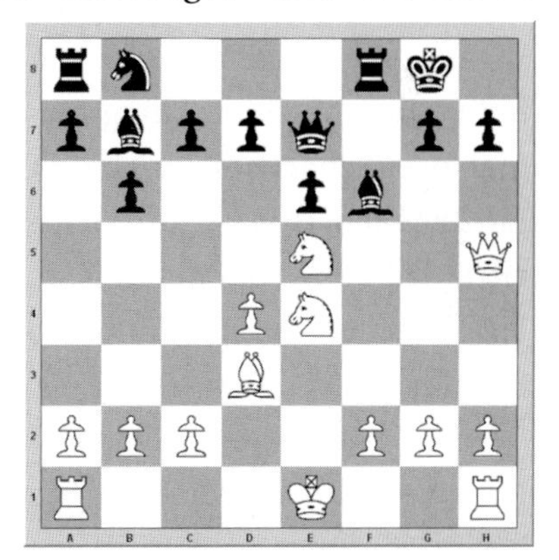

Eine der wohl bekanntesten unter ihnen ist die Partie des Meisters *Edward Lasker* gegen *Sir George Thomas* aus dem Jahre 1912, in der der König des Unterlegenen, durch die gegnerischen Figuren galant geleitet, seinen Untergang tief im gegnerischen Lager findet. Ja, auch zu Beginn des letzten Jahrhunderts wurde schon ordentlich Schach gespielt! In dieser Stellung kündigte Weiß zur Überraschung aller Anwesenden und auch seines Gegners ein Matt in acht (!) Zügen an.

Diese unscheinbare, aber doch tödlich effektive Geometrie der Figuren und die unvergleichliche Eleganz des nächsten Zuges unterstreichen die außergewöhnliche Konzeption der nun folgenden Mattkombination.

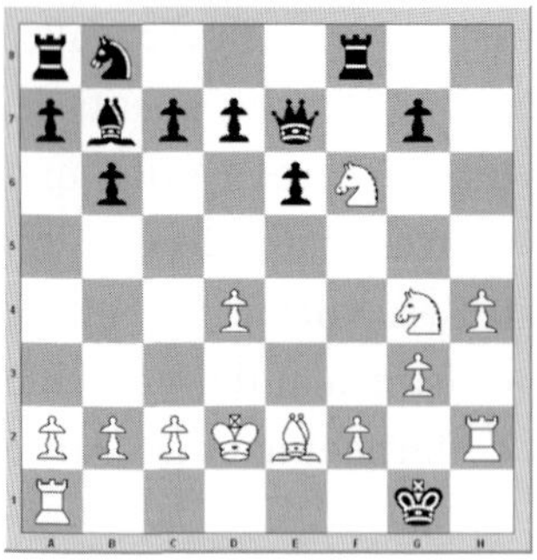

1. **Dxh7+!!**	...	**Kxh7**
2. **Sxf6+!!**	...	**Kh6**
3. **Se5-g4+**	...	**Kg5**
4. **h4+**	...	**Kf4**
5. **g3+**	...	**Kf3**
6. **Le2+**	...	**Kg2**
7. **Th2+**	...	**Kg1**
8. **Kd2#!!**		

Wer träumt nicht davon, eine Partie auf diese Art zu gewinnen! Eine solche visionäre Umsetzung der zentralen Idee, nämlich den gegnerischen König schachmatt zu setzen, gelingt aber nur außergewöhnlich begabten Figurenmanagern. Was aber niemanden daran hindern sollte, den Weg dorthin als Ziel zu sehen. Schach wird dem visionären Manager als *„akzeptiertes intellektuelles Trägermedium“* jedenfalls dabei helfen, solche Meisterstücke, vielleicht sogar eine analoge „Partie des Jahrhunderts“, in den unternehmerischen Alltag zu übertragen. Wenn Sie also das nächste Mal zwei Schachspieler „bei ihrer Arbeit“ beobachten, nehmen Sie alle Einzelheiten in sich auf. Sei es die *spezifische Stellung am Brett* oder auch das *Verhalten der Spieler* selbst, mit ihren geheimen Ritualen und ihrer eigenen Art, Figuren zu bewegen. Fühlen Sie den Flow und lernen Sie daraus!

Nach so viel inspirierender Einsicht wollen wir uns wieder auf den Weg begeben, der uns dem *Wesen des Spiels* näher bringt. Um Schach wirklich verstehen zu lernen, müssen wir zur Quelle vordringen, was für uns vorerst einen kurzen Ausflug in die Vergangenheit bedeutet.

2. EINE KURZE GESCHICHTE DES SCHACHS

Über Tyrannen und Weise

„Jeder, der seinen Geist zeigen will, lässt merken, dass er auch reichlich vom Gegenteil hat.“ (Friedrich Nietzsche)

Willst Du das Wesen einer Sache erkunden, betrachte zuerst seine Wurzeln, spricht ein weiser Jedi-Ritter in der Geschichte vom „Krieg der Sterne“. Wir müssen uns nicht so weit weg begeben, um unsere Spur aufzunehmen. Wahr ist, dass Schach eine jahrhundertealte Tradition hat, doch wer brachte uns Sterblichen das Schach? Über die historischen Wurzeln wird heute noch kontroversiell diskutiert, fest steht jedoch, dass sich das uns heute bekannte Schach *evolutionär aus diversen Vorformen* über Jahrhunderte hin weiterentwickelt hat, einem Fluss ähnlich, der aus vielen Quellen gespeist erst spät seine endgültige Größe erreicht.

Wir wissen aus Überlieferungen, dass Schach zu jeder Zeit ein Spiel war, das heftige Leidenschaften in den Menschen erweckte. Nach einer bestätigten Quelle waren Spieler in Indien manchmal so von dem Spiel hingerissen, dass sie Frauen, Kinder, Geschäfte und alles um sie herum vergaßen, wenn sie Schach spielten. Es gibt sogar authentische Berichte aus dem Mittelalter, dass Mönche und Priester von ihren Vorgesetzten dafür getadelt wurden, dass sie über das Schachspiel hinweg Gott vernachlässigten. Diese leidenschaftliche Hinwendung ist jedem hinlänglich vertraut, der sich schon einmal eingehend mit dem Spiel der Spiele beschäftigt hat.

Die regionale Zuordnung ist da schon etwas leichter, da sich den Historikern im Laufe der Zeit bereits angedeutete Quellen und Artefakte offenbarten, die das Schach oder zumindest gewisse Vorformen davon dem orientalischen/indischen Raum zuordneten.

„Richtig. Von Indien gelangte das Schach erst Ende des 6. Jahrhunderts n. Chr. weiter nach Persien und dann schließlich in das Oströmische Reich."

Aber erst gegen Ende des 15. Jahrhunderts setzten sich die uns bekannten, *modernen Schachregeln* durch: Bauern dürfen bei ihrem ersten Zug zwei Felder weit, Läufer dürfen diagonal beliebig weit, und die Dame darf in alle acht Richtungen beliebig weit ziehen, wodurch sie zur mächtigsten Figur auf dem Brett wird.

Durch diese Änderung gewann Schach an Tempo, was ihm zu *größerer Popularität* verhalf und es sogar zu einer der sieben Tugenden des Rittertums aufsteigen ließ. In Europa wurde das Schach später zu einem erklärten *Lieblingsspiel des Bürgertums*, und auch die Regeln haben sich seit dem 19. Jahrhundert kaum

verändert. Natürlich existieren viele Geschichten und Mythen über den Ursprung des Spiels der Könige. Die berühmteste Schöpfungslegende ist aber jene, die der arabische *Dichter al-Sabhadi aus Bagdad* über *Sissa, den Sohn des Dahir*, erzählt. Das Schachspiel hat nach al-Sabhadi der weise Brahmane Sissa zur Läuterung des *Königs Shihram*, eines blindwütigen Tyrannen, erfunden.

Dem Herrscher gefallen die elegante Raffinesse des Spiels und seine schier unendlichen Kombinationsmöglichkeiten, sodass er Sissa über alle Maßen belohnen will. „Für Deine bemerkenswerte Erfindung", spricht der sichtlich begeisterte König, „möchte ich Dir als Belohnung alles geben, was Du wünschest. Und wisse, dass mein Großmut Dir gegenüber keine Grenzen kennt!" „Deine Güte ist groß, oh Herr", antwortet Sissa ergeben, „ich wünsche mir indes nicht mehr, als dass Du mir so viele Weizenkörner gibst, wie nötig sind, um die *64 Felder meines Schachbrettes* zu füllen, indem Du ein Korn auf das erste Feld legst, zwei auf das zweite, vier auf das dritte, acht auf das vierte und stets so weiter fort, mit einer Verdopplung ein jedes Mal, wenn Du von einem Feld auf das folgende übergehst. Dies soll für jetzt mein ganzer Lohn sein!"

Über die vermeintliche Bescheidenheit Sissas gerät Shihram erneut in Wut, lässt ihn in Ketten legen und will ihn im Morgengrauen des nächsten Tages mit dem Tode bestrafen. Den „Sack Weizen" soll der einfältige Tölpel vorher in Empfang nehmen. Doch kurz vor der Hinrichtung präsentieren seine Lagerverwalter Shihram die Anzahl der Weizenkörner - sie haben die ganze Nacht daran gerechnet: **18.446.744.073.709.551.615.** Die Menge, die Sissa gefordert hatte, übersteigt alle Ernten der Welt und könnte sogar ganz Indien mit einer meterhohen Weizenschicht bedecken. Zu seiner bloßen Aufbewahrung benötigte man einen gigantischen Getreidespeicher von 12 Billionen Kubikmeter, und, wenngleich Shihram sehr reich ist, so reich ist keiner.

Die kluge Bosheit Sissas amüsiert den Tyrannen. Er begnadigt den Brahmanen, macht ihn zu seinem Berater und führt seine Regierungsgeschäfte fortan weise und umsichtig. Als erstes entdeckt Shihram im übrigen, und das ist die eigentliche Pointe der Legende, wie er dem Staatsbankrott entgehen kann, ohne sein Versprechen Sissa gegenüber zu brechen: Der Brahmane erhält nur so viele Weizenkörner, wie er zählen kann. Wir erkennen also selbst in der bekanntesten Schöpfungslegende, dass *Schach und Wirtschaft* untrennbar miteinander verbunden sind.

„Ein weiterer amüsanter Aspekt der Geschichte ist die errechnete Zahl. Bei meiner Recherche fand ich 3 verschiedene Variationen davon, also entschloss ich mich, sie für Dich neu zu berechnen, die Formel dafür lautet: 2^{64} *-1."*

Ich bin von Deiner Eigeninitiative außerordentlich begeistert und denke, dass Deine kleine Eigenmächtigkeit ganz im Sinne des Buches ist, in dem es ja darum geht, alte Dogmen und Überlieferungen im neuen und richtigen (!?) Kontext darzustellen. Nur weiter so, Chesster! Nach diesem kleinen Ausflug in die Welt der Mythen und des Zahlenspiels kehren wir wieder zum Schach des 21. Jahrhunderts zurück und lernen „en passant" eine der bemerkenswertesten Persönlichkeiten des gegenwärtigen Schachgeschehens kennen.

Garry Kimowitsch Kasparow

„Erfolg ist die Kunst, unbemerkt Fehler zu machen." (*Unbekannt*)

Ein Star ist die allgegenwärtige Verkörperung von Erfolg und zugleich die grundlegende Motivation seiner Fans. In der heutigen Pop-Art-Kultur gibt es Stars in allen Branchen und Gebieten. Wer hätte z. B. noch vor einigen Jahren gedacht, dass ein an den Rollstuhl gefesselter Physiker Millionen Fans aller Altersgruppen weltweit sein Eigen nennen kann. Stephen Hawking ist ohne Zweifel ein Star. Der Microsoft-Gründer Bill Gates ist ein Star, wenn auch ein kontroversiell diskutierter.

„Vergiss' Deinen Landsmann Arnold Schwarzenegger nicht, der inzwischen schon in zwei Branchen zum Star aufgestiegen ist. Stars everywhere!"

Garry Kimowitsch Kasparow ist jedenfalls der absolute Star der gegenwärtigen Schachszene. Es gibt keinen anderen, der die Gemüter seiner Gemeinde so erhitzen kann wie er. Seine kraftvoll initiative Art, Schach zu spielen und damit seine Gegner psychisch wie schachlich unter Druck zu setzen, sucht seit Jahrzehnten seinesgleichen. Nicht zu Unrecht wird er als der mit Abstand *beste Schachspieler aller Zeiten* gefeiert.

Er hat das moderne Schach nachhaltig verändert, den Angriff zu seiner Maxime erhoben und viele jahrzehntealte Dogmen eindrucksvoll relativiert. GM Garry Kasparow begründete eine neue Epoche im Schach, die die Dynamik und Initiative eindrucksvoll über die rein positionelle Schule seines Vorgängers Anatoly Karpow triumphieren ließ, und es bis zum heutigen Zeitpunkt noch immer tut.

1963 als Garik Weinstein in Baku, Aserbaidschan geboren, entdeckte Kasparow schon mit 5 Jahren seine Affinität zu Schach. Alsbald zeigten sich die ersten messbaren Erfolge, die 1980 im *Gewinn der Juniorenweltmeisterschaft* ihren ersten Höhepunkt erreichten.

Nach weiteren außergewöhnlichen Leistungen gewann er schließlich 1984 das *Finale der Schachkandidaten* um das Recht, den Weltmeister herausfordern zu können. Er hatte sein erstes Etappenziel erreicht, doch wer Garry kennt, wusste schon damals, dass er sich damit nicht zufrieden geben wollte. Sein Gegner, der regierende Weltmeister Anatoly Karpow, war in jeder Hinsicht sowohl politisch als auch schachlich der große Antagonist Kasparows, was den anfangs puren Schachkampf schließlich zu einem Kampf der Weltanschauungen werden ließ. Das Match war auf 6 Siege angesetzt, wobei Unentschieden nicht für die Punktewertung zählten. Karpow führte gegen seinen ungestümen und unroutinierten Gegner sehr schnell 3 : 0 und 5 : 2 und schon schien es, als hätte er den ersten Ansturm der Jugend erfolgreich abgewehrt. Doch Kasparows jugendliche Energie und vor allem seine bessere körperliche Ausdauer ließen ihn aufholen, schließlich stand es nur noch 5 : 3. Doch dann griff die große Politik in den Schachwettkampf ein. Um die Opponenten nicht bleibenden Schäden auszusetzen, es waren zu diesem Zeitpunkt bereits über 40 Partien über einen Zeitraum von 2 Monaten gespielt, beschloss die Weltschachorganisation FIDE unter ihrem Präsidenten Campomanes, den Wettkampf abzubrechen und eine Neuaustragung auszuschreiben.

In diesem Rückkampf hatte Kasparow seine Lektion gelernt. Speziell als Führer der schwarzen Steine setzte er Karpow stark unter Druck. Hier kam zum ersten Mal seine große Ingeniosität in der Etablierung neuer Ideen in bekannten Stellungen zum Vorschein, die einen konservativen Karpow des Öfteren in neues und daher unerforschtes Terrain führte. Anatoly Karpow hielt dem Druck dieser Situation nicht länger stand, und begann, Partien zu verlieren. Schließlich entschied die letzte Partie den Kampf und Garry Kasparow stand als *13. Schachweltmeister der Geschichte* fest und sollte in der Folge seine Dominanz im Schach bis zum heutigen Tage, mit wenigen Ausnahmen, nicht mehr abgeben.

Neben der erfolgreichen Verteidigung seines Titels gegen Karpow, in weiterer Folge gegen den englischen GM Nigel Short und schließlich gegen den Inder Viswanathan Anand gewann Kasparow so ziemlich jedes Turnier, an dem er teilnahm. Er schaffte es sogar einmal, zwei Jahre lang in offiziellen Top-Turnieren unbesiegt zu bleiben!

Erst in seinem denkwürdigen Kampf gegen seinen ehemaligen Sekundanten *Wladimir Kramnik*, wir werden ihn noch im Kapitel über Strategie und Taktik kennenlernen, musste Kasparow seine Krone im Jahr 2000 abgeben, was ihn aber nicht hinderte, bis zum heutigen Tage mit großem Abstand die *Weltrangliste* anzuführen. Kasparow war aber auch ein Vorreiter in der professionellen Handhabung der Ressourcen, die die Entwicklung des Computerschachs mit sich brachte. Neben der Popularisierung des Schachs durch die weltweit Aufsehen erregenden Wettkämpfe gegen das *IBM-Schachmonster Deep Blue* war er auch einer der ersten, der sich intensiv mit der Nutzung von elektronischen Schachdatenbanken auseinander setzte.

„Garry Kasparow war übrigens der erste Schachspieler der Geschichte in einem weltweit ausgestrahlten Fernsehspot. Die Headline von IBM fragte, „Nur ein Schachspieler?“ und deutete die Überlegenheit Kasparows gegenüber der restlichen Weltelite und zugleich die der IBM-Produkte gegenüber dem Mitbewerb an.“

Dieser Werbespot trug sehr zur Popularität Kasparows und des Schachs im Allgemeinen bei und bereitete die Basis für eine neue hungrige Schachgeneration. In den letzten Jahren brachte die Schachwelt viele neue Talente und Weltklassespieler ans Tageslicht, doch Kasparow spielt selbst zum gegenwärtigen Zeitpunkt, zumindest was sein ELO-Rating betrifft, noch immer die führende Rolle im Weltschach. Im Sommer 1999 erreichte er das bisher höchste Rating aller Zeiten, 2851, und ließ seinen nächsten Verfolger um rund 70 Punkte hinter sich. 70 ELO-Punkte Unterschied in dieser Region der Rangliste sind vergleichbar mit einem Fußballklub, der die Meisterschaft der Primera Division in Spanien mit vollen 100 Punkten Vorsprung gewinnt. Und das wäre schon allemal eine eindrucksvolle Leistung!!

„Das erinnert mich an einen Ausspruch des russischen GM Jewgenij Barejew nach einer verlorenen Partie: Wenn Du gegen Garry Kasparow spielst, gehen die Figuren irgendwie anders!“

Ohne Zweifel ist Garry Kasparow ein „Primus inter Pares“, ein Erster unter Gleichen. Er hat aber nicht nur das Schachspiel nachhaltig verändert, er war auch der Spieler, der eine sich abzeichnende neue technologische Möglichkeit besser als jeder andere erkannte und für sich nutzte. Und davon handelt unser nächstes Kapitel.

Wer ist Fritz?

„Hüten wir uns, denen die Wahrheit mitzuteilen, die nicht imstande sind, sie zu verstehen.“ (Jean-Jacques Rousseau)

Die Antwort auf Ihre Frage ist eindeutig: „Nein“. Fritz ist kein neues deutsches Schachwunderkind. Fritz ist nicht einmal ein menschliches Wesen und hat im Unterschied zu Ihnen nicht den geringsten Spaß an einer Partie Schach. Unser Fritz ist im Grunde seiner Seele eine PC-basierende Schachsoftware und eine der besten der Welt noch dazu. Was „sie“ leistet, und warum professionelles Schach gegenwärtig ohne die massive Unterstützung von Schachprogrammen undenkbar geworden ist, erfahren Sie in diesem Kapitel.

„Mich interessiert jetzt in erster Linie, wie sich die Schachcomputer im historischen Kontext entwickelt haben. Kannst Du das zu Beginn erzählen?“

Dir zuliebe, mein guter Chesster. Bis in die siebziger Jahre des letzten Jahrhunderts blieb das maschinelle Schach auf Universitäten und sonstige Forschungsinstitutionen beschränkt. Im Laufe der Zeit entstanden jedoch immer leistungsfähigere Schachprogramme, die von den jeweils leistungsstärksten Computern ausgeführt wurden.

Der erste Schachcomputer, der offiziell im Handel erhältlich war, kam im Jahre 1977 auf den Markt. Der „*Chess Challenger*" von Fidelity Electronics hatte noch keine Eröffnungsbibliothek und eine geringe Spielstärke. Erst 1980 erreichte die Spielstärke des „*Mephisto*" das Niveau von Klubspielern und überwand damit die „Spielzeugphase". Mit dem Einsetzen des PC-Booms entwickelten sich naturgemäß auch die Schachprogramme weiter, und es entstanden eine Reihe von leistungsstarken Softwareprogrammen.
Der erste echte Quantensprung ereignete sich aber erst 1994, als *Fritz3*, eine von Franz Morsch entwickelte Schachsoftware, an einem Weltklasseturnier im Blitzschach teilnahm. Blitzschach ist übrigens eine Version des Schachs, in der jedem Spieler jeweils nur 5 Minuten für die gesamte Partie zur Verfügung stehen. Die menschliche Konkurrenz bestand aus dem damaligen „Who is Who" des Schachs, dem damals regierenden Weltmeister GM Garry Kasparow inklusive.

„Ich denke, ich kenne das Ergebnis. Mein Freund Fritz3 gewann das Turnier punktegleich vor Garry Kasparow, der allerdings den anschließenden Stichkampf für sich entschied."

Man muss sich das vorstellen, eine handelsübliche PC-Software auf einem Pentium-Rechner hatte erstmals die gesamte Schachelite, zumindest im Blitzschach, vom Brett gefegt. Dieses Resultat ließ eine alte menschliche Angst wieder aufleben. Sollten die Warner Recht behalten, die für das Jahr 2000 eine Ablöse des weltbesten Schachspielers durch eine „Maschine" vorausgesagt hatten? Nur so viel sei verraten, die Menschheit schlug und schlägt noch immer zurück. In regulären Turnierpartien halten sich die Menschen bis zum heutigen Zeitpunkt, und das ist 2004, derweilen noch gut, aber wer weiß schon, was uns die nächste Chip-Generation für Überraschungen beschert. „Derzeit hält der Mensch noch eine leichte Überlegenheit gegenüber der Maschine, und das wird sich nicht so schnell ändern", meint zumindestens der amtierende Weltmeister Wladimir Kramnik. Wir wollen ihm glauben, und nehmen seine Einsicht dankbar zur Kenntnis.

„Die Rechenleistung der Computer wächst immer weiter, und so werden die darauf laufenden Schachprogramme immer besser, die „dunklen Punkte“ einer jeden Partie zu finden, die man bisher für fehlerlos hielt“, meint z. B. Großmeister Dr. John Nunn zu diesem Thema. Nunn bezog sich in seiner Aussage auf die Auswahl von fehlerfreien Partien für sein weltweit Aufsehen erregendes Buch *„Schach verstehen, Zug für Zug“*, die ihm ob seiner Konsultation der Schachsoftware Fritz etwas Schwierigkeiten bereitete. Ich kann das nachvollziehen, denn mein Fritz8 auf einem 2 GH-Laptop entwickelt sich bei der Suche nach Schwachstellen zu einem wahren Monster.

„Nicht umsonst lautet der amüsante Slogan der deutschen Schachsoftwareschmiede Chessbase: Wissen ist matt.“

Ich relativiere diesen Anspruch ein wenig und wähne den einzigen echten Vorteil des Chips gegenüber dem menschlichen Gehirn darin, dass „es“ keine Konzentrationsfehler begehen kann.

In strategischer Hinsicht, und ich meine damit das „Verstehen“ des Schachs, hinkt er noch sichtbar dem menschlichen Geist hinterher. Falls ein Schachcomputer je den besten Menschen schlagen sollte, wird dies alleine durch die Kapazität des Prozessors geschehen, was unser Stolz mit Sicherheit verkraften wird. Immerhin laufen wir ja auch keine 100 Meter gegen einen Ferrari, oder? Überhaupt ist die Programmierung von Schachprogrammen eher eine Frage der *schachlichen Fähigkeiten des Programmierers* und seiner technologischen Berater. Letztendlich spielt der Mensch hier nicht gegen eine künstliche Intelligenz, sondern gegen das *Schachwissen der Welt*, gut aufbereitet und strukturiert und über mehrere Millionen Züge pro Sekunde kalkulierend.

„Die berühmt- berüchtigte Schachhardware DeepBlue von IBM brachte es in ihrem Wettkampf gegen Garry Kasparow sogar auf über 200 Millionen Stellungen pro Sekunde. Wir sehen hier also weniger Intelligenz, als vielmehr ziemlich brutale Gewalt.“

Jedenfalls ist ein maßgeblicher Teil der modernen Schachstrategie den Schachprogrammen und ihren raschen, taktisch fehlerfreien Analysen zu verdanken. Anders als wir Menschen bewertet eine Schachsoftware nicht zuerst die Materialbilanz, sondern berücksichtigt gleichzeitig alle dynamischen Aspekte der jeweiligen Stellung, wie z. B. die *Beweglichkeit der Figuren*, die *Königssicherheit*, die *Bauernstruktur*, das *Läuferpaar* und das *Umwandlungspotenzial von Bauern*. Das hat die Schachspieler insoweit befreit, jeden noch so absurd scheinenden Zug zumindestens in Erwägung zu ziehen und ihn ohne großen Aufwand genau zu untersuchen, und damit zur Quelle der Provokation erstarrter Dogmen zu werden.

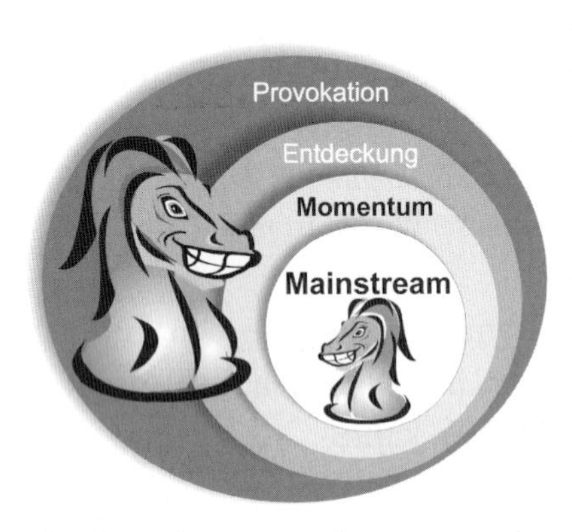

Im Schach der letzten Jahre geschah genau das, was Wacker, Taylor und Means („*Futopia. Die Welt in 500 Tagen, Wochen, Monaten, Jahren*") als das „*Sprengen innerer und äußerer Grenzen*" beschrieben haben. Durch gezielte *Provokation* werden Dinge in einem neuen Zusammenhang gesehen, dadurch neue *Entdeckungen* gemacht, durch das *Momentum*, der Verfeinerung der Szenarien, zur Umsetzung vorbereitet, um schließlich als *Mainstream* breite Anerkennung zu finden.

„Suchen, von neuem suchen und sonst nichts" beschreibt die von theoretischem Gepäck befreite Form der computergestützten Suche nach neuen Ufern. Wacker, Taylor, Means beschreiben dieses Paradigma in einer ihrer neuen Regeln für die Chaoswelt: „*Üben Sie sich im intelligenten Ungehorsam*". „Im Zeitalter der Vernunft war es vernünftig, Regeln zu befolgen, weil die Regeln zum Wohle aller funktioniert haben. Heute funktionieren Regeln weder zum Wohle des Einzelnen noch zum Wohle des Ganzen. Verletzen Sie sie daher!". Unser Freund *Sergej Silikonowitsch* hat genau das erreicht, uns nämlich die Freiheit zu geben, intelligent gegen alte Dogmen zu verstoßen.

Was uns „befreite“ Schachspieler dabei aber besonders überraschte, dass sich absurd scheinende Züge oft genug als stark herausstellten und so einen wahren Boom neuer Ideen und Strategien hervorbrachten. Jedenfalls erlaubt die computergestützte Analyse mehr Freiraum für mutige Varianten und die Herausforderung, trotz Schwächen, Unterentwicklung, materiellen Investments immer wieder heil aus nicht erforschten, scheinbar tödlichen Stellungen davonzukommen.

„Die Erfahrung ist ein schlechter Lehrmeister, aber sie ist ein wirklich hervorragender Trainer“, erklärte einmal ein russischer Schachtrainer seinen Schülern, durchwegs angehende Großmeister, in Bezug auf die dogmatischen Schachlehren des letzten Jahrhunderts und die daraus abgeleiteten „Grundsätze“.“

Er meinte, dass die bekannten Lehren bestenfalls als Positionslichter für konkrete Überlegungen, jedoch keinesfalls als dogmatische Handlungsrichtlinien dienen sollten. Jedenfalls hat uns das Computerschach wieder den Glauben an die innovative Kraft der „wachsenden Spielwiese des Schachs“ gestärkt. Besonders die jungen Spieler der Computergeneration tragen weniger „philosophisches Gepäck“ mit sich und verlassen sich lieber auf pragmatische, wasserdichte Entscheidungen, die immer öfter durch unseren Freund aus Silikon gefunden und untermauert werden.
Spannend ist jedoch der Vergleich der Spielstärke von Menschen zu der von Schachcomputern unter regulären Turnierbedingungen. Gegenwärtige Wettkämpfe zwischen den Besten beider Welten (Kasparow vs. Fritz und Kramnik vs. Junior), zum Kampf Mensch gegen Maschine hochstilisiert, sehen eine Pattstellung zwischen brutaler *Rechenleistung* und genialer menschlicher *Kreativität*. Objektiv betrachtet hat der Mensch noch einen klaren Vorsprung auf das chip-gesteuerte „Verständnis“, und das wird sich nicht so schnell ändern. Doch anstatt gegen ihn zu kämpfen, gilt vielmehr: Wenn Sie einen Feind nicht besiegen können, verbünden Sie sich mit ihm. Jedenfalls ist der Laptop heutzutage das allgemein anerkannte Werkzeug, der „verbündete Feind“ professioneller Schachspieler, und inzwischen aus der gegenwärtigen Schachkultur gar nicht mehr wegzudenken.

Ein kleiner Tipp zwischendurch, auch für die „Non-Player“ unter Ihnen. Benutzen Sie die beigelegte Zugangssoftware und linken Sie sich in den größten Schachserver in Europa, www.schach.de, ein. Sie werden begeistert sein. Selbst ohne die Schachregeln zu kennen, werden Sie von der strukturellen Dynamik der Plattform sehr angetan sein und die wechselnden Szenarien mit steigernder Begeisterung verfolgen. Verfolgen Sie die Player in Aktion, und lassen Sie sich vom Schach (wieder) begeistern. Sie werden erkennen, wie Figurengruppen vom Zentrum zu den Flügeln wechseln, wie Bauern sich bewegen und wie letztendlich entscheidende Manöver das gewünschte oder ungewünschte Resultat erzielen bzw. nicht verhindern können. Ach könnte man nur die ganzheitliche Entwicklung eines Unternehmens so einfach und transparent im Zeitraffer darstellen ...

„Es haben sich zwar eine Vielzahl von Schachplattformen etabliert, passend für jede Spielstärke und jeden Anspruch, trotzdem ist www.schach.de die interessanteste von allen. Es ist jedenfalls immer wieder spannend, einfach nur so „vorbeizuschauen“, um die ganze Welt Schachspielen zu sehen.“

Wenn Sie Glück haben, sehen Sie sogar den einen oder anderen Weltklassespieler, oft unter unscheinbaren Nicks getarnt, am Werk. Nützliche Links dazu finden Sie im Anhang dieses Buches.

Doch es gab noch eine andere Entwicklung, die das professionelle Schach auf grundlegende Weise veränderte. Mit der rasanten Entwicklung der Schachsoftware bildeten sich auch spezielle Formen von schachunterstützender Software heraus, die den Schachspielern Zugang zu quantitativem wie qualitativem Schachwissen vermittelten, die sogenannten *Schachdatenbanken*. Es handelt sich dabei um mehr als nur simple Sammlungen gespielter Partien. Neben den Informationen zur Partie selbst werden eine Vielzahl zusätzlicher Daten, wie etwa *Namen* der Spieler, *Ort* und *Zeit*, der *Eröffnungscode* und auch eventuelle Nebenvarianten mit *Textkommentaren*, angeboten.

Diese immensen Datenmassen dienen der gezielten Vorbereitung auf eventuelle Gegenspieler (Eröffnungsrepertoire, Stärken und Schwächen), tragen zur Verfeinerung und Erweiterung der Schachtheorie bei und bieten dem Lernenden Trainingsmaterial aus allen Stadien einer Schachpartie. Ausgefeilte Suchfunktionen fahnden nicht nur nach Spielern oder Eröffnungen, sie finden auch spezielle Materialverteilungen oder Figurenmanöver, je nach gewünschtem Themengebiet.

Diese Voraussetzungen bieten dem Schachbegeisterten eine Unzahl von Möglichkeiten, sich dem Thema Schach und den möglichen Gegnern zu nähern. Schach ist nicht zuletzt durch die Entwicklung in der Informationstechnologie ein Spiel der vollständigen Information und Transparenz geworden, ohne jedoch von seiner inhaltlichen Komplexität zu verlieren. Im Gegenteil, Schach war noch nie so spannend und komplex wie zum gegenwärtigen Zeitpunkt.

„Kann das moderne Schach mit all seinen Simulationsmöglichkeiten und realen wie virtuellen Trainingsstätten nicht auch in diesem Bereich als inspirierendes Vorbild für das moderne Management dienen?“

Möglicherweise hast Du recht, Chesster. Wie ich festgestellt habe, existiert eine große Anzahl von Softwareprogrammen, die wirtschaftliche *Entscheidungsprozesse* in spielerischer oder auch ernster Form (*Planspiele*) abbilden und zum Training anbieten. Diese durchaus strategisch gefärbten Programme simulieren aber leider nur die oberflächlichen Elemente des Managements, die groben Werkzeuge quasi, ohne jedoch eine grundlegende Einsicht in die systemischen Prozesse dahinter zu geben.

Schach kann da auf einen tieferen Zugang verweisen, selbst wenn dies auf einer nicht so einfachen, eher *assimilativen Metaebene des Verstehens* geschieht. Schach fördert das kognitive Lernen der grundlegenden Motive mehr, als es bei Unternehmenssimulationen der Fall ist, der spielerische oder ernste Rahmen ist hier ohne Relevanz.

Doch kehren wir zu unserem deutschen Freund zurück. Fritz und seine Mitstreiter sind allemal ein Sinnbild für die grundlegenden Veränderungen, die sich in den letzten Jahren in der Welt des Schachs ergeben haben. Sie haben einen komplett neuen Zugang zum Spiel und seinen Spielern ermöglicht und sehr dazu beigetragen, alte Dogmen aufzubrechen und einer neuen Generation von Schachspielern den Weg zu ebnen. Diese Entwicklung hat das Leben von uns Normalsterblichen nicht gerade erleichtert, zwingt es uns doch mehr als früher, intelligent gegen Regeln zu verstoßen und so unseren eigenen Weg auf Basis unserer Intuition zu gestalten. Und das ist nicht immer so leicht!

„Dieser Prozess begünstigt natürlich nur jene Menschen, die es gewohnt sind, initiativ und selbstbewusst durch ihr Leben zu gehen. Für alle anderen Zeitgenossen ist diese Entwicklung sicherlich mit viel Angst verbunden.“

Du hast wie immer Recht, Chesster. Jetzt aber genug von diesem Thema. Wenden wir uns nach der Auseinandersetzung mit dem Silikon wieder den menschlichen Synapsen und ihren Fähigkeiten zu, abstrakte Begriffe wie Strategie und Taktik erfolgreich in die Tat umzusetzen.

3. STRATEGIE UND TAKTIK. GRIECHISCH FÜR ANFÄNGER

Wir Menschen sind ständig auf der Suche nach Fundamenten unseres Geistes. Wir suchen permanent nach dem ordnenden Prinzip, das unsere Visionen, Ideen und unser *kreatives Chaos* in systematischer Weise in nachvollziehbare Handlungsmuster transformieren kann. Diese Suche beginnt im Schach und endet meist im Leben. Doch Achtung, die Rettung naht. Zwei Eckpfeiler unserer (schachlichen) Erkenntnis und ihre starke ordnende Kraft sind jetzt Gegenstand der nun folgenden Betrachtung. Strategie und Taktik, Begriffe, die unser Leben im Allgemeinen und unser Managerdasein im Speziellen permanent begleiten. Wir steigen live ein und befassen uns sofort mit diesen wichtigen Werkzeugen und ihren Hintergründen. Doch zuerst tut man gut daran, sie einmal präzise gegeneinander abzugrenzen. Humorvolle Zeitgenossen scheinen bereits ein klares Unterscheidungsmerkmal gefunden zu haben.

„Der Taktiker weiß, was er zu tun hat, wenn es etwas zu tun gibt, während der Stratege weiß, was zu tun ist, wenn nichts zu tun ist. Bist Du nun schlauer? Sicher um einen Aphorismus."

Ja, Chesster, nun aber zurück in die Realität. Die Strategie beschreibt das methodische Vorgehen einer Unternehmung. Ganz im Gegenteil zur Taktik, mit der sie oft verwechselt und in einem Atemzug genannt wird, und die wir noch gesondert untersuchen. Beide Begriffe stammen jedenfalls aus dem Altgriechischen. Die Strategie (griechisch *Stratos* = Heer, *agein* = führen) ist die Methode der Planung und Zielsetzung einer Unternehmung, während der sinngemäße Ursprung der Taktik (griechisch „*taktike techne*" = „Kunst der Aufstellung") die konkreten Maßnahmen der Umsetzung beschreibt.
Strategische Lehren, die sich vor allem auf dem Bereich der Kriegsführung gründen, findet man bereits bei dem Chinesen *Sun Tsu* um 500 v. Chr., bei *Julius Cäsar*, *Vegetius*, *Machiavelli*, *Moritz von Oranien* und in der Neuzeit bei *Carl von Clausewitz* (1780-1831), der

bereits im Alter von 15 Jahren preußischer Offizier war und dem mit seinem Werk „Vom Kriege“ eine philosophische Abhandlung gelang, die allergrößten Einfluss auf die Weltgeschichte nahm. Carl von Clausewitz verstand unter Taktik die Führung der Truppen im Kampf und alle vorbereitenden und nachfolgenden Maßnahmen, nicht jedoch die weitreichende langfristige Planung.
Modernes Denken muss ebenfalls davon ausgehen, Strategie und Taktik streng voneinander zu trennen. Strategie als „die richtigen Dinge tun“ und Taktik als „die Dinge richtig tun“ sind jedoch trotz begrifflicher Trennung immer im direkten Zusammenhang zueinander zu sehen, wenn es zur Umsetzung unternehmerischer Aktivitäten kommt. Sie bedingen einander wie Castor und Pollux. Eine Strategie muss jedenfalls unter allen Umständen langfristig ausgelegt sein und darf sich durch taktische Überlegungen nicht ständig ändern. Das Kredo moderner Figurenmanager lautet: „Wenn eine Strategie wirklich durchdacht ist, findet sich immer ein Weg der taktischen Umsetzung.“ Ich möchte den Vergleich mit einer Autobahn bemühen. Die Strategie ist die Fahrbahn, die den Weg zum Ziel zeigt, während der Fahrer die gesamte Fahrbahnbreite, also seine taktische Spielwiese, nutzen kann, um voranzukommen, ohne jedoch die Autobahn selbst je zu verlassen.

So weit, so gut. Theoretische Exkurse helfen uns jedoch in keiner Weise, einen pragmatischen Zugang zu den beiden Begriffen zu finden. Sie mögen zwar inzwischen intuitiv bereits erfasst haben, was sie trennt und zugleich verbindet, doch wie sieht die Praxis unserer Betrachtungen nun aus? Beginnen wir in altbewährter Manier beim Schach, um uns dann über generalisierte Erfahrungen den Erkenntnissen für das Management zu nähern. Doch zuerst ist es an der Zeit, Strategie und Taktik im zeitlichen Kontext zu untersuchen. Das Schach zu Beginn des 21. Jahrhunderts ist viel dynamischer als das Schach früherer Tage, und die ehernen strategischen und taktischen Gesetze und Dogmen der letzten Jahrzehnte gelten heutzutage eher als Halbweisheiten. Das verwirrt uns etwas. Viele gegenwärtig gespielten Partien lassen sich durch traditionelle Lehrbücher heute nicht mehr so einfach erklären, und Großmeister aus der Vergangenheit hätten große Schwierigkeiten, sich in ihnen zurechtzufinden. Und nicht nur die!

„So, wie ich das verstehe, ist die moderne Sicht des Spiels eine weitaus flexiblere als jene, die selbst über den größten Teil des 20. Jahrhunderts vorherrschte.“

Ja, Chesster. Allgemeine Prinzipien haben natürlich weiter ihren Stellenwert, besonders in der Welt der Anfänger, aber auch ihre Grenzen werden heute klarer erkannt. Die konkreten Erfordernisse einer Stellung sind weitaus wichtiger als das Festhalten an abstrakten Prinzipien. Das haben wir ja schon bei einigen Gelegenheiten erkennen können. Strategie und Taktik sind viel weiter und unschärfer definiert, als es in Lehrbüchern des letzten Jahrhunderts der Fall war. Man kann also sagen, dass die neue Pragmatik alte „lehrsatzähnliche“ Formen der Strategie komplett ersetzt hat. Wenn heute ein führender Großmeister meint, die Stellung auf dem Brett verlange nach einem ganz bestimmten Plan, dann verfolgt er ihn, auch wenn er dadurch gegen alle in Stein gemeißelten Dogmen der Schachwelt verstößt. Ein Beispiel gefällig?

Jeder weiß, man sollte in der Eröffnung dieselbe Figur nicht zweimal ziehen, möglichst *schnell rochieren* und anschließend mit den *Türmen die Zentrallinien* besetzen. Wie aber ist folgende Partie dann zu erklären? Diese Partie wurde zwischen zwei der weltbesten Schachspieler, GM Shirov (Weiß) und GM Kramnik (Schwarz), gespielt und zeigt auf überzeugende Weise, wie der intelligente Verstoß gegen Dogmen zum Erfolg führen kann. In der Ausgangsstellung erkennen wir, dass Weiß, den traditionellen Richtlinien folgend, bereits rochiert hat und auch schon seinen Springer auf ein aktives Feld entwickelt hat. Schwarz dagegen hat *nur Bauern bewegt*, seine Königsstellung geschwächt und eine *strukturelle Schwäche*, einen Doppelbauern, zugelassen. Reiner schachlicher Wahnsinn, denken wir. Der weitere Verlauf ist instruktiv und zeigt den „Clash“ zwischen Dogma und konkreter Strategie.

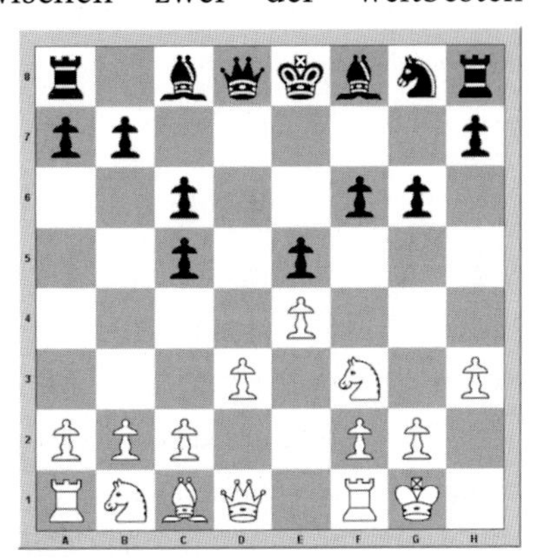

7. ... Sh6

Schwarz entwickelt seinen Springer an den Rand und folgt dem Dogma „Ein Springer am Rand bringt Kummer und Schand'"!

8. Le3 ... Sf7

Weiß entwickelt die nächste Figur auf ein aktives Feld, während Schwarz seinen Springer zum zweiten Mal zieht und ihn auf ein passives Feld stellt.

9. c3 ... g5

Weiß will ein breites, durch Figuren gestütztes Bauernzentrum aufbauen, während Schwarz weiter nur Bauern zieht.

10. De2 ... h5

Weiß entwickelt eine weitere Figur, während Schwarz, na ja, Sie sehen es selbst. Jedenfalls wird Schwarz nicht mehr so einfach seinen König durch Rochade in Sicherheit bringen können.

11. Se1 ... Le6

Weiß beginnt mit strategischen Umgruppierungen, während Schwarz endlich eine weitere Figur entwickelt.

12. a3 ... a5

13. Sd2 ... b6

Weitere Figuren werden entwickelt und Bauern gezogen.

14. Sc2 ... Ta7

Wie war das mit den Türmen auf den zentralen Linien?

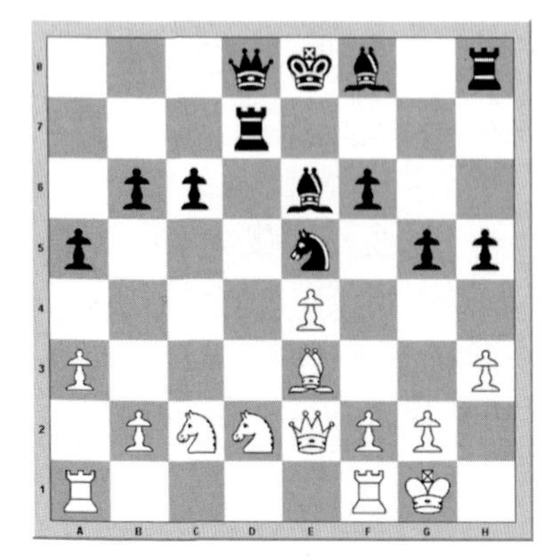

15. d4 ... cd4

16. cd4 ... Td7

Weiß hat sein breites Zentrum, aber auch Schwarz hat auf wundersame Weise seinen Turm in eine aktive Position gebracht.

17. de5 ... Se5

Die Endposition zeigt ein schachliches Paradoxon, das auf den erwähnten Wechsel im Paradigma der Strategie und Taktik zurückzuführen ist. Schwarz, also Kramnik, hatte zwar alles falsch gemacht, steht jedoch jetzt aktiver und gewann diese Partie auch überzeugend. Konkrete Überlegung schlägt also generalisiertes Dogma. Hurra oder Horror?

Ich weiß nicht so recht, ob ich über die Entwicklung dieser Partie erfreut oder schockiert sein soll. Ja, es ist schwer, über moderne Schachstrategie zu schreiben, obwohl die gegenwärtige pragmatische Sichtweise des Schachs dem heutigen Management, der „*Kunst des Machbaren*", immer ähnlicher wird. Beide Welten bewegen sich rasant aufeinander zu, sowohl im Verständnis als auch in ihrer formalen Darstellung. Die heutige Schachliteratur ist auf bemerkenswerte Art auch bereits für Nichtschachspieler lesbar geworden und vermittelt selbst dem Unbedarften gewisse Spannungselemente und überraschende Erkenntnisse.

„Ich empfehle Dir diesbezüglich die Lektüre des Buches „Schach verstehen, Zug um Zug" von Großmeister Dr. John Nunn oder „Chess Strategy in Action." vom Internationalen Meister John Watson, einem begnadeten „Schachbeobachter"."

Da dieses einleitende Kapitel bewusst nur als erste Grundlage für strategische oder taktische Überlegung dienen soll, überlasse ich die konkreten Elemente den folgenden Kapiteln über Eröffnung, Mittel- und Endspiel. Bevor wir uns jedoch in die moderne Welt des Schachkampfes stürzen, entführe ich Sie in eine nicht allzu ferne Vergangenheit der Schachhistorie und ihre weitreichenden Folgen für die Gegenwart und die Zukunft des Schachs. Erleben Sie mit mir einen *Schachwettkampf der Giganten*, der das Schachlager entzweite, wie kein anderer Zweikampf jemals zuvor. Die Unterschiedlichkeit beider Kontrahenten konnte gar nicht besser inszeniert sein. Auf der einen Seite der impulsive, unbezwungene Champion, wahrscheinlich der beste Spieler aller Zeiten, und ihm gegenüber der jüngere phlegmatische Herausforderer, unscheinbar, aber brandgefährlich. Wie sich noch herausstellen sollte.
Ich hoffe, Sie werden selbst als „non-playing chessplayer" fühlen, welches tiefe Verständnis für den Gegner, seine Vorlieben und Schwächen, in diesem Beispiel eine Rolle spielen und was Manager für ihr „daily business" daraus lernen können. Also los!

Als Schachbegeisterter sind Ihnen natürlich die folgenden Ereignisse bekannt, doch betrachten Sie die folgende Story einmal aus dem Blickwinkel des superioren Strategen.

Kasparow vs. Kramnik. Kampf im Olymp

„Die geschickteste Art, einen Konkurrenten zu besiegen, ist, ihn in dem zu bewundern, worin er besser ist.“ (Peter Altenberg)

Die Voraussetzungen für den Kampf des Jahrzehnts zwischen dem amtierenden Weltmeister und *Weltranglistenersten Garry Kasparow* und dem Herausforderer und *Weltranglistenzweiten Wladimir Kramnik* waren geschaffen, und auch die reale wie virtuell umgesetzte Arena sorgte für einen spannungsgeladenen Rahmen für den ultimativen Kampf zweier so grundverschiedener Titanen um die Krone im Schach. Doch weniger der Umstand der globalen Vermarktung und Präsenz dieses Wettkampfs, sondern eine bemerkenswerte strategische Leistung des Herausforderers erregte die Aufmerksamkeit der versammelten Schachwelt. Was also war geschehen?

Wladimir Kramnik, der Garry Kasparow durch seine frühere Funktion als sein Sekundant und Trainingspartner über mehrere Jahre hindurch bei diversen Wettkämpfen und Weltmeisterschaften genau studieren konnte, glaubte, eine kleine, *fast nicht wahrnehmbare Schwäche* Kasparows in einfachen und somit für ihn langweiligen Mittel- und Endspielen entdeckt zu haben. War das der lang gesuchte Schlüssel zum Erfolg, zur Krone des Weltmeisters?

Garry Kasparow, der für seine unglaubliche taktische Begabung bekannt ist, neigt in der Tat dazu, einfache uninspirierende Stellungen nicht mit derselben Präzision zu spielen, wie er es bei hochgradig komplexen Stellungen in unzähligen Partien bewiesen hat. Wladimir Kramniks Strategie war simpel und einfach formuliert.

„Ich kann mich erinnern. Tausche die Damen bei jeder sich bietenden Gelegenheit, auch wenn Du in leicht schlechtere, aber haltbare Stellungen gerätst."

Danke, Chesster, das war in der Tat seine Strategie. Die Verflachung des Spiels nach dem *Tausch der Damen*, die ja schon immer als Kasparows Lieblingsfigur in so manchen taktischen Hinrichtungen fungierte, sollte einen nachhaltigen psychologischen Eindruck auf den amtierenden Weltmeister machen. Die sorgfältige *Eröffnungsvorbereitung* Kramniks vermied komplexe Stellungen und führte Kasparow in *damenlose, langweilige* Mittel- und Endspiele, in denen er dann, wie von Kramnik vorhergesehen, kleine strategische Fehler beging. Speziell eine Eröffnung, die „Berliner Mauer", der Begriff stammt aus einer Zeit, in der sie noch stand, drückt die dahinterstehende Strategie sehr gut aus und war der Anfang vom Ende für den Weltmeister Garry Kasparow. Das Ergebnis dieser strategischen Glanzleistung verhalf Kramnik zu dem von Fachleuten nicht für möglich gehaltenen Weltmeistertitel und Kasparow zu einer veritablen schachlichen Krise.

„Das war das erste Mal, dass er, der beste Spieler aller Zeiten, in einem offiziellen Wettkampf um die Weltmeisterschaft besiegt worden war!"

In der Tat, Chesster, der Übermensch hatte sich im schachlichen Kontext als sterblich erwiesen. Interessant ist jedoch vielmehr, welche Lehren wir aus Kramniks Vorbereitung für die tägliche Herausforderung in der *Unternehmenspositionierung* ziehen können, insbesondere im Umgang mit dem Mitbewerb. Jeder Mitbewerb hat seine Stärken und Schwächen, die es erstens herauszufinden und zweitens zu nutzen gilt. Das instruktive Beispiel Kramniks für die unglaublich konsequente Umsetzung einer solchen Strategie zeigt uns, wie wichtig es ist, den Mitbewerb in all seinen *Differenzierungen* zu untersuchen und ihn wirklich verstehen zu lernen. Oft genug verlassen sich Unternehmen auf offensichtliche *Daten* und *Fakten*, die jedoch manchmal nicht die wahre Seele des Mitbewerbers offenbaren.

Ich sehe hier noch ein großes *Entwicklungspotenzial* in Unternehmen, obgleich natürlich in jedem Unternehmen Ansätze der „Feindbeobachtung" vorhanden sind. Das moderne Management verlässt sich dabei aber schon längst nicht mehr nur auf „harte" Analysen, basierend auf Unternehmensdaten, sondern integriert immer öfter „weiche" Einschätzungen in den Prozess des „Profiling", in die Beobachtung der Mitbewerber und deren „*Unternehmenspsyche*", und benutzt die so gewonnenen Ergebnisse aktiv im Rahmen der eigenen *Unternehmenstaktik*. Neben der *fachlich orientierten Basis* ist eben auch die *psychologische Seite*, individuell wie auch kollektiv betrachtet, ein nicht zu unterschätzender Faktor in heutigen wirtschaftlichen Entscheidungsprozessen.

„Die dunkle Seite der Macht ist immer gegenwärtig", wie Yoda, der greise Yedi-Ritter aus StarWars, weise von sich gibt."

In der Tat werden viele Entscheidungen wider besseres Wissen getroffen, und das ist wohl *nicht mehr rein rational*, sondern nur durch die wissenschaftlichen Erkenntnisse der Psychologie zu erklären. Wie übrigens überall, wo wir Menschen werken! Wir wollen uns aber wieder der hellen Seite der Macht zuwenden und uns Beispiele aus Strategie und Taktik des gegenwärtigen Schachs und der gegenwärtigen Wirtschaft ansehen.

Strategie und Taktik in der Praxis

„Viele Dinge sehen, miteinander erwägen, gegeneinander abrechnen und aus ihnen eine ziemlich sichere Summe bilden, das macht den großen Politiker, Feldherrn und Kaufmann." (Friedrich Nietzsche)

„*Und einen guten Schachspieler*", würde ich doch wohl meinen. Wie unser Freund Nietzsche richtig und sehr präzise bemerkt, besteht die hohe Kunst eben genau darin, „eine *ziemlich* sichere Summe zu bilden", also mit einem gewissen *Grad an Unsicherheit* umgehen zu können. Aber gerade das fällt uns „absoluten" Menschen oft sehr schwer.

Diese notwendigerweise zu erlernende Fähigkeit erfordert Eigenschaften, die in keiner Weise rein „technischer" Natur, sondern tief in uns zu erforschen sind. Ich weise daher eindringlich darauf hin, dass jede Form von Strategie oder Taktik immer im Kontext zu unseren einmaligen, aber doch begrenzten Fähigkeiten zu sehen ist.

Bevor wir uns jedoch in die Praxis begeben, möchte ich noch zwei Begriffe untersuchen, die untrennbar mit der Strategie und Taktik des Schachspiels verbunden sind und als *Weg* und *Ziel* jeder *strategischen und taktischen Operation* gesehen werden müssen.

„Du meinst also, dass es zwei grundsätzliche Zustände gibt, die der Schachspieler bei jedem Schachzug immer vor Augen haben sollte? An welche Begriffe denkst Du da?"

Ich spreche von der *Fusion* (Verschmelzung) und der *Fission* (Teilung). Jedes Motiv, ja sogar jeder Zug, basiert auf diesen zwei so grundsätzlich verschiedenen Zuständen bzw. Reaktionen. Doch es ist nicht nur das Schach, das sich der Fusion und der Fission bedient. Viele bekannte unternehmerische Prozesse basieren, ohne dass es uns bewusst wird, auf der Verschmelzung und der Teilung von Assets. Betrachten wir zuerst die Fusion oder Verschmelzung aus der Sicht des Schachspielers.

1. Die Fusion (Verschmelzung)

Jede Partie Schach ist ein permanenter *Prozess der Transformation.* Schon in der Eröffnung werden initiale Strukturen geschaffen, die alsbald in strategische Muster und Motive des Mittelspiels transformiert werden, die wiederum als Grundlage für weitere Transformationen in finale Endspielmuster dienen.

Erworbene Assets, wie *positionelle, zeitbedingte* oder *materielle* Vorteile, werden permanent gegeneinander getauscht und so effektiv benutzt, um die Partie voranzutreiben. Eine der grundsätzlichen Triebfedern dieses stetigen Transformationsprozesses ist die Fusion.

„Laut Definition ist die Fusion eine Verschmelzung zu einer Masse unter Freisetzung enormer Energie.“

Genau diese Definition zeigt uns schon das Wesen der schachlichen Fusion. Wir verschmelzen die *Fähigkeiten spezieller Figurengruppen*, wie z. B. des Läuferpaares, der Dame und des Springers, des Turms und seines Freibauern, um anzugreifen und auch um uns zu verteidigen. Die Fusion von Fähigkeiten der einzelnen Figuren führt zu einer Verschmelzung unter gleichzeitiger *Freisetzung von Energie*, die sich im Idealfall in der Stellung des Gegners entlädt.

Es ist übrigens interessant, dass laut einer Studie Großmeister während ihrer Stellungsbeurteilung nicht „in einzelnen Figuren“, sondern in *fusionierten Figurenblöcken* denken. Sie bewerten also z. B. die Sicherheit der eigenen Rochadestellung, die mögliche Transformation von Bauernketten oder den Einsatzradius des Läuferpaars. Wir erkennen also: Jeder *schachliche Prozess* ist eine *Fusion* von *Zeit*, *Raum* und *Material* mit dem Zweck, das *Ganze* zu mehr als bloß seinen *Einzelteilen* zu machen, und natürlich um *Stellungsenergie* zu erzeugen.

„Intuitiv kann ich Dir folgen, auch wenn mir der praktische Nutzen dieser Behauptung noch nicht so klar ist.“

Ganz konkret zusammengefasst sind Strategie und Taktik die Werkzeuge, um die Wirkungen und Fähigkeiten eines Systems miteinander zu verschmelzen. Im Schach ist diese Reaktion durch den Einsatz der Figuren leicht nachzuvollziehen, doch wie funktioniert die Fusion, abgesehen von Unternehmensverschmelzungen, im wirtschaftlichen Bereich? Wie wir schon in unseren Betrachtungen über die Ästhetik festgestellt haben, geht es im *visionären Management* um die Schaffung von Bildern als *nachhaltige Leitmuster des Handelns.* Ein *begabter Figurenmanager* wird jedoch sofort erkennen, dass erst die nachhaltige *Verschmelzung von Bildern* mit den gewünschten *Emotionen* den langfristigen Erfolg sicherstellt. Ein Beispiel aus einem erfolgreichen Marketingkonzept gefällig? Bitte schön.

Die Fusion der *Uhren* von Breitling mit dem Slogan „*Instruments for Professionals*“, wobei im Hintergrund das Cockpit eines Düsenjets zu sehen ist. In einer Welt, in der jeder pro Zeiteinheit schneller unterwegs ist als je zuvor, wird sofort eine authentische Verbindung zu solchen Leuten hergestellt, die am schnellsten von allen unterwegs sind. Eine, wie ich finde, gelungene Verschmelzung von eindrucksvollen Bildern und bewegenden Emotionen. Ganz im Sinne unserer Betrachtungen!

„Ich stelle also fest, dass die Werkzeuge „Strategie“ und „Taktik“ dazu dienen, Eigenschaften diverser Elemente zu verschmelzen, um daraus authentische Energie zu erzeugen.“

Dieser Vision folgend, werden die Manager hinter einer solchen gelungenen Strategie zu den von mir beschriebenen „Fusionären“, die es schaffen, aussagekräftige *Leitbilder* mit den gewünschten *Reaktionen* zusammenzuführen und zu einem unteilbaren Erlebnis zu verbinden.

2. Die Fission (Teilung)

Doch das ist, wie immer bei **SDM**, nur die halbe Wahrheit. Wir verlassen deshalb unser harmonisches Spielfeld für eine Weile, um etwas Unruhe und Disharmonie in unsere Überlegungen zu bringen. Die Fusion als schlüssiges Argument in der Entwicklung von schachlichen und wirtschaftlichen Prozessen war leicht zu verstehen. Was hat es aber nun mit der *disharmonischen Fission*, der Teilung, auf sich, wenn doch die primäre Aufgabe eines Figurenmanagers darin besteht, zu fusionieren? Die Antwort darauf ist überraschend einfach.

Wenn man einer Schachpartie aufmerksam folgt, erkennt man sofort, dass das Zusammenspiel der eigenen Figuren letztendlich nur dazu dient, die *gegnerischen Figuren* in ihrer Aktivität *einzuschränken* oder gar direkt zu behindern. Um das zu erreichen, steht uns eine Vielzahl von Möglichkeiten zur Verfügung. Die wichtigste aller Überlegungen bezieht sich jedoch auf den benötigten Raum für unsere geplanten Aktivitäten. Er ist der Schlüssel zu unseren weiteren Erkenntnissen.

Wie wir schon erfahren haben, stellt ein kontrollierter Raumvorteil ein wichtiges Merkmal einer vielversprechenden Stellung dar. Der erste Schritt dazu ist, uns diesen Raum durch die spezifische Anordnung unserer Bauern und Figuren zu schaffen, um ihn dann möglichst unumstritten zu beherrschen. Dieser Raumgewinn führt automatisch zu einer *Reduzierung* des *gegnerischen „Spielfelds"* und einer damit verbundenen eingeschränkten Harmonie der gegnerischen Figuren.

„Du meinst also, dass die Gewinnung von Raum und die daraus folgende Einschränkung der gegnerischen Figuren eine Art von Teilungsprozess darstellt. Divide et impera, teile und herrsche."

Gut gefolgert, Chesster. Doch nicht genug damit, zielt ein Raumgewinn auch letztendlich darauf ab, die gegnerischen Streitkräfte real in mehrere *Inseln* zu *isolieren*, um die interne *Kommunikation* der Figuren miteinander zu *stören* und so eine nachhaltige Schwächung zu erzeugen. Eine besonders aufschlussreiche Erkenntnis kommt diesbezüglich vom „Master of Disaster" himself, Großmeister Garry Kasparow, der einmal ein Strategem formulierte, das die Grundlage seines Angriffsspiels ist. Er nannte es simpel *„Split the board in two"*, was so Ähnliches bedeutet wie „Teile den Raum des Gegners in seinem Brettabschnitt in zwei Teile und isoliere seine Figuren darin". Damit meinte er konkret, dass seine Angriffskonzeptionen darauf beruhen, Figuren des einen Brettabschnitts vom anderen, meistens dem Standort des gegnerischen Königs, abzuschneiden und so wichtige *Verteidigungsressourcen* für die Dauer seines Angriffs auszuschalten. Jeder, der eine solche Partie von Garry einmal gesehen hat, vergisst diese Konzeption nie wieder, auch wenn die wenigsten die Begabung haben, solche Erkenntnisse in ihren eigenen Partien umzusetzen.

„Jetzt durchschaue ich Deine Argumentation. Wir verschmelzen also, um letztendlich zu teilen. Sehr abgehoben, aber trotzdem sehr aufschlussreich."

Die Kunst des Spielers besteht eben genau darin, beide so grundverschiedenen Werkzeuge in seine aktuellen Überlegungen einzubeziehen.

Im Schach ist das *Resultat dieser Bestrebungen* einfacher darzustellen als im unternehmerischen Alltag. Ein Großmeister ist sich bei jeder Zugfolge bewusst, dass er Vorteile transformieren und eigene Figuren miteinander verschmelzen muss, um letztendlich seinen Gegner einzuschränken und dessen Figurenspiel zu teilen.

Die Praxis des täglichen Managements sieht eine Vielzahl von Ansätzen, die auf einem Teilungsprozess beruhen. Nicht immer beziehen sich diese Ziele direkt auf die Gegnerschaft, in manchen Fällen wird sogar die unternehmensinterne Teilung vorangetrieben, um eine *temporäre Konkurrenzsituation* zu schaffen, in der neue Ideen entstehen können. Auch größer angelegte Maßnahmen der *Dezentralisierung* sind in gewisser Weise produktive Teilungsprozesse, die ganz konkrete Ziele verfolgen. Wir sehen also, dass unser disharmonischer Ansatz der Teilung sehr wohl seine verdiente Berechtigung im großen Spiel der Strategie und Taktik findet. Jedenfalls sind Fusion und Fission grundsätzliche Reaktionen bzw. Zustände, auf denen wir alle unsere Pläne und Operationen aufbauen können. Nachdem wir diese zwei so unterschiedlichen Prinzipien beleuchtet haben, wenden wir uns den konkreten Bausteinen zu, die bei der Strategie und Taktik tagtäglich zum Einsatz kommen. Beginnen wir bei dem elementarsten Element.

Die Zeit

Jeder Erfolg ist vom möglichst optimalen, planvoll und zielgerecht koordinierten Kräfteeinsatz unter bestmöglicher Nutzung räumlicher und zeitlicher Faktoren abhängig. Falsch geraten. Dieser Satz stammt nicht aus einem Lehrbuch für angehende Manager, sondern ist ein Zitat eines der führenden Schachtheoretiker der Gegenwart, der sich speziell mit dem Begriff der Zeit im schachlichen Kontext beschäftigt hat. Die Zeit und das Schach sind in der Tat ein sehr verwobenes, vielschichtiges Thema.

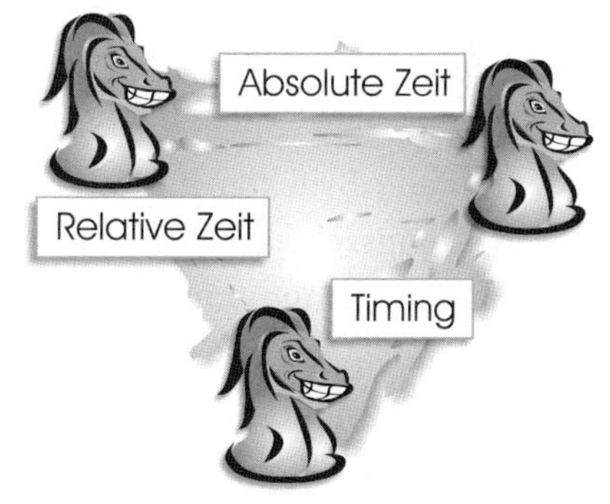

Im Schach unterscheiden wir Spieler nämlich drei verschiedene Formen von Zeit, die für die Entwicklung einer Partie relevant sind, die *absolute Zeit*, die *relative Zeit* und den richtigen Zeitpunkt, auch *Timing* genannt. Wie wir sehen werden, spielt jeder dieser drei Zeitbegriffe seine wichtige Rolle, aber nicht nur im Schach, sondern auch in der täglichen Arbeit des wirtschaftlich orientierten Managers. Wir beginnen mit dem uns wohl bekanntesten Begriff.

Die absolute Zeit

Im harten Problemlösungsalltag von Führungskräften kommt dem Zeitfaktor eine elementare Bedeutung zu. In Zeiten von Milestones und Quarter-Reports ist die absolute Zeit das *wahre Maß* des Erfolgs, denn immer mehr steht das „*bis wann*" vor dem „wie viel". Das, was für die Praxis als eine der obersten Vorgaben gilt, muss natürlich auch für die Simulation, für das Training in der „*Kunst des Machbaren*" gelten. Ohne präzise *Zeitkontrolle* ist kein wirksames Manager- oder Schachtraining wirklich sinnvoll.

„Ich nehme an, die Zeitkontrolle garantiert eine gewisse Anzahl von Zügen in einer vorgeschriebenen Zeitspanne?"

Als wäre Schach nicht schon ohne zeitliches Korsett schwierig genug, werden die Spieler von Beginn an mit dem Wettlauf gegen die unerbittliche absolute Zeit konfrontiert.
Nicht genug damit, eine effektive Strategie zu entwickeln, ist der Schachspieler bei jedem Zug gezwungen, eine *rasche Entscheidung* zu treffen, um sein Spiel voranzutreiben. Auch wenn das manchmal bedeutet, alle Brücken hinter sich niederbrennen zu müssen. Hier ist Entscheidungsschwäche ein tödliches Unterfangen. Manager, die zwar die richtigen Dinge vor Augen haben, sich aber zwischen mehreren wahrscheinlich gleichwertigen Optionen nicht entscheiden können, werden zwangsläufig „auf Zeit" verlieren. Eine von mir immer wieder hochgehaltene Maxime „*Triff Entscheidungen oder Du wirst von Entscheidungen getroffen!*" besitzt hier die allergrößte Gültigkeit.

Der allgegenwärtige Ausdruck des Ringens mit der Zeit findet im Schach sein sichtbares Zeichen im Design der allgemein üblichen Schachuhr. Sie beherbergt zwei autonome Uhrwerke oder digitale Zeitmesser, die immer für den am Zug befindlichen Spieler aktiviert werden und seine aktuelle Zeitreserve anzeigen, während sie für den Gegner angehalten werden. So können beide Spieler auch den jeweiligen Gegner beim Umgang mit dessen Zeit beobachten.

Eine normale Turnierpartie zwingt die Spieler zu je *40 Zügen in 2 Stunden* und je *20* weiteren in einer darauf *folgenden Stunde*. Nach dieser zweiten Zeitkontrolle muss der Rest der Partie in weiteren *30 Minuten* beendet werden. Dieser beschränkte Zeitrahmen bringt in manchen Situationen auch Taktiken ins Spiel, die sich rein an der geringen Zeitreserve des Gegners orientieren. Wer wenig Zeit besitzt, kann nur

eingeschränkt kombinieren und durchschaut so manchen Trick nicht, auch wenn er objektiv nicht so ganz korrekt ist. Ein gutes Gegenmittel gegen solche Situationen ist, erst gar nicht in solche zu kommen. Der gute Schachspieler muss daher in seiner Nachdenkzeit stets einen vernünftigen *Ausgleich* zwischen *Breite* und *Tiefe* seiner Kalkulationen finden, also zwischen der Auswahl der grundsätzlichen *Optionen* und der Berechnung der notwendigen *Folgeprozesse pro Option*.

„Ich verstehe Dich ausnahmsweise. Frei nach Erich Fromm bedeutet das wohl: Die psychische Herausforderung des Schachspielers ist weniger, sich sicher zu fühlen, sondern die Fähigkeit, Unsicherheit zu tolerieren. Habe ich Recht?“

Und wie Du Recht hast, Chesster! Ein ungeschickter Schachspieler verliert sich allzu leicht im Dickicht der Möglichkeiten und Varianten und verschwendet somit kostbare Zeit, die ihm in kritischen Situationen dann leider nicht mehr zur Verfügung steht. Er ist dann nicht mehr in der Lage, zeitlich relevante, also rechtzeitige Entscheidungen zu treffen, und potenziert damit seine Probleme.

Das Schach hat einen Begriff für die logische Konsequenz einer solchen grundsätzlichen Entscheidungsschwäche. Es ist die *Zeitnot.* Ein Begriff übrigens, der auch in anderen Sprachen als Schachterminus in deutscher Sprache existiert. Zeitnot ist einfach erklärt. Je länger man anfangs für die Entscheidungsfindung pro Zug benötigt, desto kürzer wird die Zeitspanne für die verbleibenden Züge bis zur Zeitkontrolle, was unweigerlich zu einem immer intensiver spürbaren Engpass an Zeit führt. Zeitnot ist quasi eine *Boa constrictor temporis*, gnadenlos und ohne Verständnis für ihr Opfer.

„Die Schachuhr ist also genauso ein Teil des Spiels wie das Brett und die Figuren, und ein Verlust durch Zeitnot ist nichts anderes als ein Verlust durch schlechtes Spiel – es ist letztendlich immer noch eine Null in der Tabelle."

Zeitnot setzt den Spieler zusätzlich unter Druck, erhöht im Normalfall die Fehlerquote und kann sehr schnell zum Kollaps der gesamten Stellung führen. Ökonomischer Umgang mit der Zeit ist also auch im Schach gefragt. Da stellt sich natürlich sofort die Frage, wie man sein Zeitspiel und damit seine Entscheidungsfreudigkeit optimieren kann? Theoretisch ist das einfach erklärt.

Sicherlich durch intensives Studium der eigenen Eröffnungen. Wer in der Eröffnung durch *fundiertes theoretisches Wissen* glänzt, sich quasi auf bekanntem Terrain bewegt, spart erstens Zeit und macht schon zu Beginn weniger Fehler. Viel zu oft wird in diesem Stadium der Partie durch *zögerliches Verhalten* schon der Keim für spätere Probleme gesät. Das tiefe Kennen und Verstehen wichtiger aus den Eröffnungen resultierender *Mittelspielpläne* verschafft einem Spieler auch in weiterer Folge einen maßgeblichen Zeitvorteil gegenüber seinem Gegner. Der versierte Schachspieler kennt all diese Muster und Strategien, projiziert diese Ideen auf die vorliegenden Stellungen und reproduziert so erfolgserprobte Zugfolgen. Diese so erreichten Zeitgewinne sollten für die wenigen kritischen Stellungen einer Partie aufgehoben werden, in denen wirklich weitreichende Entscheidungen zu treffen sind und die in jedem Fall eine saubere, zeitintensive Kalkulation voraussetzen.

Die Kenntnis wichtiger *Endspielmuster* spart ebendort Zeit und Anstrengung, die in längeren Partien oft große Auswirkung auf die Konzentrationsfähigkeit haben. Eine Partie kann bis zu sechs Stunden dauern, da ist jede *Energiereserve* von entscheidendem Vorteil. Der schon erwähnte physische Gesamtzustand eines Spielers trägt dann den Rest dazu bei, die notwendige Energie bereitzustellen und somit *qualitativ hochstehendere Entscheidungen* schneller treffen zu können. Zeitnot ist auch im täglichen Arbeitsprozess eines erfolgreichen Managers ein, wenn nicht der, entscheidende Störfaktor. Die durch das „Zeitalter des Zugriffs" entstandene überwältigende Flut an täglichen Informationen und die absolute Notwendigkeit, mit seiner Umwelt permanent zu kommunizieren, stellen den Manager von heute vor ein ernstzunehmendes Problem.

„Hast Du schon einmal 200 E-Mails pro Tag bekommen? Der durchschnittliche CEO bekommt sie, und muss lernen, damit umzugehen. Kein leichtes Unterfangen."

In seinem Klassiker „*The Function of the Executive*" schreibt Dein Namensvetter Chester Barnard, der im Wesentlichen die American Telephone & Telegraph Company erfunden hat, dass die wichtigste Aufgabe einer Führungskraft in der *permanenten Kommunikation* mit anderen bestünde. Das war damals. Die Öffnung der Informationstechnologie, die heute buchstäblich jedem erlaubt, Sie jederzeit via E-Mail zu kontaktieren, veränderte dieses Paradigma jedoch grundlegend. Die eigentliche Aufgabe heutiger Führungskräfte ist nicht mehr, die Kommunikation mit anderen zu initiieren, sondern besteht vielmehr darin, die auf sie einströmenden Informationen in ihrer Gesamtheit zu organisieren und zu bewältigen.
Auch die gängigen Lehren des Zeitmanagements mit ihren Dringlich- und Wichtigkeiten schaffen hier nur bedingt Abhilfe. Was einzig und alleine überbleibt, ist der grundlegende theoretische und praktische Erfahrungsschatz jedes einzelnen Managers, verbunden mit der daraus entwickelten *Intuition für das Richtige zur richtigen Zeit.* Und genauso denken auch die pragmatischen Schachspieler von heute.

Sie akzeptieren das Chaos als grundlegendes Element des Spiels und treffen Entscheidungen auf Basis ihrer Intuition. Nur wer permanent Entscheidungen trifft, kann seinen Weg durch die absolute Zeit finden. Aber es kommt noch etwas schlimmer.

Die relative Zeit

Neben der absoluten Zeit, die den Rahmen für eine Partie bildet, spielt im Schach aber auch noch eine zweite Form der Zeit eine wichtige Rolle, die *relative Zeit*. Diese relative Zeit spiegelt die parallel geschehenden Ereignisse auf dem Schachbrett zueinander wider. Es ist diese synchronisierte Parallelität der eigenen und gegnerischen Transformationen, die direkten Einfluss auf die jeweilige Planung und Durchführung strategischer und taktischer Elemente nimmt.

„Vereinfacht kann man also sagen, dass man durch jeden ausgeführten Zug einer Figur relative Positionierungszeit gegenüber seinem Opponenten gewinnt.“

Das ist die Erkenntnis, die ich gewonnen habe, Chesster. Die physische Bewegung einer Figur wird in der Schachsprache nicht umsonst *„ein Tempo“* genannt. Das Tempo gilt als wechselseitige Währung der Zeitbilanz einer Partie. Nomen est omen. Wer also *„Tempi gewinnt“*, gewinnt relative Zeit auf dem Brett und somit die Möglichkeit, mehr Figuren zu entwickeln, oder sie in bessere Positionen zu bringen, was in weiterer Folge zu einem sichtbaren Entwicklungsvorsprung führt. Wer einen *„Tempoverlust“* in Kauf nimmt, verzögert die ideale Platzierung seiner Streitkräfte und verliert somit relative Zeit. Wir werden auf diese Erkenntnisse noch bei der Betrachtung spezifischer Schacheröffnungen zurückkommen.

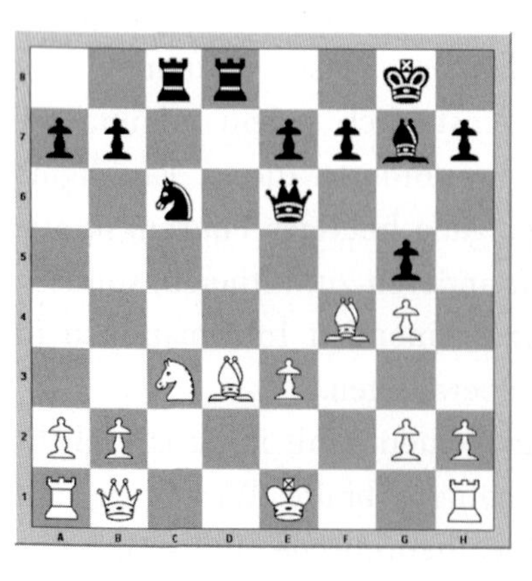

Relativer Zeitgewinn wird im Schach sehr oft durch Bauern- oder Figurenopfer, also materielle Investments, realisiert. In unserem konkreten Beispiel sehen Sie, wie eine solche Investition, in dem Fall ein Bauernopfer auf g5, relative Zeit für den Führer der schwarzen Steine gewinnt. Um diesen Zeitgewinn deutlicher zu sehen, habe ich zwei Diagramme in rascher Abfolge angeordnet. Im ersten Diagramm sehen Sie, dass der Läufer sich ungehindert auf g5 bedienen kann (**Lxg5**). Dieses Investment ist mit einem bereits angedeuteten, konkreten Hintergedanken verbunden. Im zweiten Diagramm sehen Sie die Kompensation für das Opfer, die gewonnene relative Zeit, da die schwarze Dame auf g4 mit Tempo, also unter Zeitgewinn schlagen (**Dxg4**) kann, da sie zugleich den Läufer bedroht.

Er muss sich also nochmals bewegen, um nicht geschlagen zu werden, also z. B. **Lf4.** Als Konsequenz hat die schwarze Dame auf g2 weitergeschlagen (**Dxg2**) und nebenbei die Rochade des weißen Königs verhindert, was zusätzlich relative Zeit für einen Angriff gewonnen hat. So gewinnt man also relative Zeit! In unserem Beispiel gelang uns dies durch das Investment eines Bauerns. Genereller formuliert, ist die *Transformation* von *Material gegen Zeit oder Initiative*, einer speziellen Form der relativen Zeit, eines der wichtigsten und daher zwangsläufig auch häufigsten Motive im modernen Spitzenschach. Es gibt natürlich viele andere Motive, die zum Zeitgewinn führen, meistens bedingt durch die unglückliche Positionierung der gegnerischen Figuren, die „mit Tempo", also unter Zeitgewinn, wieder von ihren Positionen vertrieben werden können. Relative Zeit, einmal gewonnen, kann bei Bedarf natürlich wiederum gegen eine Vielzahl anderer Elemente getauscht oder in konkrete Vorteile transformiert werden.

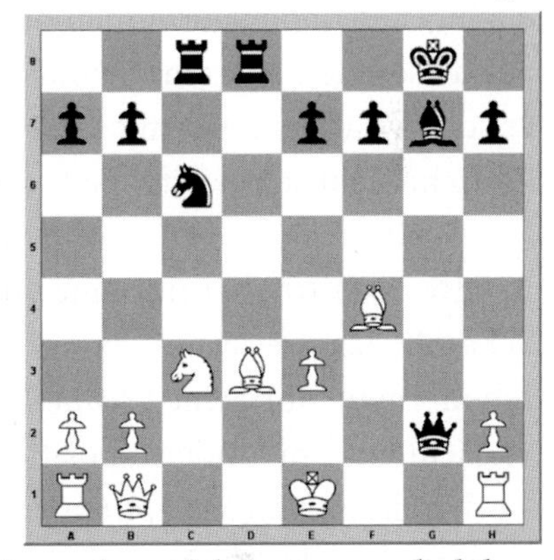

„Also ist relative Zeit eine Ware, die den Besitzer zwar erfreut, doch im rechten Moment auch gegen andere Waren eingetauscht werden kann.“

Richtig, Chesster, doch gibt es im Schach ein Paradoxon, das sich im wirklichen Leben nicht so wiederfindet. Im Schach kann es nämlich manchmal von Vorteil sein, diese „Ware“, relative Zeit also, *ohne Gegenwert* zu verlieren.
Eine scheinbare Widersprüchlichkeit, die es zu untersuchen gilt. In manchen Positionen ist es in der Tat von Vorteil, relative Zeit zu verlieren und so das Zugrecht an den Gegner abzutreten, da er mit jedem Zug seine Stellung verschlechtern wird, was ihm trotz gewonnener Zeit keinen Grund zur Freude gibt. Da ich dem absichtlichen Verlust von Zeit, wir sprechen hier sogar vom *Zugzwang*, ein eigenes Kapitel gewidmet habe, gehe ich an dieser Stelle nicht näher auf diese Thematik ein. Grundsätzlich hat Chesster jedoch Recht, wenn er die relative Zeit mit einer kostbaren Ware vergleicht, die als Tauschobjekt sehr wertvolle Dienste leistet.

Relative Zeit ist aber nur eine von vielen Tauschobjekten im „täglichen Schach“. Ich weise nur darauf hin, dass versierte Schachspieler auch schon mal auf eine *schnelle Entwicklung* der eigenen Figuren verzichten, um andere positionelle Vorteile oder die „bäuerliche“ Vorbereitung von *Stützpunkten für Figuren* umzusetzen. Tja, Schach ist eine trickreiche Sache, speziell, wenn es um den Tausch oder die Transformation von Vorteilen geht. Doch dazu später mehr. Viel mehr! Die prinzipielle Frage ist jedoch immer, wie viel relative Zeit man für solche Aktionen verlieren oder tauschen kann, bevor der Entwicklungsvorsprung des Gegners und der somit wahrscheinlich eingeleitete Gegenangriff zum Problem wird.

„Relative Zeit gewinnen und vielleicht sogar absichtlich wieder verlieren? Schach ist doch nicht so zweidimensional, wie ich dachte. Jedenfalls möchte ich jetzt ein praktisches Beispiel für Deine Überlegungen hören!“

Ich bemühe mich, Chesster. Das Konzept der relativen Zeit ist natürlich jedem Manager ein Begriff, der sein Unternehmen nicht nur als einzig existierenden Teil im Wirtschaftskosmos wahrnimmt, sondern auch den sehr wohl existierenden Mitbewerb in seine Wahrnehmung einbezieht. Wir beginnen also nicht nur, nach vorne zu sehen, sondern auch ein wenig auf die Seite zu schielen. Im Unternehmensalltag spielt der Mitbewerb nämlich mit eine entscheidende Rolle im Kampf um den Erfolg. Alle geplanten Aktivitäten verfolgen zwar primär das eigene übergeordnete Strategieziel, müssen aber immer im Kontext zu den Aktionen des Mitbewerbs beurteilt werden. Wie im Schach laufen hier parallele Filme ab, die man im Auge behalten sollte. Hier sehen wir also schon den Begriff der relativen Zeit im unternehmerischen Umfeld.

„Du meinst damit also, nicht nur auf die Uhr, sondern auch mal über den Zaun schauen!“

Genau, Chesster, auch mal über den Zaun schauen, das trifft es genau. Das ist die Quintessenz aus der Erkenntnis der relativen Zeit. Sie bedingt die systematische Beobachtung der zeitlichen Abfolge, in der sich der Mitbewerb zu positionieren droht, wann er wo zuzuschlagen gedenkt, und vor allem, wie wir ihn dabei maximal behindern können. Doch es gibt noch einen dritten Zeitbegriff, den wir im Zusammenhang mit der Zeit untersuchen müssen und der uns am deutlichsten die Vergänglichkeit unseres Seins vor Augen führt. Die scheinbare Artverwandtschaft mit der relativen Zeit ist offensichtlich, doch gibt es ein grundlegendes Kriterium, das ihn von seiner Schwester abgrenzt.

Das Timing

„Menschen die zur Unpünktlichkeit neigen, werfen sich leider oft hinter den Zug.“

Das beschreibt präzise, lieber Chesster, wo wir manche unserer unpünktlichen Zeitgenossen lieber gesehen hätten. Auch im Spiel der Könige spielt das *Timing*, der dritte Zeitbegriff, eine wichtige Rolle.

Oft genug hängt die Effektivität eines geplanten Angriffsmanövers von *einem Tempo*, einem Zug Vorsprung, ab. Schon die alten Griechen wussten von zwei Göttern zu berichten, die für die Zeit verantwortlich zeichneten. Der eine, *Kronos*, war für den Ablauf der Zeit verantwortlich. Der andere, *Kairos*, hatte jedoch eine viel mächtigere Aufgabe. Er bestimmte die *Gunst der Stunde*, war also für den *richtigen Augenblick* einer Sache verantwortlich und beherrschte so Kronos.

„Schöne Geschichte, aber ist das Timing nicht genau dasselbe wie die von Dir erfundene relative Zeit? Ich sehe hier keinen grundlegenden Unterschied!"

Das ist gar nicht so leicht zu beantworten, Chesster. Für mich ist die relative Zeit vergleichbar mit zwei parallel laufenden Filmen, die als *Grundlage* für die Entscheidungsfindung dienen. Man vergleicht ständig, schätzt die weitere Entwicklung ab und sammelt synchronisierte Eindrücke. Das Timing hingegen ist eine *Funktion* der Entscheidungsfindung, also eine *Instanz des Gefühls* oder der Intuition, die einem sagt, dass jetzt der richtige Zeitpunkt gekommen ist, jene konkrete Entscheidung umzusetzen.

„Ich habe einen schönen Vergleich für Dich. Die relative Zeit erkennt das Ziel und den fliegenden Pfeil, die Intuition verwandelt Dich in diesen Pfeil!"

Erstaunlich philosophisch, Chesster. Aber ich stimme dieser Analogie voll und ganz zu. Das Timing ist jedenfalls die zentrale Entscheidungsfunktion für den Angriff, die Verteidigung, den Bluff und natürlich die kritischen Situationen einer Partie. Sie ist untrennbar mit der Intuition des Figurenmanagers verbunden. Überhaupt spielt die *Intuition* die zentrale Rolle in der Umsetzung von Ideen und Plänen im Schach und natürlich auch in *unternehmerischen Prozessen*. Aber das wissen wir bereits. Jetzt, nachdem wir uns mit dem Stellenwert der diversen Formen der Zeit so ausführlich beschäftigt haben, ist es wieder Zeit, etwas leichter verständlichere Elemente der Strategie und Taktik zu beleuchten. Und da widmen wir uns zuerst dem Raum.

Der Raum

Neben dem zeitlichen Faktor spielt die Nutzung des *zur Verfügung stehenden Raums* eine wichtige Rolle im koordinierten *Einsatz aller Ressourcen.* Betrachten wir also unser persönliches Spielfeld etwas genauer. Der Raum eines Schachbretts wird durch die Positionierung von Bauern und Figuren unter den beiden Opponenten verteilt. Primäres Ziel eines jeden Schachspielers ist natürlich, so viel wie möglich an Raum zu kontrollieren. Ich betone hier bewusst den Begriff „*Raum zu kontrollieren*", da er sich vom häufig und eben oft missverständlich gebrauchten Begriff „*Raum gewinnen*" in einer wesentlichen strategischen Komponente unterscheidet.

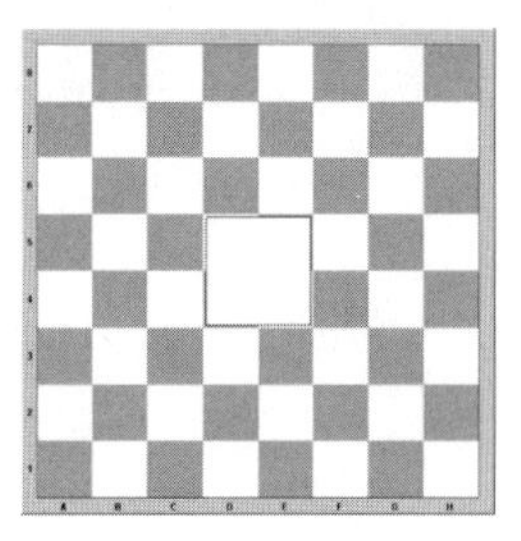

„Du meinst also: „Raum gewinnen" ist eine quantitative Aktion, während „Raum kontrollieren" eine qualitative Aktion impliziert."

Gut erfasst, Chesster. Ein erfahrener Manager kennt den *Unterschied* zwischen diesen beiden Begriffen sehr genau. Er kennt ihn aus dem täglichen Umgang mit seinen *Kunden.* Während ein *quantitativer Kundenstock* nach Kosten riecht, bedeutet der *qualitative Gegenpart* sicheren Ertrag. Im Schach führen beide Begriffe des Raums oft genug zu Fehlinterpretationen in der Stellungsbewertung und somit zu ungewollten Resultaten. Raumvorteil ist dann am wirkungsvollsten, wenn die gegnerische Stellung *Schwächen* aufweist, besonders, wenn diese auch noch weit auseinander liegen.

Die Seite mit mehr Raumkontrolle kann schnell von der Belagerung einer Schwäche zum Angriff auf die andere umschalten, während der beengt stehende Gegner nicht mit der gleichen *Geschwindigkeit* reagieren kann. Trotz des oben Gesagten haben sich die Ansichten über den Raumvorteil in den letzten Jahrzehnten gewandelt.

Heute gilt es als anerkannt, dass ein Raumvorteil nur sehr schwer auszunutzen ist, besonders, wenn die auf weniger Raum beschränkte Partei eine solide Position besitzt. Im Gegenteil, der „Raumbesitzer“ muss sogar aufpassen, sich nicht zu weit auszudehnen und dadurch anfällig für eine Konterattacke zu werden. Ja, Schach ist kompliziert!

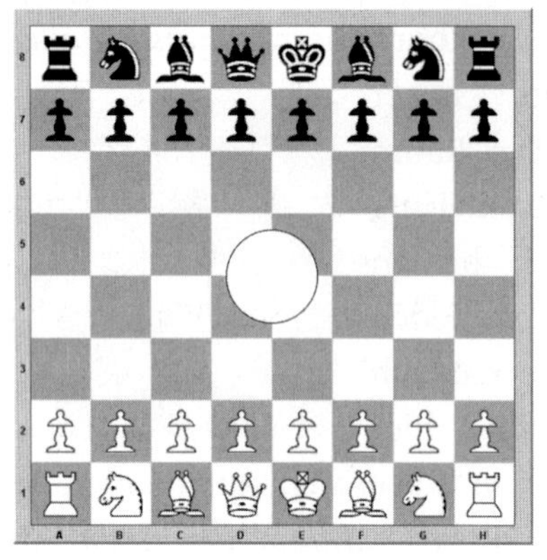

Einen speziellen Platz im Raum des Schachs nimmt das Zentrum ein. Das Zentrum im schachlichen Sinne wird durch die Felderkomplexe *d4*, *e4*, *d5* und *e5* definiert. Stärke im Zentrum bedeutet immer *positionelle Überlegenheit.* Figuren können über zentrale Felder von einem Flügel zum anderen wechseln, der König kann im Endspiel seinen Opponenten aus einer zentralen Position leichter *kontrollieren*, jede zentralisierte Figur hat, zumindest theoretisch, dort den *größten Einflussbereich.* Ein beherrschtes Zentrum erlaubt es, die Figuren nicht allzu verpflichtend zu positionieren und sie je nach Einsatzgebiet ebendorthin zu verlegen.

„Bitte um konkretere Beispiele, wie man sich also die Überlegenheit im Zentrum verschaffen kann?“

Der naheliegende Weg ist natürlich, die zentralen Felder mit eigenen Bauern oder Figuren zu besetzen und so offensichtliche Stärke zu demonstrieren. Es gibt jedoch noch eine andere strategische Möglichkeit, die uns erst vor kurzer Zeit bewusst gemacht wurde. Die Schachspieler des ausklingenden 19. Jahrhunderts hatten sehr dogmatische Ansichten über das korrekte Spiel im Zentrum. Nur wer es mit Bauern besetzte, kontrollierte es auch. Basta! Dies führte zu den immer gleichen Stellungsbildern und veranlasste gar so manchen zeitgenössischen Schachspieler zu der Aussage, dass Schach bereits am Ende und zu ausanalysiert sei. Doch scheinbar aus dem Nichts entwickelte sich ein neuer philosophischer Ansatz, der die Dogmen in ihren Grundfesten erschütterte. Kein Stein blieb auf dem anderen.

Geboren aus dem Widerspruchsgeist jener, die das Ende des Schachs nicht so einfach hinnehmen wollten, entstand eine neue schachliche Dialektik. Alles wurde in Frage gestellt, und speziell die Frage nach dem Zentrum spaltete die Lager.
Die hypermoderne Schule eines Richard Reti vertrat die neue bahnbrechende These, dass ein Zentrum *nicht besetzt* werden müsse, um *beherrscht* zu werden. Das kommt uns nun schon sehr bekannt vor. Diese revolutionsschwangere Aufbruchsstimmung brachte jedenfalls neue Ideen und Eröffnungskonzepte ans Tageslicht und beendete sehr bald die Diskussion über das Ende der (schachlichen) Welt.

„Was kann man im wirtschaftlichen Sinne unter dem Zentrum verstehen, und welche Analogien können wir zur Entwicklung des Schachs erkennen?"

Die offensichtlichste Umsetzung eines „*hypermodernen*" Ansatzes findet man im Gedankengut des Franchising. Das zentrale Ziel dieser Konzeption ist die Multiplikation einer Konzeptgastronomie auf Basis freier, assoziierter Unternehmer, die auf eigene Rechnung systematisiertes Produkt- und Marketing-Know-how umsetzen. Unternehmen, die solche Systeme entwickeln, sind in erster Linie eher darauf bedacht, den Zielmarkt zu kontrollieren, als ihn durch das eigene Betreiben zu besetzen. Der weltweite Erfolg gibt ihnen uneingeschränkt Recht. Ein etwas allgemeineres Prinzip des kontrollierten Zentrums finden wir in der *Managementaufgabe des Lobbyings*, mit der versucht wird, über genau ausgewählte Einflussgruppen oder -personen ein gewünschtes Ergebnis oder Ziel zu beeinflussen oder im Idealfall sogar zu kontrollieren. Dieses Thema wird uns noch einmal in einem anderen Kontext begegnen.

Die extremste Form der Zentrumskontrolle ohne eigene Besetzung ist wohl in der Politik zu finden. Die berühmten „*Männer (und Frauen) der zweiten Reihe*" zeigen uns den schachlichen Ansatz in seiner reinsten Auswirkung, das Schattenregime möge hier als sprachlicher Begriff dafür herhalten. Hier wird eindeutig beherrscht, ohne zu besetzen. Doch es geht auch noch eine Spur konkreter.

Ein Teil, der für das Ganze steht, ist die *finanzielle und technologische Unterstützung* ausgewählter Staatsführer Mittelamerikas durch die USA. Jedenfalls sehen alle hier dargestellten und auch verschwiegenen Beispiele die schachliche Erkenntnis Richard Retis und seiner hypermodernen Schule in neuem interessantem Kontext. Doch kehren wir vom geopolitischen Management wieder in die Welt der 64 Felder und zu unserem geliebten Schach zurück.

Der Raum eines Schachbretts besteht nicht nur aus dem Zentrum, sondern auch aus *zwei Flanken*, dem sogenannten *Königs- bzw. Damenflügel.* Die größte Veränderung im Verständnis moderner Eröffnungs- und Mittelspielstrategie brachte der Umgang mit genau diesen Flanken. Die traditionelle Schachtheorie war extrem vorsichtig, was die *Nutzung von Randbauern*, als der g- und h-Bauern, für aggressive Zwecke, wie Angriff oder Raumgewinnung, betrifft. Der grundsätzliche Standpunkt vermied es, diese Bauern zu ziehen, um unnotwendige Schwächen zu vermeiden. Nur ein *stabiles und gestütztes Zentrum* sollte es erlauben, mutige Flankenangriffe, besonders am Flügel des gegnerischen Königs, vorzutragen. Alles schien logisch bewiesen und durch unzählige Beispiele untermauert zu sein. Doch schließlich kam alles ganz anders. Der *neue Pragmatismus* schwemmte gleichsam alles Fundament beiseite und machte Platz für neue Ideen.

„Also sehen wir hier wieder einmal eine ähnliche Entwicklung in Schach und Wirtschaft. Schwächen sind nur dann ein Nachteil, wenn sie vom Gegner auch ausgenutzt werden können."

Objektiv, aus einer superioren Position gesehen, sind Flügelattacken natürlich immer mit Schwächungen verbunden, sie sind aber auch oft positionell wünschenswert, unabhängig davon, ob das Zentrum jetzt stabil ist oder nicht. Richtiggehend dramatisch verändert hat sich das gegenwärtige Schach im *Zeitpunkt der Durchführung* von *Flankenattacken.* Oft findet man bereits in den frühen Phasen moderner Partien solche Ansätze aggressiver Strategien.

„Kannst Du mir als interessiertem „Schachseher“ verraten, welche grundsätzlichen Ideen hinter diesen Konzepten stehen?“

Die offensichtlichste Motivation ist ein direkter Angriff auf den gegnerischen König. Anders als früher werden solche Attacken nicht mehr milde als Anfängerkonzeptionen belächelt, sondern als *fundierte Aggression* wahrgenommen und akzeptiert. Ein weiterer Grund für Flankenattacken kann die *Zurückdrängung gegnerischer Figuren* mit dem Ziel sein, den Druck aus der eigenen Stellung zu nehmen. Wenn Figuren frühzeitig attackiert werden, bleibt ihnen wenig Zeit, ihre geplante Wirkung zu erzeugen. Dafür nimmt man schon einmal gewisse Schwächungen in Kauf. Immer häufiger sieht man Flankenoperationen jedoch als rein *präventive Maßnahmen*, um die Entwicklung gegnerischer Figuren oder Pläne schon im Ansatz zu stören.

Die häufigste Motivation findet man jedoch in der simplen Tatsache, mehr *Raum auf einem Flügel etablieren* zu wollen, unabhängig von einem Gegenangriff oder Schwächen, die sich daraus ergeben könnten. Flankenattacken haben die strategische und taktische Spielwiese des Schachs nachhaltig erweitert und zu einem Nährboden neuer Konzeptionen gemacht. Der Figurenmanager eines Unternehmens kann aus dieser schachlichen Entwicklung einiges lernen. Flankenattacken sind nichts anderes als *neue Zugänge in bestehende Märkte oder Zielgruppen* auf Basis kurzfristiger, manchmal unorthodox erscheinender Operationen.
Die scheinbar schiefe Optik solcher Konzeptionen hatte vielleicht bisher verhindert, ähnliche Überlegungen in die Tat umzusetzen, doch die „neue Pragmatik“ kümmert sich wenig darum. Alles, was zählt, ist das *Resultat*, unabhängig von starren Dogmen oder „goldenen Regeln“.
Zusammenfassend kann also gesagt werden, dass der Raum im Schach aus *quantitativen* und *qualitativen Elementen* besteht, die sich in verschiedenen Zonen, wie dem Zentrum und den Flanken, manifestieren können. Erst wenn wir das *Spielfeld in seiner Gesamtheit* erkennen und vor allem nutzen, werden wir erfolgreich sein.

Die Initiative und das dynamische Potenzial

Nach den eher statischen Betrachtungen über den Raum und seine unterschiedlichen Sphären, wenden wir uns jetzt einem Thema zu, das etwas Bewegung in unsere Überlegungen bringt, und das zu den am heißest diskutierten Veränderungen im gegenwärtigen Schach geführt hat. Ich spreche vom Element der *Initiative* und dem *Streben nach dynamischem Potenzial.* Wer die Initiative besitzt, diktiert das Spiel und setzt den Gegner unter Druck, so weit die einfache und logisch nachvollziehbare Wahrheit. Doch wie erringt man nachhaltige Initiative? Wie wir später noch im Mittelspiel feststellen werden, stehen dem Schachspieler viele Werkzeuge zur Verfügung, die Initiative zu entwickeln und sie zu einem greifbaren Vorteil zu verdichten. Zentrales Thema bei der Erringung der Initiative stellt jedoch immer die *optimale Aktivierung der eigenen Figuren* dar. Initiative bedeutet eine Beschleunigung der eigenen Streitkräfte und eine *parallele Reduzierung* der Entwicklungsgeschwindigkeit im gegnerischen Lager.

„Wenn ich Dich richtig verstehe, gewinnen wir durch die Erringung der Initiative relative Zeit, während der Gegner sie zwangsläufig verlieren muss.“

Genau das steht hinter dieser Idee, Chesster. Manchmal genügen einige wenige gut postierte Figuren, um unangenehmen Druck auszuüben und das gegnerische Lager zu einem ungeplanten Re-engineering seiner Organisation, verbunden mit einer *tendenziell passiveren Aufstellung*, zu zwingen.

Der große Wandel in der modernen Schachstrategie zeichnet sich jedoch in der wechselseitigen Bewertung von Material und Initiative ab. In der alten Schule war das *Material*, also die pure Anzahl an Bauern und Figuren, die primäre Basis einer jeden Stellungsbewertung. *Dynamik* wurde zwar wahrgenommen, aber immer der Hoheit des Materials unterstellt. Ein erster intelligenter Verstoß gegen das Dogma wurde gewagt, als man Stellungen mit ungleich verteiltem Material zu untersuchen begann. Man versuchte z. B. herauszufinden, in welchen Situationen sich *drei Leichtfiguren*, also z. B. ein Springer und zwei

Läufer, gegenüber ihrem *materiellen Äquivalent* der *Dame* vorteilhaft bzw. nachteilig auf eine Stellung auswirkten. Aber erst in den letzten zwanzig Jahren fand ein *grundsätzliches Umdenken* statt. Die materielle Ängstlichkeit wich einer neuen selbstbewussten Schule der Dynamik und Initiative eines Garry Kasparow. Man kann gegenwärtig mit Recht behaupten, dass auf höchstem Spielniveau die *Dynamik und Initiative* das Streben nach materiellen Vorteilen abgelöst hat. Im modernen Schach werden materielle Investments allzu gerne in Kauf genommen, um strategische oder taktische Pläne umzusetzen. Einen besonderen Stellenwert erhält in diesen Überlegungen das *kleinste mögliche Investment*, das strategisch motivierte *Bauernopfer*.

„Schon wieder! Das berühmt-berüchtigte Bauernopfer. Ich habe schon viel über diese Form der Initiative gehört, und nicht nur beim Schach!“

Psychologisch gesehen weist diese *Transformation von Material in gewonnene relative Zeit* dem opfernden Spieler die Rolle des Angreifers und dem das Opfer annehmenden Spieler die Rolle des Verteidigers zu. Das führt nicht selten dazu, dass der Angreifer seine Figuren freier und aktiver positionieren kann und die Figuren des Gegners an die Verteidigung des Materials gebunden bleiben. Im vorliegenden Beispiel hatte Schwarz gerade **d6-d5** gespielt, um auf **exd** mit **h4!** ein weiteres Bauernopfer anzubieten.

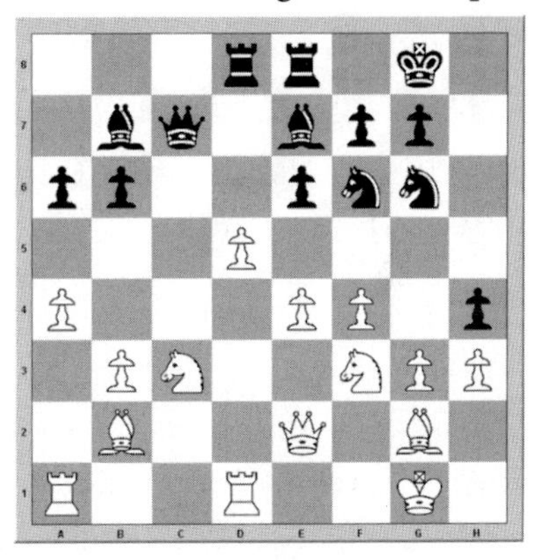

Er zerstört damit nicht nur die Königsstellung des Gegners, sondern setzt das schlummernde Potenzial aller Figuren optimal ein. Sein Läufer erhält ein aktives Feld auf c5, und die Dame droht auf f4 zu nehmen, wenn sich der Weiße an h4 zu vergreifen droht. Und selbst die scheinbar passiven Springer erhalten zusätzliche Felder. Was setzte der Weiße der schwarzen Initiative noch entgegen? So ziemlich nichts, wie sich in der Partie bald herausstellen sollte.

Natürlich funktioniert die Transformation von Material in relativen Zeitgewinn oder andere *positionelle Errungenschaften* auch in größeren und heftigeren Maßstäben. Beispiele dafür haben wir schon im Kapitel über den *relativen Wert von Figuren* erlebt, in dem GM Alexander Khalifman sich erfolgreich über die rein mathematische Bewertung der Dame hinwegsetzte. Doch es gibt auch andere bemerkenswerte Konzeptionen. Das bekannteste Motiv dieses neuen *Verständnisses von Materialäquivalenten* ist das sogenannte *Qualitätsopfer.*

„Ich muss kurz erläutern. Ein Qualitätsopfer ist der absichtliche Tausch eines objektiv höher eingeschätzten Turms gegen einen Springer oder Läufer."

Ich möchte noch ergänzen, dass ein solches Opfer meistens auch in Verbindung mit der *Zerstörung einer vorher intakten Bauernstruktur* einhergeht. Ein Qualitätsopfer zerstört also im übertragenen Sinn nachhaltig das *Immunsystem* einer Stellung. In unserem Beispiel sehen wir eine Stellung vor (links) und nach dem Opfer (rechts) und erkennen, dass das Qualitätsopfer die komplette Dynamik aus dem weißen Spiel genommen hat und dem Schwarzen konkrete Angriffsmöglichkeiten auf den gegnerischen König bietet.

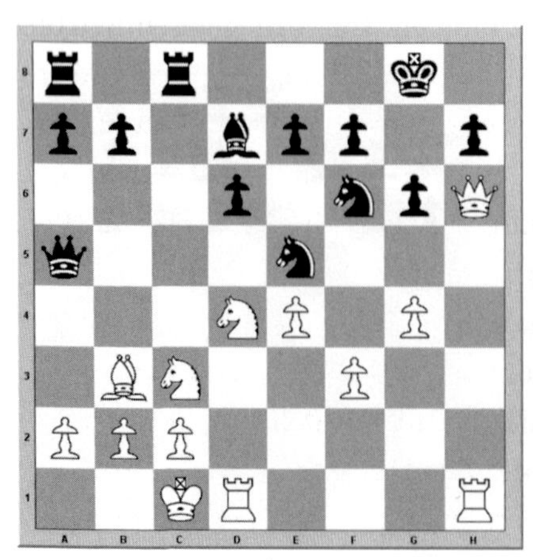

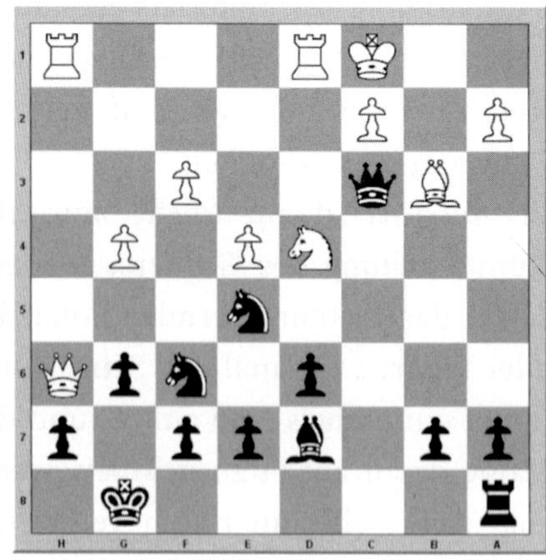

Da Türme erst voll zur Wirkung kommen, wenn sie viel Raum besitzen, erhält der materiell in Nachteil gekommene Spieler in solchen Positionen genug Zeit, *Kompensation für sein Investment* aufzubauen.

In unserem Beispiel hat der Schwarze eine *irreparable Zerstörung* der königlichen Bauernstruktur erreicht, die sich relativ schnell als unangenehm für den weißen Monarchen herausstellen kann. Denken Sie an das Beispiel des zerstörten Immunsystems! So wie das Qualitätsopfer hat sich in den letzten Jahren eine Vielzahl neuer materieller Verteilungsschlüssel entwickelt, die in spezifischen Stellungen ganz konkrete Vorteile oder Nachteile darstellen können. Wie wir jedoch immer wieder feststellen, ist eine Verallgemeinerung solcher Ideen nicht möglich, da es in jeder Situation einer ganz konkreten Einschätzung aller harten und weichen Informationen bedarf.

„... oder wie Großmeister Suba einmal treffend bemerkte: Die goldene Regel im Schach ist, dass es keine goldene Regel gibt!"

Jedenfalls wird im modernen Schach der Initiative als Motor der gewinnorientierten Spielführung eine sehr wichtige Rolle zugeordnet. Das Vertrauen in die *Nachhaltigkeit initiativer Unternehmungen* wird viel langfristiger angelegt, als es noch vor einem Jahrzehnt geschah. Der Return on Investment (ROI) muss nicht mehr in den nächsten Zugfolgen kalkulierbar sein, sondern erstreckt sich über einen nicht definierten Zeitraum und beschränkt sich schon lange nicht mehr nur auf harte materielle Bezugsgrößen. Viele weiche Kennzahlen, wie die *freiere Entwicklung der Figuren*, der *Raumvorteil*, die strategisch *langfristige Schwächung* des Gegners oder die Möglichkeit, den gegnerischen *König direkt anzugreifen*, bezeichnen die Kompensation für das geleistete Investment.

Opferstrategien zur Erlangung der Initiative funktionieren aber nicht nur im Schach, sondern sind auch im globalen *geopolitischen Management* eine nicht zu unterschätzende Option. Oft ist die Drohung stärker als die Ausführung, doch manchmal wird ein theoretisch diskutiertes Szenario zur plötzlichen politischen Realität. Das nun folgende Beispiel bezieht sich auf eine kürzlich publizierte *Theorie aus dem Fundus des WorldWideWeb*, die im Zusammenhang mit dem amerikanischen Trauma „*9/11*" weltweites Interesse erweckt hat.

Die besondere Brisanz und die zentrale Rolle einer speziellen Schachfigur stellen eine zugegebenermaßen etwas makabre Verbindung zu unseren Überlegungen her. Ob nun wahr oder nicht, die folgende Theorie ist allemal interessant.
Wenn bei einer Schachpartie der geplante und daher *absichtliche Verlust einer Figur* zu einem *strategischen Vorteil* führt, spricht man von einem *Opfer*. Das ist uns ja bereits bekannt. Für den Laien sind solche Opferstrategien oft schwer zu durchschauen, speziell wenn wichtige, scheinbar unersetzbare Figuren betroffen sind, wie zum Beispiel zwei Türme. Der Großmeister sieht bei einem Opfer jedoch in erster Linie nicht das *eingesetzte Material*, sondern die daraus *erzielte Wirkung*. Er kann sich durchaus vorstellen, zwei Türme an der Heimatfront zu opfern, um sich dadurch tief in der gegnerischen Hälfte festzusetzen und einen unschlagbaren strategischen Vorteil, z. B. die „*globale Vorherrschaft*", zu erzielen, der das verlorene „Material" allemal wieder wettmacht.

„Du denkst, dass dieses Doppelturmopfer der Gegenstand konkreter strategischer Überlegungen war und als ein mögliches Szenario der globalen Schachpartie wirklich diskutiert wurde?"

Es spricht einiges dafür, dass die geopolitischen Schachmeister in

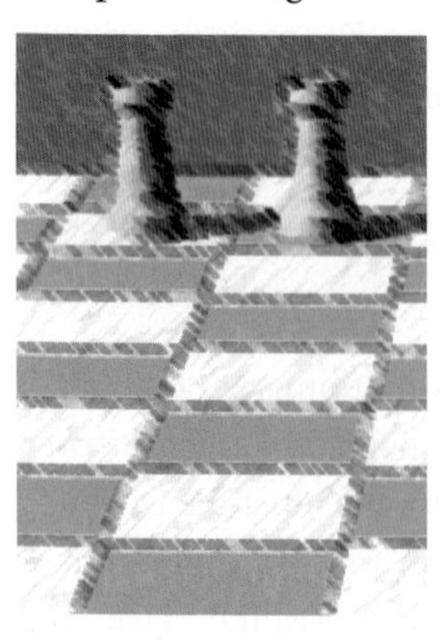

Washington die Attacke auf ihre Türme zumindest theoretisch diskutiert haben, *aggressive Läufer* wie der FBI-Jäger Bin Ladens, *John O'Neill*, wurden vielleicht sogar zurückgepfiffen, um die gegnerischen Vorbereitungen nicht zu stören. Die intellektuellen Vordenker der USA wie *Brzezinski* und *Huntington* hätten einfach ihren Job verfehlt, wenn sie in den unter Verschluss bleibenden konkreten Szenarien ihrer Studien nicht auch solche *Opferstrategien durchspielen* würden. Es ist geradezu deren zentrale Aufgabe, solche oder ähnliche „positionelle" Kombinationen zu finden und sie objektiv bis zur letzten Konsequenz zu analysieren.

Nicht umsonst lautet der Titel einer Publikation eines der federführenden amerikanischen Geo-Strategen „*The Grand Chessboard*". Ob nun Wahrheit oder nur Spekulation, nachhaltige *Initiative* und *dynamisches Potenzial* sind eben auch in solchen Schachpartien essentielle Elemente eines um jeden Preis auf *Sieg* und *Vorherrschaft* ausgerichteten „*Great Game*".
Doch kehren wir nach diesem geopolitischen Exkurs wieder zum „*daily business*" zurück. Initiative bedeutet in meinem Verständnis letztendlich eine klare *Zielrichtung*. Speziell im heutigen Management spielt die Initiative ähnlich wie im Schach eine größere Rolle, als es noch vor einem Jahrzehnt der Fall war. Durch die vermehrte Präsenz von Venture-finanzierten Unternehmungen entwickelten sich eine verstärkte Sensibilität für *überdurchschnittliche Wachstumsziele* und daraus abgeleitete neue Formen der Marktentwicklung. Hohe materielle Investments wurden und werden mehr denn je in Kauf genommen, um neue, *wachstumsorientierte Branchen* zu entwickeln und hochzubringen. Nicht immer erfolgreich, wie ich bemerken möchte.

Trotz vieler Fehlschläge entstand eine *neue Kultur*, die Marktinitiative und Dynamik auf ihre Fahnen heftete. Sogar die herkömmlichen Bewertungsmethoden zur *Ermittlung von Firmenwerten* erlebten einen rasanten Wandel und passten sich dem Tempo an. Ein Ausdruck dieses neuen Bewusstseins war die generelle Akzeptanz *zukunftsgerichteter Methoden*, wie dem *Discounted Cash Flow* (DCF), im Vergleich zu vergangenheitsorientierten Größen wie Umsatz oder Gewinn. Der Paradigmenwechsel der *Bewertung potenzieller Energie und Initiative* ist jedenfalls vollzogen und veränderte auch den Zugang des Managers zum Verständnis des eigenen Unternehmens.

„Jetzt sehe ich es auch ganz deutlich: Aktion und dynamisches Potenzial ist gefragter denn je!"

Unser moderner Figurenmanager ist gegenwärtig mehr denn je aufgefordert, die materielle Vergangenheit als Erfolgsmaßstab zu einem hohen Grad zu vergessen und permanent an die Darstellung und Umsetzung *zukunftsgerichteter Initiativen* zu denken.

Der Wettlauf um Themenführerschaften und aktive Positionierungen am Markt zwingen den Manager von heute, einzig nach vorne zu blicken. Gestern zählt nicht mehr. Was wirklich zählt, ist das *Vertrauen der Investoren und der Kunden* in die besseren Ideen, den anvisierten Markt erfolgreich zu kultivieren. Dass dazu nicht immer nur rationale Grundlagen des Erfolgs herangezogen werden, soll uns nicht weiter stören. Ganz im Gegenteil!

Der Bluff

Nicht immer ist ein Gegner *ausschließlich mit rationalen Mitteln* zu besiegen. Der pragmatische Grundansatz des Schachs bringt auch irrationale Aspekte ins Spiel, die ihre Wurzel in der *Psyche des Menschen* haben. Und schließlich sind wir ja alle Menschen und haben täglich mit Menschen zu tun. Ein erfahrener Schachspieler kann bei Bedarf auch mit solchen Fähigkeiten aufwarten bzw. umgehen. Die diesbezüglich interessanteste Waffe, die schon des Öfteren zu einer erfolgreichen Wende eines unvorteilhaften Trends geführt hat, ist der *Bluff*. Wenn man dem aktuellen Duden, per Eigendefinition auch Standardwerk zur deutschen Sprache, glauben kann, ist der Bluff „*eine dreiste, bewusste Irreführung*".
In unserem Fall gefällt mir das Wort dreist besonders, da ein Bluff wirklich etwas *Wagemut* erfordert und von gesundem, intaktem *Selbstbewusstsein* zeugt. Welchen konkreten Hintergrund finden wir also, wenn wir uns mit Bluffs konfrontiert sehen. Lassen wir einen der ehemals Weltbesten im Schach dazu Stellung beziehen, der sich neben seiner unbestrittenen schachlichen Fähigkeiten auch zu jeder Zeit der psychologischen Aspekte des Schachs bewusst war.

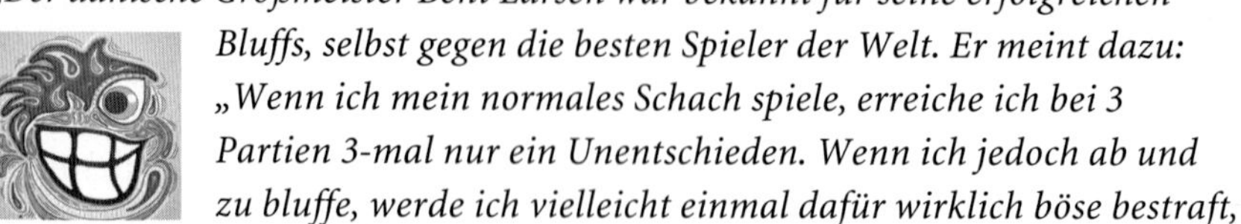

„Der dänische Großmeister Bent Larsen war bekannt für seine erfolgreichen Bluffs, selbst gegen die besten Spieler der Welt. Er meint dazu: „Wenn ich mein normales Schach spiele, erreiche ich bei 3 Partien 3-mal nur ein Unentschieden. Wenn ich jedoch ab und zu bluffe, werde ich vielleicht einmal dafür wirklich böse bestraft, aber die restlichen 2 Partien gewinne ich. Also riskiere ich es!".

Interessante Einsichten aus dem Munde eines Berufenen, der den Bluff als taktische *Operation höherer Ordnung* verstand. Bluffs werden oft dann eingesetzt, wenn ein Spieler erkennt, dass er seine Position mit puren strategischen Mitteln nicht mehr retten kann. In diesem Falle ist es allemal einen Versuch wert, etwas zu schwindeln, auch wenn man die Widerlegung selbst sofort erkennt. Man vertraut einfach darauf, wie schlecht der eigene Zug im höheren Sinn auch sein mag, dass der Gegner Schwierigkeiten hat, die korrekte Antwort im verschlungenen Pfad seiner Überlegungen zu finden. Da wir Menschen dazu neigen, im *Streben nach Gewinn* alle *Risken umgehen* zu wollen, zeigt die Konzeption des Bluffs oft große Wirkung. Bluffs haben das konkrete Ziel, den Gegner einzuschüchtern, ein zusätzliches *Element der Ungewissheit* ins Spiel einzubringen und somit den Charakter des Spiels zu ändern. Das entstehende Chaos kann dann sehr leicht, ähnlich dem berühmten Hecht im Karpfenteich, zu einer psychischen Überforderung des „technisch" orientierten Gegners führen. Wie man gleich erkennen wird.

Ein wirklich interessantes Beispiel eines erfolgreichen Bluffs findet sich auch in meinem eigenen Partienrepertoire. In unserer Diagrammstellung sehen wir den Schwarzspieler, also mich, in der trostlosen *Ruine* seiner eigenen Stellung. Eine *verfehlte Eröffnungsstrategie* und einige lustlose Züge hatten meinem Opponenten erlaubt, eine äußerst vorteilhafte Stellung zu erreichen. Wie ich leidvoll mit ansehen musste, geben selbst schwächere Gegner nicht so einfach auf, sondern versuchen zu gewinnen. Welch überraschende Erkenntnis! Jedenfalls hat der Weiße alle Trümpfe in der Hand, und mein letzter Zug scheint schon eher eine *resignative Geste* zu sein. Ich spielte *offensichtlich gelangweilt* den Turm von c8 auf f8, was uns zur Diagrammstellung führt. Mein Gegner musste jetzt nur noch die Ruhe bewahren, einige Figuren noch besser platzieren, und dann den Bauern

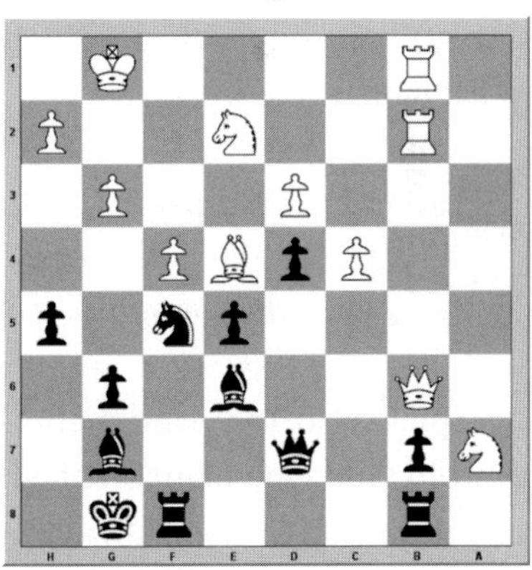

auf b7 schlagen, um in Folge ohne große Anstrengung zu gewinnen. Doch es kam ganz anders. Durch die unerwartete Möglichkeit, den Bauern jetzt schon schlagen zu können, verwarf mein Gegner weitere leichte Positionsverbesserungen und schlug sofort zu. Wozu auch warten, wenn das Korn reif ist! Nach **Lxb7?!**, konnte ich endlich mein sorgsam gehütetes Geheimnis lüften und spielte **e4!?**.

Natürlich hat Weiß jetzt objektiv gesehen noch immer leichten Vorteil, doch die Lage am Brett hat sich grundsätzlich geändert. Schwarz hat die Initiative übernommen und Weiß sieht sich mit einer Vielzahl von Drohungen konfrontiert. Durch die drohende Zeitnot noch zusätzlich unter Druck gesetzt, wollte mein Opponent durch **Dxe6** in ein Endspiel transformieren, in dem er gute Aussichten auf ein Unentschieden zu besitzen glaubte. Er wird indes brutal aus seinen Überlegungen gerissen. Nach meiner erzwungenen Antwort **Dxe6** spielt er a tempo **Ld5**, gewinnt so seine Dame zurück und harrt der Dinge, die da kommen. Und sie kommen! Ich schlage seinen Läufer, **Dxd5** und er nimmt mit dem Bauer zurück, **cxD**. So weit, so berechnet.

Mein nächster Zug, **TxT**, ist jedoch die Einleitung zu einer tödlichen Kombination, aus der es jetzt kein Entrinnen mehr gibt. Weiß nimmt natürlich mit seinem Turm zurück, **TxT,** und ich spiele, bereits sehr amüsiert, meine erste Trumpfkarte aus, **exd**. Mein Gegner wähnt sich noch immer in Sicherheit und spielt **Sc1**. Er will den Bauern zurückgewinnen und mit ihm vielleicht sogar die Partie. Mein nächster Zug muss ihn wohl wie ein Hammer getroffen haben, da er plötzlich die Gemeinheit durchschaut, die durch meinen gut getimten Bluff nun zur Wirklichkeit wird.

„Ich denke, dass Deinem Opponenten hier schön langsam klar wurde, dass er in eine gut aufbereitete psychologische Falle gelaufen war! Sehr ärgerlich für ihn."

Ich spiele also **Ta8!**, und mein Gegner erkennt in aller Deutlichkeit, dass er wohl bald eine Figur weniger als ich haben wird, und gibt seine Partie sofort auf. Nach dem Abzug des angegriffenen Springers, z. B. nach b5 (**Sb5**), zieht mein Turm nämlich weiter nach a1 (**Ta1!**) und fesselt den armen Springer auf c1 gegen seinen König.

Da es danach keine ernsthaften Rettungschancen mehr gibt, ist seine resignative Reaktion wohl gerechtfertigt. Diese Partie war sicher nicht meine Beste, schon gar nicht im Eröffnungsstadium. Trotzdem zeigt sie auf sehr instruktive Weise, welche Fallen auf einen Spieler warten können, wenn er nicht zu jeder Zeit die nötige Vorsicht walten lässt. Hätte mein Gegner etwas mehr *präventive Sensibilität* gezeigt und sich nicht vorsätzlich der zweiten und vierten Todsünde des Schachs, des Blinzelns und des Materialismus, schuldig gemacht, wäre ich wohl als demoralisierter Verlierer „vom Platz“ gegangen. So aber hatte ich die Lacher auf meiner Seite. Ein Bluff von seiner feinsten Seite!

Einen wichtigen Aspekt gilt es aber noch genauer zu untersuchen. Wie wir jetzt schon des Öfteren festgestellt haben, stellt die Initiative eine der wichtigsten Triebfedern einer Schachpartie dar. Ein gut getimter Bluff verfolgt im höheren Sinn genau diesen Zweck, nämlich die *Initiative an sich zu reißen* und so den Gegner zum Umdenken und somit in die *Defensive* zu zwingen. Von einem Augenblick zum anderen ist er derjenige, der wichtige Entscheidungen zu treffen hat und sich psychologisch in der Position des Verteidigers befindet. Wie in unserem Beispiel!

„Du sprichst vom Bluff, als wäre er ein grundsätzliches Element einer jeden Partie Schach. Das entspricht ganz und gar nicht meiner Vorstellung eines seriösen Strategiespiels.“

Lieber Chesster, natürlich hat jeder Bluff einen konkreten Nachteil, er bedient sich eben nicht ganz korrekter Elemente. Die Konsequenzen daraus hat uns Großmeister Bent Larsen aber bereits augenzwinkernd zur Kenntnis gebracht. Im wahren Leben bleibt die „dreiste, bewusste Irreführung“ doch allemal eine *ernstzunehmende Waffe*, die es bei Bedarf in beiden Welten des Figurenmanagements zu nutzen gilt. Diese wichtige Erkenntnis führt uns geradewegs in eine der spannendsten Thematiken des Schachs und natürlich auch des Managements.

Der Angriff / Die Verteidigung

Seit wir Menschen denken können, sind wir diametral angeordneten Spannungsfeldern ausgesetzt. So wie der *Tag* und die *Nacht*, *Ying* und *Yang*, das *Gute* und das *Böse*, finden wir auch im Schach ein zweipoliges Spannungsfeld, mit dem wir uns in jeder Partie konfrontiert sehen. Ich spreche vom *Angriff* und der *Verteidigung*. Lange Zeit ordneten sich die Schachspieler brav in dieses zweidimensionale Handlungsschema des Schachs ein. Sie waren entweder Angriffs- oder Verteidigungsspieler, befanden sich in ihren Stellungen entweder in einer *angreifenden* oder *verteidigenden Position*, alles war sehr ritterlich und überschaubar. Doch moderne Zeiten machten auch vor diesem eingespielten Rollenverhalten nicht halt und brachten uns eine *Neubewertung* verschiedenster *Paradigmen*. Und genau davon handelt unser folgendes Kapitel.

„Die Terminologie des Schachs ist eine trickreiche Sache, denn für viele Begriffe gibt es streng genommen keine allgemeine Definition, meint Großmeister Dr. John Nunn, einer der weltbesten Schachspieler und Schachtheoretiker."

Ja, er bezieht sich in seinem Werk *„Schach verstehen. Zug für Zug"* speziell auf die moderne Art, Schach zu spielen, in der die alten Handlungsmuster des Angriffs und der Verteidigung nicht mehr so eindeutig voneinander zu trennen sind. Wenn eine Seite mit allen Figuren auf den gegnerischen König losgeht und ihn schachmatt setzt, wird niemand bezweifeln, dass es sich in diesem konkreten Fall um einen Angriff gehandelt hat. Alle Indizien und vor allem das Ergebnis sprechen dafür. Es gibt jedoch im Schach auch subtilere Fälle, in denen z. B. ein Spieler mit einer kleineren Anzahl von Bauern unerschrocken auf eine Überzahl von Bauern zumarschiert. Dieser hat sehr wenig mit dem oben erwähnten Königsangriff gemein und ist eher präventiver Natur, wird aber trotzdem als ein Angriff, nämlich *Minoritätsangriff*, bezeichnet. Schach kennt viele solcher Fälle, in denen eine spezielle Form der Initiative als Angriff verstanden und qualifiziert wird.

Für den Laien mag das alles etwas verwirrend erscheinen, aber keine Angst, das ist es auch für uns erfahrene Schachspieler. Jedenfalls werden wir jetzt einige dieser Themen konkret untersuchen. Beginnen wir mit leichter Kost.

Der farborientierte Angriff

Wie wir schon festgestellt haben, bewegen sich Läufer in einer monochromen Welt, sie können ihre Farbe nicht wechseln und sind so während ihrer Einsatzzeit nur auf höchstens 32 Feldern zu finden. Das hat einerseits offensichtliche Nachteile, andererseits auch verborgene Vorteile, da Läufer z. B. gemeinsam mit einer Dame die *Feuerkraft* in ihrer Felderwelt extrem bündeln können. Dieses Kapitel beschreibt dieses Angriffsmotiv, das sehr oft auch mit einer aggressiven Aktion gegen die Königsstellung des Opponenten verbunden ist.

In unserem Beispiel sehen wir bereits die Quintessenz eines farborientierten Angriffs. Dame und Läufer haben ihre Kraft vereint, um mit *Gewalt in das gegnerische Lager einzudringen*. Schwarz hat das vorausgesehen und dementsprechend *Vorkehrungen* getroffen. Genügend Vorkehrungen? Gemäß dem Grundsatz „*Neutralisiere die Verteidiger*", einem Strategem, das wir bald noch kennenlernen werden, schaltet Weiß also zuerst die Verteidiger der schwarzen Stellung aus, und bereitet so den finalen Schlussakt vor, **Lxg7**. Nach dem

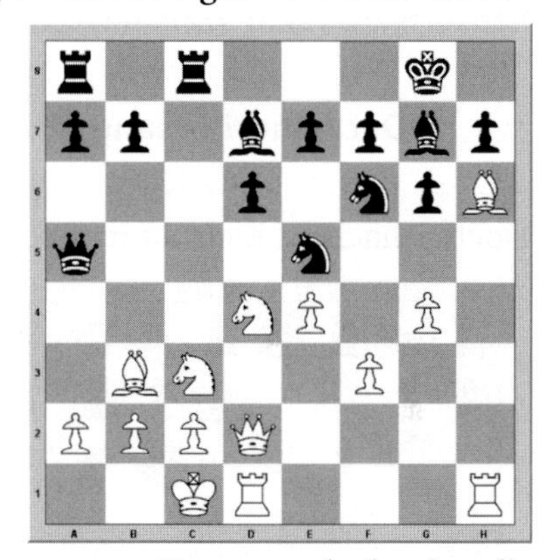

erzwungenen **Kxg7** dringt die Dame vom Turm gedeckt in die geschwächte schwarze Stellung ein, **Dh6+**, worauf Schwarz den König auf g8 zurückzieht, **Kg8**. Nun ist die Zeit gekommen, die Ernte einzufahren, und nach dem nächsten weißen Zug bricht dunkle Nacht über die schwarze Stellung herein. Der feine Zug **Sd5!** beseitigt elegant den letzten Verteidiger und beendet die Partie mit Stil.

Eine klare Partie, die zeigt, wie gefährlich sich ein farborientierter Angriff auf eine nicht vorbereitete Gegnerschaft auswirken kann.

„Doch nun aber zu den unternehmerischen Schlussfolgerungen dieses Angriffsszenarios. Wofür stehen die farborientierten Angriffe im täglichen Alltag eines Managers?“

Hier ist ein Beispiel von vielen, Chesster. In manchen Vertriebsstrategien mit differenzierten Kundenschichten kommt das Prinzip des „farborientierten Angriffs“ ähnlich zum Einsatz. Im unternehmerischen Kontext bezeichnen die schwarzen und weißen Felder die *unterschiedlichen Zielgruppen* desselben Marktes, und die farbbezogene Positionierung der agierenden Unternehmen bezeichnet nichts anderes als den Schwerpunkt der „Angriffsaktivitäten“. Mag es im Unternehmensalltag auch immer mehr als nur zwei Farben geben, das Prinzip bleibt das Gleiche. Wenn ein Unternehmen sich eine einfärbige Zugstraße zu einer speziellen Kundengruppe erarbeiten will, muss es nachhaltig dafür sorgen, dass die eigene Ausrichtung und die Bündelung der Kräfte auch eine solche konzentrierte Aktion erlauben. Sonst ist alles sehr schnell wirkungslos und ohne Kraft.

Der Minoritätsangriff

Doch Schach ist nicht immer so brutal, es geht auch ein wenig subtiler.

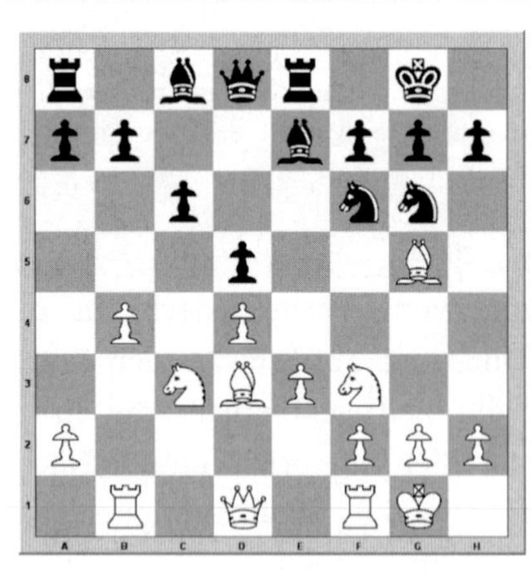

Wir betrachten nun einen Fall, der nicht in den herkömmlichen Terminus des Angriffs fällt. Diese Operation ist, wie schon erwähnt, etwas diffiziler zu verstehen und hat eher präventiven Charakter, wir nennen ihn den Minoritätsangriff. Die Grundvoraussetzung für diese Aktion ist ein *zahlenmäßiges Ungleichgewicht von Bauern auf dem Ort des Geschehens*, meistens auf einem der beiden Flügel.

Wie wir noch erfahren werden, ist ein strategisches Ziel beim Schach die Bildung und „Verwandlung" von freien Bauern. Wenn also ein zahlenmäßiges Ungleichgewicht herrscht, ergibt sich für die stärkere Seite die Möglichkeit, einen solchen Freibauern zu bilden und sich so einen positionellen Vorteil zu erspielen. Dem tritt die zahlenmäßig unterlegene Partei entschieden entgegen. Im Diagramm der Seite zuvor sahen wir die „Grundstellung" des Minoritätsangriffs, in der die schwarze Seite ein zahlenmäßiges Bauernübergewicht besitzt. Das rechte Diagramm zeigt die entstandene Stellung nach dem durchgeführten Präventivschlag. Wir erkennen, dass der strukturelle Vorteil eines potenziellen Freibauern durch die energische Aktion einem *strukturellen Nachteil*, dem eines rückständigen Bauern, gewichen ist.

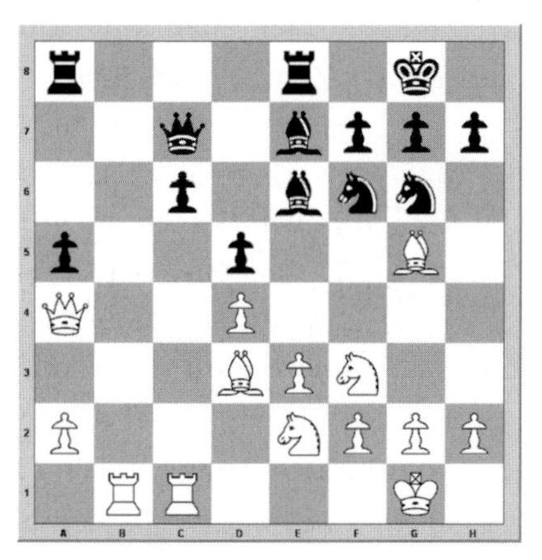

„Eine uns bekannte, typische Guerilla-Taktik, die in etwas abgeänderter Form auch im Wirtschaftskampf zwischen „Goliath und David" des Öfteren vorkommt. Die materiell unterlegene Partei versucht, die wichtigsten Assets des übermächtigen Gegners durch mutige Aktionen zu neutralisieren."

Das ist eine gute Ableitung aus dem Beispiel, Chesster. Wir finden diese Taktik in der Tat in den von Dir beschriebenen Szenarien, wenn auch nicht ausschließlich dort. Die Philosophie des Minoritätsangriffs ist generell ein gutes Mittel, um *materiell überlegenen Bestrebungen* durch *minoritäre Prozesse* Einhalt zu gebieten.

Der Matt- oder Königsangriff

Nach ein wenig feiner Subtilität kehren wir wieder zum realen „daily chess" zurück. Widmen wir uns nun der prinzipiellsten Form, eine Partie Schach mit Stil zu beenden, dem *Königs- oder Mattangriff.*

Was er bedeutet, versteht sich von selbst: Die Operation richtet sich direkt gegen den hinter seiner Bauernfront oder sonst wie verschanzten König und setzt ihn in seinem eigenen Bau matt oder spätestens, nachdem er dort herausgeholt wurde. Dies kann *allmählich*, *solide*, *methodisch* oder aber auch durch raschen, ja *überraschenden* und *verwegenen* Zugriff geschehen.

„Going for the king, beschreibt der englische GM Christopher Ward das entscheidende Motiv im Schach. Typisches britisches Understatement."

Da das primäre Ziel eines jeden Schachspielers die Jagd nach dem gegnerischen König ist, ist dieser *Angriff auch von höchster Priorität* für den routinierten Angreifer, aber natürlich auch für den Verteidiger. Für ihn bedeutet ein Scheitern in diesem Fall nicht nur eine geringfügige Schwächung, sondern das Ende all seiner Hoffnungen. Jeder Schachspieler träumt von einem inspiriert geführten, überzeugenden Mattangriff auf den gegnerischen König. Doch selten genug geschieht genau das in der Praxis. Leider. Die meisten Partien auf Meisterniveau werden durch andere Maßnahmen entschieden, der erfolgreiche Königsangriff bleibt die Ausnahme. In unserem Beispiel sehen wir eine überraschende Pointe in einem stürmisch geführten Mattangriff. Der schwarze König befindet sich bereits in „luftiger" Umgebung, ein untrügliches Zeichen für aufziehende Gewitterwolken. Mit seinem brillanten nächsten Zug, **Dxd5!!**, bietet Weiß nicht nur seine Dame zum Opfer an, sondern zwingt den schwarzen König, dieses Danaergeschenk ohne Wenn und Aber anzunehmen, **Kxd5**. Ein bis zu diesem Zeitpunkt unscheinbarer Zeitgenosse vollendet das Werk schließlich mit Stil, **Lf7#!!**. Der König kann sich dem Figurennetz aus Läufern und Bauern nicht mehr ganz entziehen und ergibt sich gottergeben seinem Schicksal.

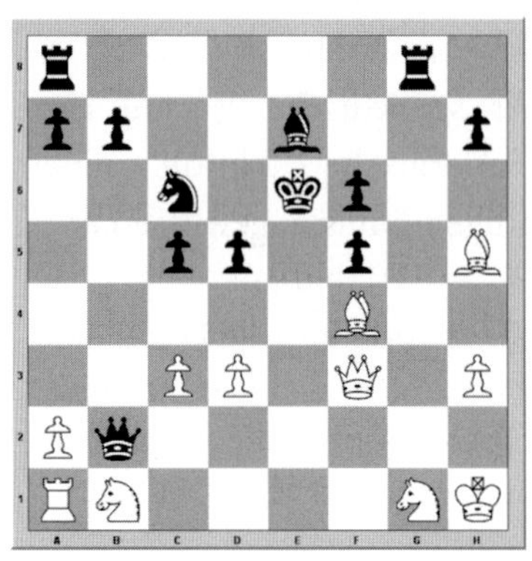

Ein Angriff wie dieser ist leicht als *aggressive Aktion* mit konkreten Zielen, üblicherweise auf *Basis kurzfristiger Drohungen*, zu interpretieren. Doch diese Definition des Angriffs ist nur die halbe Wahrheit in der modernen Schachstrategie, in der ein Angriff auch ohne konkrete Drohungen über eine sehr große Anzahl von Zügen Bestand haben kann. Auf jeden Fall bietet die Wahrscheinlichkeit eines Erfolges mit der zunehmenden Anzahl der Angriffsfiguren auch eine höhere Erfolgschance. Betrachten wir unter dieser Voraussetzung nun die grundsätzlichen Elemente bzw. Fehler eines erfolgreich geführten bzw. zum Scheitern verurteilten Angriffs. Einer der häufigsten Fehler im Angriff ist jedenfalls, ihn mit Kräften zu starten, die nicht in der Lage sind, den angepeilten Erfolg herzustellen. Wie so oft, ist hier der Wunsch der Vater des Gedankens. Mobilisieren Sie daher alle Reserven, um den Angriff effektiv zu gestalten. Jede weitere Figur, die sich aktiv in den Prozess einschalten kann, bringt Ihnen ein zusätzliches Potenzial, nicht zu vergessen die psychologische Wirkung einer aufmarschierenden Streitmacht auf den hoffentlich eingeschüchterten Gegner. Wenn der Angriff einmal begonnen hat, muss der Angreifer die folgenden wichtigsten Angriffsideen immer präsent haben:

1. Die Initiative

Ganz besonders bei aggressiven Aktionen gilt das Prinzip der Initiative als oberste Handlungsdirektive. Ein Angriff muss in Schwung gehalten werden, um dem Verteidiger keine Chance zu geben, seine Stellung zu ordnen und die angreifenden Figuren zurückzuschlagen. Daher arbeiten Angreifer, wie schon erwähnt, sehr oft mit *direkten Drohungen*. Überhaupt zieht sich das Thema der Initiative wie ein roter Faden durch die gesamte Welt des Schachs, bis hinunter zu jedem einzelnen Strategem.

2. Die Linienöffnung

Eine Machtdemonstration ohne Feindberührung ist ineffizient und führt eher zu einer Belustigung des Gegners. Ein Angreifer muss in der Lage sein, rasch *direkten Feindkontakt* aufzunehmen.

Das ist natürlich leichter, wenn mehrere offene Zugstraßen, wie *Linien oder Diagonalen*, vorhanden sind, durch die man der gegnerischen Stellung auf den Leib rücken kann. Die Öffnung solcher Zugstraßen ist daher ein wichtiges Detail in der effektiven Angriffsführung.

3. Die Beseitigung von Verteidigern

Vergessen wir aber auch nicht, dass wir einen Gegner angreifen, der uns in den meisten Fällen kommen sieht und sich darauf mit der adäquaten Positionierung seiner Figuren vorbereiten kann. Die *Kenntnis* und vor allem *Einschätzung* der *wichtigsten Verteidiger* ist der erste Schritt in die richtige Richtung, jetzt gilt es nur noch, sie zu neutralisieren. Dazu stehen uns zwei grundsätzliche Methoden zur Verfügung, nämlich sie zu vertreiben oder sie zu entfernen. Ich kann es nicht eindringlich genug sagen, die *Vertreibung* oder der *Abtausch* wichtiger Verteidigungsfiguren sind Grundvoraussetzungen für einen Angriff und machen nicht selten den Unterschied zwischen Erfolg und Scheitern aus.

4. Das Erzwingen von Schwächen

Der Angriff ist oft eine logische *Konsequenz von gegnerischen Schwächen.* Wenn die gegnerische Stellung also noch frei von Schwächen ist, gilt es zunächst einmal, solche herbeizuführen, bevor der Angriff so richtig ins Rollen kommen kann. **SDM** bietet dem angriffsorientierten Spieler hierfür ein umfassendes Arsenal an passenden Werkzeugen an, auf die wir in den folgenden Kapiteln genauer eingehen werden. Ein couragierter Angreifer, der sich diese vier Regeln zu Herzen nimmt, wird *nachhaltigen Erfolg* bei seinen geplanten Unternehmungen haben. Doch wie im Leben, passieren auch am Schachbrett manchmal Dinge, die einem Angriff den Wind aus den Segeln nehmen können. Viele große Angriffsspieler, darunter auch GM Garry Kasparow, sagen daher ganz offen, dass sie in jeder Kombination und jedem Angriff immer auch ein *Exit-Szenario* einkalkulieren, falls sich die Dinge nicht wie erwartet entwickeln sollten.

Schach ist eben zu komplex, um alles voraussehen zu können, selbst wenn man oder gerade weil man, Regeln und Prinzipien folgt. Der weise Ratschlag des weltbesten Schachspielers sollte als unwidersprochenes Vorbild für den modernen Manager gelten, der sich mit den Gedanken einer aggressiven, auf kurzfristigen Drohungen basierenden Aktion befasst.

„Wir sprechen die ganze Zeit nur über den Angriff, wie ist es eigentlich um den Verteidiger bestellt?“

In mancher Hinsicht sind die Prinzipien, an denen sich ein *Verteidiger* orientieren sollte, einfach nur die *Umkehrung der Handlungsdirektiven*, die für den Angreifer gelten. Das Gegengespinst der Abwehr zu weben, ist indes gewöhnlich schwerer, als das Netz des Angriffs auszuwerfen. Besonders hervorzuheben und im praktischen Schach nicht zu unterschätzen, ist jedoch der *psychologische Status der Verteidigung*. Konfrontiert mit einer aggressiven Aktion des Gegners geraten viele Verteidiger in Panik und schaffen „freiwillig“ zusätzliche Schwächungen oder starten unfundierte Gegenangriffe. Das kann nur böse enden. Die hohe Kunst der Verteidigung besteht in der denkbar ökonomischsten Behandlung der gegnerischen Drohungen und der Nutzung des bestehenden Terrains zur Organisation eines Gegenangriffs. Geduld, Nervenstärke, gerade in „scharfen“ Stellungen, und der Blick für mögliche Konter machen einen guten Verteidiger aus. Eine allgemein gültige Regel sagt aus, dass *eine Schwäche allein zum Sieg meistens nicht ausreicht*, da der Verteidiger seine Figuren auf diese Aufgabe konzentrieren kann. Erst bei mehreren Schwächen werden die Streitkräfte überfordert. Wer also die Nerven bewahrt und seinen Blick für die Objektivität nicht verliert, hat gute Chancen, einen Angriff abzuwehren.

Zum Abschluss dieses Themas möchte ich noch einen Begriff untersuchen, der sowohl für den Angriff als auch für die Verteidigung von großer Relevanz ist, die *Prävention*. Spontan ins Spiel gebracht, verbinden wir die Philosophie der Prävention wohl eher mit der Verteidigung oder zumindest der Verhinderung eines Angriffs auf die eigene Stellung. Diese Sicht ist aber nur bedingt richtig.

Die größten Angriffsspieler, unter ihnen speziell GM „the Master of Disaster“ Garry Kasparow, sind Meister der Prävention. Sie sehen natürlich im *Angriff die grundsätzlichste Prävention höherer Ordnung* und denken selbst in konkreten Angriffsoperationen immer an vorbeugende Maßnahmen, die ein mögliches gegnerisches Gegenspiel einschränken bzw. verhindern sollen. Prävention ist also kein exklusives Mittel der verteidigenden Partei, sondern vielmehr ein universelles Instrument einer erfolgreich umgesetzten Strategie, die auch gegnerische Ideen und Motive antizipiert. Wie in anderen Sportarten auch, benötigt der ambitionierte Figurenmanager eine ausgereifte *Technik*, um alle seine Werkzeuge zum richtigen Einsatz bringen zu können. Wir müssen jedoch bereits jetzt feststellen, dass die *Aneignung* und *Umsetzung* einer effektiven Technik überhaupt die *größte Herausforderung im Schach* darstellt. Also, machen wir uns an die Arbeit.

Die Technik

Oft findet man in Schachbüchern den Terminus „*Der Gewinn ist nur mehr eine Frage der Technik*“. Dies bedeutet, dass die kommentierte Partie im höheren Sinn bereits gewonnen ist. Es bedarf nur mehr des *richtigen Plans* und der *exakten Zugfolge*, um den Gegner zur Kapitulation zu zwingen. Doch gerade diese „Technik“ ist oft die Crux einer Partie. Die generalisierte Definition von guter Technik ist zwar nachvollziehbar, aber eben nicht immer leicht umsetzbar.

„Kontrolliere die gegnerischen Aktivitäten, maximiere die eigenen, und transformiere Deine Stellung zum richtigen Zeitpunkt in eine theoretisch bekannte, einfach zu gewinnende Position, meint etwas frei übersetzt Großmeister Tony Kosten zu diesem Thema. Das klingt sehr einleuchtend und einfach umzusetzen!?“

Diese abstrakte Version des Begriffs „Technik“ mag zwar so durchaus richtig formuliert sein, sie bringt uns jedoch im praktischen Leben kaum weiter. Ich denke praktisch und halte mich daher eher an einzelne, leichter umzusetzende Überlegungen zu diesem Thema.

Gute Technik beweist, dessen *Figuren sich gegenseitig decken* (beschützen) und gut miteinander kommunizieren. Der mehrfach erwähnte Großmeister Dr. John Nunn hat zu diesem Titel eine eigene Theorie entwickelt, die er durch das Kürzel „*LPDO*" verewigt hat. Er meint schlicht, **L**oose **P**iece **D**rop **O**ff, und will damit sagen, dass ungeschützte, allein gelassene Figuren dazu tendieren, schnell und ungewollt das Spielfeld zu verlassen. Sein Schluss daraus weist die Schachspieler an, ihre Figuren immer wechselseitig zu decken, sie also ständig miteinander kommunizieren zu lassen. Ja, man verwendet wirklich diesen speziellen Ausdruck in der modernen Schachstrategie. Im Gegensatz dazu entstehen bei unroutinierten oder fahrigen Schachspielern schlecht miteinander kommunizierende Figuren sehr oft zufällig und ungewollt oder eben durch das überlegene Spiel des versierten Gegenübers.

Was lernen wir daraus für unsere ambitionierten Figurenmanager auf der anderen Seite des Grabens? In gut geführten Unternehmen, unterstützen und ergänzen Mitarbeiter und Führungskräfte einander, um das optimale *Potenzial* eines jeden zur *Entfaltung* zu bringen. Gutes Betriebsklima und vor allem ein genau *definiertes Ziel*, idealerweise auf Basis einer gemeinsamen Vision oder Mission, bilden im Unternehmen *starke strukturelle Ketten* und damit eine optimale Kommunikation und ein effektives, zielorientiertes Handeln. Speziell in der Pionierphase eines Unternehmens entsteht ein solches Klima ganz von alleine, da alle Mitarbeiter und Führungskräfte intuitiv das gemeinsame Ziel fühlen und genügend Energie vorhanden ist, dem Weg zu folgen. Vorausschauende Figurenmanager bewahren diesen Fluss an gemeinsam erzeugter Energie auch in späteren Stadien des Unternehmens durch die permanente Weiterentwicklung der *gemeinsam entwickelten Visionen*.

Doch zurück zum Schach. Gute Technik drückt sich auch in der *Auswahl der Figurenstandorte* aus, die den Figuren hohe Energie, Bewegungsfreiheit und ein möglichst sorgenfreies Leben garantieren.

Entwickeln sie daher Figuren nie auf Felder, von denen sie der Gegner unter Zeitgewinn wieder vertreiben kann. Dieser Ratschlag gilt für Figurenmanager beider Welten, da die eben gehörte Erkenntnis wohl auch für die Entwicklung von Mitarbeitern in Unternehmen einen hohen Wahrheitsgehalt hat. Doch technische Finesse hat auch andere Gesichter. Unter gute Technik fällt nämlich auch das Verständnis und die praktische Umsetzung aller noch folgenden Strategeme, die wir in der Eröffnung, dem Mittel- und Endspiel im Detail kennenlernen werden. Als kleinen Appetithappen möchte ich Ihnen allerdings schon jetzt einige grundsätzliche Motive vorstellen.

Die Fesselung

Die *Fesselung* ist eine der häufigste Elemente des Schachspiels. Ihr Gebrauch beruht auf der Möglichkeit, eine gegnerische Figur *teilweise oder völlig lahm* zu legen. Gefesselte Figuren sind in ihrer Aktivität eingeschränkt und drohen, im richtigen Augenblick geschlagen zu werden. Unser Beispiel demonstriert eine außergewöhnliche Fesselung und zeigt uns ebenfalls, dass wir zwischen *relativen und absoluten Fesselungen* unterscheiden müssen. Wir sehen eine gegen ihren König gefesselte Dame, sie kann nicht ziehen, da sonst ihr König im Schach steht. Weiß dachte wohl mit seinem nächsten Zug daran, wiederum den fesselnden Turm zu fesseln, und spielte **Td8.** „Was jetzt, Schwarz? Dein Turm droht zwar, kann aber nicht schlagen, weil sonst Dein König durch den weißen Turmzug im Schach steht.“ Schwarz antwortet nicht mir, sondern seinem Widersacher mit **Dh4+** und empfängt die Gratulation des Weißen. Warum? Durch seinen letzten Zug greift Schwarz die Dame an, die jedoch nicht ziehen kann und somit dem Schwarzen in die Hände fällt. Den Rest wollte Weiß sich nicht mehr zeigen lassen.

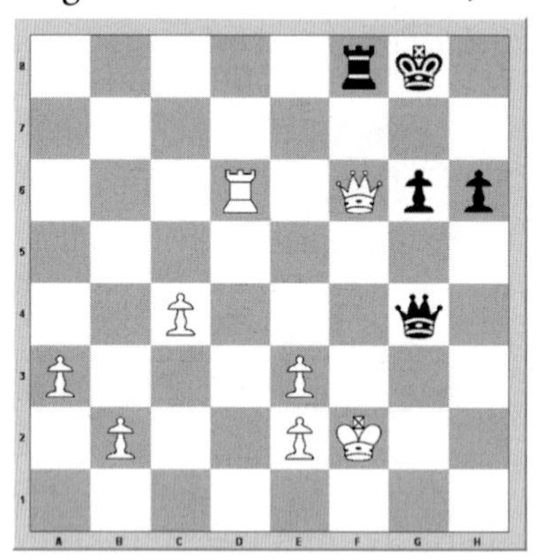

„Etwas kompliziert diese Fesselung mit Gegenfesselung und schließlich entscheidender Fesselung, aber sehr lehrreich, was absolute (gegen den König) und relative (gegen jede andere Figur) Fesselungen betrifft. Ein wahrhaft fesselndes Schauspiel."

Ein schönes Wortspiel, Chesster. Worin liegt aber nun der Nutzen des Fesselungsmotivs für Führungskräfte eines Unternehmens? Fragen wir uns zuerst einmal, ob es so etwas wie absolute und relative Fesselungen im Berufsalltag überhaupt gibt. Ich denke, dass sich jeder Unternehmer oder Manager in seiner Funktion schon einmal mit absoluten oder relativen Fesselungen konfrontiert gesehen hat, wenn ihm das auch zu diesem Zeitpunkt noch nicht bewusst war. Beginnen wir mit einfachen Beispielen, die das Wesen der relativen Fesselung auf das Wirtschaftsleben übertragen. Das Studium der täglich erscheinenden Printmedien hilft uns hier weiter. Wir lesen über *Lkw-Fahrverbote*, die Unternehmen in ihrem Bestreben nach freiem Warenverkehr einschränken, oder über die politischen Diskussionen über *Ladenschlusszeiten*, die den Einzelhandel in ihrem Streben nach neuen Umsatzpotenzialen behindern und teilweise sogar lahm legen. Und überhaupt, welcher Unternehmer hat noch keine Bekanntschaft mit der *Gewerkschaft* gemacht, die ihre eigene Art von Fesselung darstellt.

Im wirtschaftlichen Mikrokosmos finden wir wechselseitige *Verträge* unter Gesellschaftern, mit *Lieferanten* oder sogar *Aktionären*, die den Unternehmer oder Manager an gewisse Regeln binden und somit relativ fesseln. Auf etwas höherer Ebene finden wir *Zollbestimmungen*, die unsere Produkte teurer machen. Doch auch absolute Fesselungen sind uns nicht unbekannt. Das beginnt mit den gesetzlichen *Vorschriften zur Bilanzierung* für Unternehmen bis hin zu *Kartell-* und *Antitrust-*Gesetzen, die eine, für den Konsumenten nachteilige, Machtkonzentration verhindern.

Wie im Schach ist es jedoch auch hier wichtig, das Wesen einer jeden Fesselung zu erkennen und dementsprechend richtig darauf zu reagieren. Manchmal erscheint eine Fesselung auf den ersten Blick als absolut, die sich bei einer genaueren Untersuchung aller rechtlichen Möglichkeiten aber plötzlich nur als eine relative herausstellt.

Jedenfalls ist unserem Figurenmanager das Fesselungsmotiv durchaus bekannt, wenngleich in den seltensten Fällen herzlich willkommen. So wie die Fesselung, stellt auch unser nächstes Motiv einen Kunstgriff dar, der in der Spielpraxis beider Welten sehr oft vorkommt.

Die Verleitung (Lenkung)

Die Verleitung (Lenkung) ist ein Begriff, mit dem auch Nichtschachspieler in den meisten Fällen etwas anzufangen wissen. Vereinfacht definiert, bedeutet die *Verleitung* (*Lenkung*) nichts anderes, als einen Gegner, meistens durch einen ausgelegten Köder, dazu zu verleiten, seinen *Stein ungünstig* zu postieren. Ich habe bewusst zwei Begriffe für dieses Motiv gewählt, um zu unterscheiden, ob ein Gegner nun tatsächlich in die ungünstige Position forciert gezwungen wird

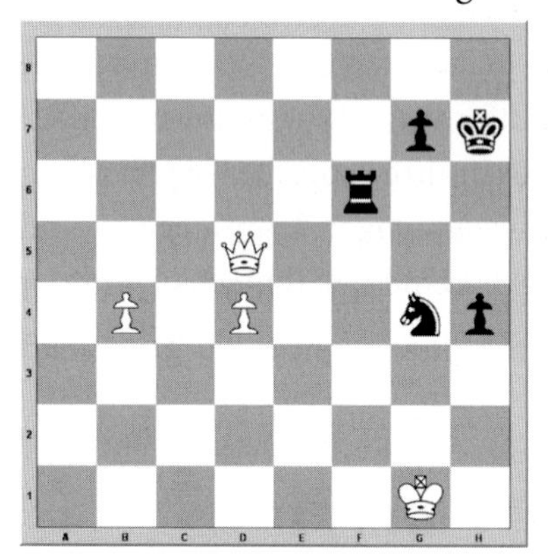

(Lenkung), oder ob er nur einer von uns erzeugten Verlockung (Verleitung) nachgibt. In diesem Fall könnte er sich ja trotz unseres Angebots der Gefahr bewusst werden und einen anderen Zug ins Auge fassen. Jedenfalls besitzen beide Motive die gleiche Grundidee und werden daher auch gemeinsam behandelt. Sehen wir uns ein Beispiel aus der Spielpraxis zweier routinierter Großmeister an und entscheiden dann gemeinsam, welchen der beiden Begriffe wir für unsere Überlegungen heranziehen. Weiß hat einen nicht unerheblichen materiellen und auch positionellen Vorteil erreicht, der jedoch von der nächsten schwarzen Zugfolge ins Gegenteil verkehrt wird. Schwarz spielt also **Tf1+** und zwingt so den König, den Turm zu nehmen, **Kxf1**. Was hat Schwarz mit diesem Opfer erreicht? Die Antwort: Der König steht aus einem konkreten Grund auf f1 schlechter, wie wir nach dem nächsten Zug von Schwarz, **Se3+**, sofort erkennen. Familienschach! Der Springer bietet nicht nur dem König schach sondern greift auch zugleich die wehrlose Dame an, die im nächsten Zug das Brett verlassen wird und somit Schwarz zu einem leichten Sieg verhilft.

„Dieses Motiv ist einfacher zu verstehen als die Fesselung. Man lockt oder zwingt einfach eine Figur auf das „richtige" Feld, um dann seinen Plan umzusetzen."

Ja, Chesster, nur kommt eine solche Lenkung normalerweise nicht einfach so aufs Brett, sondern wird durch andere Motive oder Taktiken vorbereitet. Natürlich ist es in der Lenkungsstellung selbst dann einfach, den entscheidenden Zug zu finden. Genauso ist es auch bei Taktiken, die in der unternehmerischen Praxis Einzug gefunden haben. Die Ausführung solcher Praktiken an sich ist nicht so schwer, doch alle Figuren *zeitlich und räumlich* in die *richtige Position* dafür zu bringen, bedarf schon eines gewieften Taktikers. Grundsätzlich ist es die Aufgabe eines Managers, seine Leute zur Realisierung geplanter Aktivitäten zu bewegen.
Wenn dies auf Basis von Weisungen geschieht, gibt es wohl kaum Freiraum für Widerspruch. Das moderne Management erhebt jedoch den Anspruch, Menschen auf Basis einer gemeinsamen Idee führen zu wollen, um so ihr Potenzial besser zu nutzen. Mehr Kompetenz und Mitspracherecht führen natürlich auch zu einer Vielfalt von Meinungen und Anschauungen, die nicht immer so einfach zu bündeln sind. Und genau hier kommt die Lenkung oder Verleitung ins Spiel. Heutzutage müssen Manager eben diese Fähigkeiten besitzen oder entwickeln, um trotz der Vielfalt an Meinungen und Wünschen der ihnen anvertrauten Menschen alle am gemeinsamen Visions-Highway zu behalten.

„Ist das, was Du beschreibst nicht leichter mit Begeisterungsfähigkeit oder Überzeugungskraft zu übersetzen? Manager müssen einfach begeistern und überzeugen können."

Du hast natürlich recht, mein lieber Chesster, Deine Begriffe sind auch positiver besetzt als die ureigenen Schachtermini Lenkung und Verleitung, haben aber denselben Stamm. Im Schach wäre eine Bezeichnung wie *„Überzeugungskraft"* wohl etwas zu prosaisch und würde dadurch die armen Spieler verwirren. Etwas violenter als bei der Lenkung (Verleitung) geht es in unserem nächsten Motiv zu.

Die Räumung

Im Verlauf einer Partie kommt es nicht selten vor, dass ein Spieler für die Ausführung einer bestimmten Operation eine offene Linie (senkrechte, waagrechte oder diagonale) benötigt. Diese kann jedoch sowohl von gegnerischen als auch von eigenen Figuren besetzt sein. In solchen Fällen hilft uns ein taktisches Motiv, das die hinderlichen Steine von der entsprechenden Linie räumt. In unserem Beispiel sehen wir eine Situation, in der diese Taktik dem verteidigenden Spieler hilft, sich in ein Unentschieden zu retten. Oft wird in der Darstellung taktischer Elemente nicht deutlich genug hervorgehoben, dass diese Motive nicht nur dem Angreifer dienen, sondern ebenso gut im *Dienste der Verteidigung* stehen können. Wir sehen vor uns also eine Stellung, in der Weiß zwar das Läuferpaar und Materialvorteil besitzt, sich aber wegen der Passivität seiner Figuren in akuter Verlustgefahr befindet.

Sein nächster Zug nutzt die Räumung der weißen Diagonale für seinen Läufer und rettet dem Weißen das Remis. Er spielt **Lxe4!** und legt damit

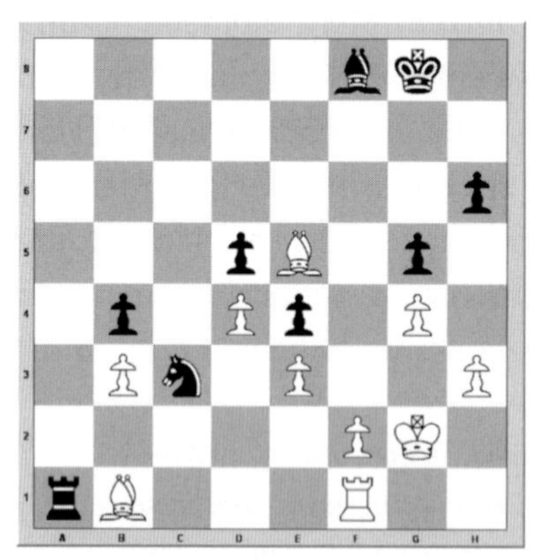

auch die Turmlinie frei. Der schwarze Turm ist nun, um einen Verlust zu vermeiden, gezwungen, den weißen Turm zu schlagen, **Txf1**. Doch anstatt den Turm mit dem König zurückzunehmen, spielt Weiß den überraschenden Zug **Lf5!!**. Was bezweckt er damit wohl? Schwarz hat jetzt die unangenehme Aufgabe, seinen Turm aus dem Schlagfeld des Königs zu ziehen, zum Beispiel durch **Ta1**. Doch jetzt tritt die Idee des Weißen zutage, der auf den Feldern **e6** und **f5** den schwarzen König mit permanenten und unausweichlichen Schachs zum Unentschieden zwingt. Ein nettes Beispiel im Sinne der Verteidigung, die zugleich eine Räumung einer wichtigen Zugstraße demonstriert.

„Ich verstehe, dieses taktische Motiv räumt alles aus dem Weg, was die Umsetzung einer konkreten Idee stören oder sogar verhindern kann. Sehr martialisch, aber effektiv!"

Ja, Chesster, der Alltag eines Managers ist in der Regel nicht so extrem, obwohl er manchmal auch harte Entscheidungen treffen muss. Jedenfalls ist die Basis einer jeden Räumung immer ein sehr *konkreter Plan* oder ein *klar definiertes Ziel*, das um jeden Preis erreicht werden muss und das keine Rücksicht auf eigene oder fremde Hindernisse nehmen darf. In gewisser Weise ist die Räumung eine *Fortsetzung der Lenkung mit anderen Mitteln*, um den Militärstrategen Carl von Clausewitz etwas freier zu zitieren.

„Ah, ich verstehe. Du meinst seine Erkenntnis, dass der Krieg die Fortsetzung der Politik mit anderen Mitteln sei."

Gut recherchiert, Chesster. Die Räumung wird notwendig, wenn sie schneller als andere Taktiken zum Ziel führt oder eine Lenkung nicht sehr aussichtsreich erscheint. Manchmal genügt es sogar, die *Räumung nur anzudrohen*, um den Gegner zu einer für ihn unvorteilhaften Reaktion zu bewegen. Das führt uns zu einer der ältesten schachlichen Weisheiten, und ist im Übrigen auch den meisten Menschen bekannt, wenn auch aus anderen Zusammenhängen. Ich spreche von der simplen Erkenntnis: *Die Drohung ist immer stärker als die Ausführung.* Drohungen im schachlichen Sinn sind figurliche Anordnungen, die, einer generellen Aktivierung der Stellung folgend, gewisse taktische oder strategische Optionen implizieren, ohne sie unbedingt zur Ausführung zu bringen.

„Der Stil GM Judit Polgars, der einzigen Frau, die bisher in die Phalanx der

Männerdomäne eindringen konnte, wurde so beschrieben: Zuerst bedroht sie eine Figur, die Du noch decken kannst, dann die nächste, so lange, bis sie zwei zugleich bedroht, und Du eine davon zwangsläufig verlierst."

Ja, Judit wurde schon oft so charakterisiert. Jeder, der sie schon einmal in Aktion erlebt hat, wird das bestätigen. Allgemein kann man daraus folgern, dass die bloße „Androhung“ einer Operation manchmal dazu führt, den Mitbewerb in Angst und Schrecken zu versetzen, und so seine *Ressourcen bindet* oder ihn in seiner *Aktionsfreiheit einschränkt.* Ich hoffe, Ihnen mit den drei Motiven Fesselung, Lenkung und Räumung schon einen ersten Vorgeschmack auf die konkreten Elemente der Strategie und Taktik in den diversen Phasen einer Schachpartie gegeben zu haben. Dieser „Teaser“ zeigt auf einfache Weise, welche Ideen hinter den einzelnen Zugfolgen eines versierten Schachspielers stehen können.

„Ich finde, dass es jetzt schon richtig zur Sache gegangen ist! Wenn ***SDM*** *weiter so interessant bleibt, dann erwarten uns ja noch einige spannende Momente miteinander. “*

Das hoffe ich doch, Chesster! Wir beenden jetzt unsere Betrachtungen zur Strategie und Taktik im Allgemeinen Kontext und schreiten weiter zügig voran. Vor uns liegt eine große Herausforderung, es ist die *praktische Umsetzung* der allgemeinen Grundsätze in konkrete Stellungen der Eröffnung, des Mittel- und Endspiels. Vieles, was wir in den nächsten Kapiteln sehen werden, ist direkt mit den grundsätzlichen Erkenntnissen der letzten Seiten verbunden. Mit Ihrem Rucksack voller *strategischer und taktischer Werkzeuge* sind Sie jetzt bereit für den Kampf. Nun liegt es ganz an Ihnen, was Sie daraus machen!

4. DIE ERÖFFNUNG, ES BEGINNT

Grundsätzliches

„Hunde, wollt Ihr ewig leben." (Johannes Mario Simmel)

Als Eröffnung bezeichnet man je nach gewählter Eröffnungsvariante die ersten *10-15 Züge* einer Partie. Sie legt die initialen Strukturen fest und ermöglicht eine erste Befreiung der *schlummernden Ressourcen*, also in unserem Fall der Figuren und Bauern. Sie ist, analog der wirtschaftlichen Wertschöpfungskette, die „Herstellung" oder „Produktion" der Stellung. Sie ist der Ausgangspunkt eines jeden schöpferischen schachlichen Prozesses. Vieles, was wir uns in den letzten Kapiteln gemeinsam erarbeitet haben, steht und fällt mit der praktischen Umsetzung des Erlernten. Nun sitzen wir uns endlich gegenüber und wollen gemeinsam eine Partie Schach beginnen.

Vor uns befindet sich ein Abbild eines Schachbretts mit allen Figuren in deren Ausgangspositionen. Das Potenzial der Ressourcen ist zwar schon vorhanden, doch noch sind alle Figuren *inflexibel und statisch* angeordnet. Die Spannung steigt jedenfalls. Es wird Zeit, den ersten Zug auszuführen. Die freudige Erregung eines Entdeckers, eines Pioniers, macht sich in uns breit. Viele Fragen gehen uns durch den Kopf. Wie wird der Gegner auf unsere spezifische Eröffnungswahl reagieren? Wird er den von uns erhofften Stellungstyp ganz ohne „Widerspruch" zulassen? Zaudern wir nicht weiter, nehmen wir uns ein Herz, und schicken wir den ersten Stein auf die Reise ohne Wiederkehr.

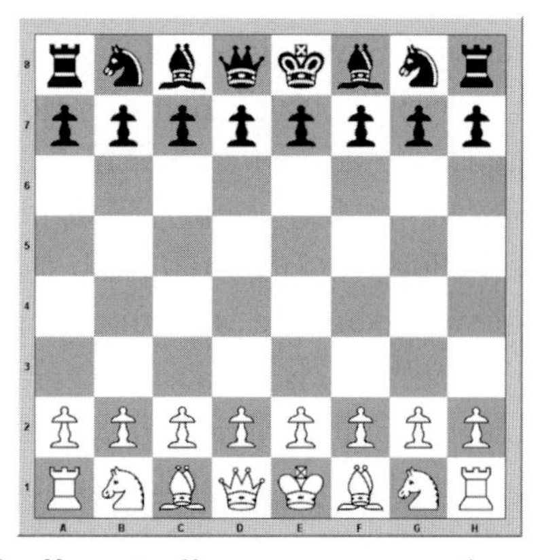

Grundsätzlich verfolgt jeder versierte Schachspieler *drei Hauptziele* in der Eröffnung, die wir uns jetzt gemeinsam ansehen wollen:

1. Die Entwicklung seiner Figuren

Eine erfolgreich gestaltete Partie steht und fällt mit der Positionierung, wir Schachspieler sagen dazu Entwicklung, der eigenen Figuren auf möglichst aktive Felder. Von dort können sie ihre maximale Leistungsfähigkeit entwickeln und uns bei unseren ersten Plänen und Zielen bestens unterstützen.

„... und ein Rückstand in der Entwicklung bedeutet dann wohl, zu wenig Personal für die gewünschten Aufgaben zur Verfügung zu haben.“

Eine gute Analogie, Chesster, die uns das Wesen der Eröffnung im wirtschaftlichen Kontext beschreibt.

2. Die Sicherung seines Königs, gewöhnlich durch die Rochade

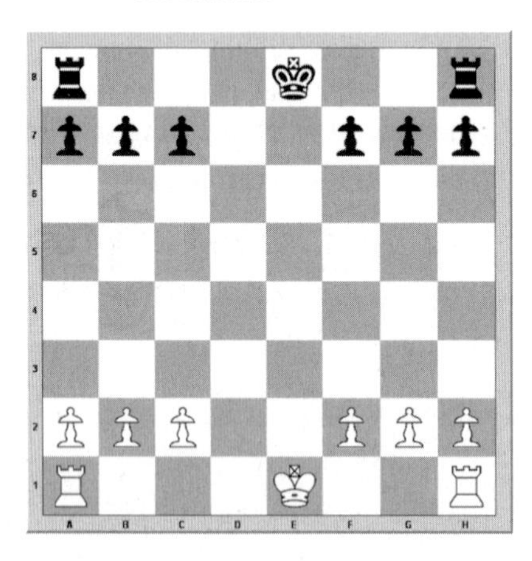

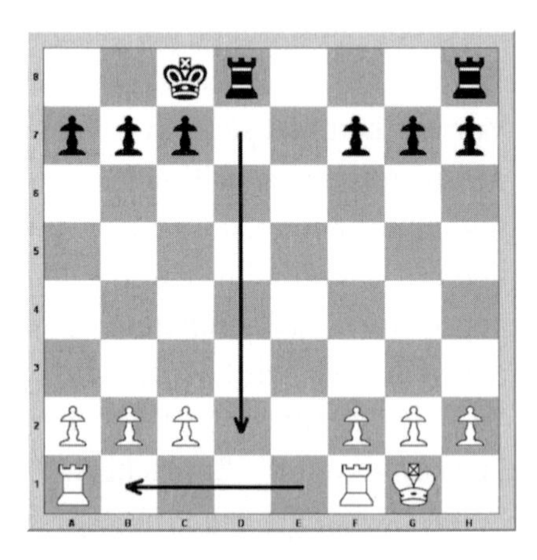

Die Rochade ist ein *spezieller Prozess*, der es dem König zum ersten und einzigen Mal erlaubt, zwei Felder weit zu ziehen und sogar über eine Figur, den Turm, zu springen, der wiederum neben seinem Monarchen Stellung beziehen darf. Wir unterscheiden die *kurze* (weiße Position) und die *lange Rochade* (schwarze Position). Diese Ausnahme der sonst gültigen Regelwelt der Figurenbewegungen dient ausschließlich dazu, den König in die Sicherheit eines Flügels zu bringen.

Ein König, der zu lange in seiner Grundposition verweilt, sich also nicht vom Fleck bewegt, unterbricht die Koordination seiner Figuren, im Speziellen die seiner beiden Türme. Die *Präsenz im Zentrum* ist zudem, in der Phase der Eröffnung zumindest noch, eine potenziell gefährliche Sache, da der König dort leichter zum *Objekt eines direkten Angriffs* werden kann. Also wird er durch die Prozedur der Rochade aus der Gefahrenzone evakuiert und in Sicherheit gebracht. Wie in unseren Diagrammen dargestellt, fördert diese Königsevakuierung aber auch die Aktivierung des involvierten Turmes.

3. Die Erlangung der Kontrolle über das Zentrum

Wie wir schon wissen, ist das Zentrum die wichtige Schnittstelle der eigenen Figurenaktivität. Deshalb dienen die initialen Eröffnungszüge auch dazu, die *Kontrolle über das Zentrum* herzustellen.

„Schon gut, wir haben die Grundregeln der Eröffnung begriffen, Figuren entwickeln, den König in Sicherheit bringen und das Zentrum kontrollieren. Was aber jetzt? Welchen ersten Zug wählen wir, wie antworten wir auf den ersten Zug des Gegners?"

Geduld mit mir zu haben, ist keine Deiner Charaktereigenschaften, Chesster! Viele Fragen und viele Gedanken, die wir zuerst in aller Ruhe ordnen müssen, bevor wir zu spielen beginnen.

Oft bemerke ich bei starken Spielern schon vor oder während der ersten paar Züge eine etwas längere Nachdenkpause, selbst in sehr bekannten und analysierten Eröffnungsstellungen. Warum das? Eine große Gefahr in der Anfangsphase einer Schachpartie ist, „kalt" erwischt zu werden. Das bedeutet im übertragenen Sinn, *unaufgewärmt und noch nicht bei der Sache* Fehlzüge zu machen und schon zu Beginn in eine nachteilige Stellung zu geraten. Deshalb diese intrinsische Aufwärmphase.
Kleine gedankliche Experimente oder das Durchspielen spezieller Varianten der vorliegenden Eröffnung bringen den schachlichen Geist auf die gewünschte Betriebstemperatur. Diese praktikable Form der Aktivierung ist indes kein exklusives Privileg des Schachspielers.

Solche initialen Rituale findet man auch bei der Umsetzung neuer unternehmerischer Projekte, wo diese geistige Aufwärmphase durch *Brainstormings* oder *Aktivierungsspiele* geschieht. Sie sind meistens der Beginn eines daraus folgenden strukturierten Planungsprozesses. Wie eben auch im Schach. Wir sind jetzt genügend aktiviert und untersuchen das Wesen der Eröffnung. Die Eröffnung ist im unternehmerischen Alltag zu vergleichen mit dem initialen Einsatz „theoretisch" bekannter Instrumente, wie *Marktforschung, Unternehmensstrukturierung* oder dem *Corporate Design*. Der Figurenmanager nutzt sie und ihre wissenschaftlich fundierten Fähigkeiten zur initialen Positionierung des Unternehmens. Keine glamouröse Inspiration, sondern vielmehr notwendige Transpiration.

Analog zur zügigen Umsetzung der grundsätzlichen Unternehmensbasis werden im Schach die Züge zu Beginn in den meisten Fällen schnell durchgeführt und bieten *wenig Raum für Überraschungen*, da Eröffnungsvarianten relativ weit ausanalysiert sind. Zu den diversen Eröffnungsmethoden gibt es in der Schachliteratur die größte Menge an Material, mehr als zu jeder anderen Phase der Partie! Die Entropie nimmt zu. Dieser Grundsatz trifft auch auf eine Partie Schach zu. Die *Grundstellung* scheint geordnet und übersichtlich. Je zwei Grundreihen, in denen Figuren und Bauern in symmetrischer Aufstellung gegenüberstehen. Doch bald schon, nach den ersten Zügen, gewinnt die Unordnung die Überhand. Trotzdem erkennt der geübte Schachspieler in der scheinbaren Unordnung klare Strukturen und leitet daraus erste Strategien ab. Einige davon habe ich für Sie aufbereitet und die dahinterliegenden Ideen und Pläne auch für Ungeübte sichtbar gemacht.

Die jetzt folgenden speziell ausgewählten Eröffnungsvarianten sind ausschließlich *Verteidigungsvarianten des Schwarzspielers*. Warum dies, werden Sie fragen? Weil die Sicht des Verteidigers in der Eröffnung den grundsätzlichen Konflikt im Schach besser zeigt.

Weiß eröffnet zwar, doch Schwarz besitzt in diesem Moment einen Vorsprung an Information, den er sich zunutze macht, um seine Strategie festzulegen. Wenn wir Schach als Handlungsspiel auf Basis von Informationen sehen wollen, hat *Schwarz* überhaupt immer einen *gewissen Informationsvorsprung*, eben den vorangegangenen weißen Zug.
In der Wirtschaft kann daher die aktuelle Situation eines Unternehmens fast ausschließlich mit der Position des Schwarzspielers verglichen werden, da es kaum Unternehmen gibt, die in einem selbst geschaffenen Wirtschaftszweig ohne Gegnerschaft frei agieren können. Sie sind in den meisten Fällen dazu angehalten, die *vorhandenen Informationen*, die gespielten Züge des vorhandenen Mitbewerbs also, für ihre eigene Positionierung zu bewerten. Obwohl wir bei der Eröffnungswahl des Schwarzen fast ausschließlich von Verteidigung sprechen, zeigt die moderne Schachstrategie, wie wir festgestellt haben, immer weniger die reine Dialektik zwischen *Angriff* (Weiß) und *Verteidigung* (Schwarz). Vielmehr wird es immer unklarer, welche konkreten Vorteile Weiß durch die Möglichkeit des ersten Zugs überhaupt besitzt.

„Lassen wir einmal die Statistiker zu Wort kommen. Derzeit zeigt das weltweit erhobene Percentage noch eine Gewinnerwartung von knapp 55 % für Weiß und dementsprechend 45 % für die Führer der schwarzen Steine.“

Mich veranlasst dieser Umstand eher zu der Vermutung, dass der Gewinnüberschuss des Weißen auch zu einem gewissen Teil dem Mythos der „Self-fulfilling Prophecy“ zuzuordnen ist. Weiß gewinnt mehr Partien, also gewinne ich als Teil der Statistik mit Weiß auch mehr Partien.
Wer weiß, was passierte, wenn wir Spieler diese *jahrhundertealte Konditionierung* des *weißen Eröffnungsvorteils* endlich ganz und gar ablegen könnten? Die objektivierte Antwort auf diese Frage brächte sicher eine weitere *gewaltige Revolution* im Schachsport mit sich.

Typische Eröffnungsstrukturen

„Nichts ist stärker, als eine Idee, deren Zeit gekommen ist! (Unbekannt)

Nach diesen allgemeinen Erkenntnissen über die Eröffnung kommen wir zum Kern der Sache. Die folgende Auswahl stellt einen repräsentativen, doch keineswegs kompletten Auszug aller Schacheröffnungen dar. Die hier beschriebenen Varianten zeichnen sich jedoch allesamt durch eine *aufschlussreiche Strategie* aus, die uns mit den grundsätzlichen Problematiken im Schach konfrontiert und Brücken zu wirtschaftlichen Theoremen schlägt.

„Haben Schachspieler eigentlich spezielle Vorlieben bei Eröffnungen, und kann man daraus auch andere charakterliche Eigenschaften ableiten?“

Ja, Chesster. Eröffnungen beschreiben auch die *individuelle bzw. kollektive Psyche*, die bei den jeweiligen Anhängern dieser Spielanlagen, also Spielern bzw. Unternehmen, zu finden sind. Deshalb habe ich mich auch entschlossen, die nun folgenden Eröffnungen mit speziellen Typen von Unternehmen und ihren Ansätzen im Wirtschaftsleben zu vergleichen.

Der Igel: Dynamisches Potenzial in Aktion

Eine der interessantesten Konzeptionen im Schach wurde lange Zeit als minderwertig angesehen und verdankt seine Akzeptanz der modernen Schachstrategie der letzten Jahre. Die Veränderung der Bewertung von *Raum* und dem *dynamischen Potenzial* einer Stellung führte zur Suche nach neuen Eröffnungsmodellen, die dieser Philosophie Rechnung trugen. Der *Igel* war (wieder-)geboren.

Der „schachliche“ Igel kann ein stacheliges Gegenüber sein, wenn man sein Potenzial unterschätzt und unvorsichtig ist. Gegner des Igels neigen dazu in hohem Maße, da die Kraft und die *tiefe strategische Konzeption* hinter den unscheinbaren Eröffnungszügen nicht auf den ersten Blick ersichtlich ist und leicht zu einer Geringschätzung der dynamischen Möglichkeiten führt. Die Konzeption des Igels ist indes einfach erklärt. Er akzeptiert einen *eingeschränkten Bewegungsraum*, also Raumnachteil, und entwickelt seine Figuren flexibel nur auf drei Reihen. Überhaupt finden wir im modernen Schach eine wachsende Akzeptanz von Schacheröffnungen, die bewusst einen Raumnachteil in Kauf nehmen, dafür aber eine *größtmögliche Flexibilität* bieten, was die Auswahl und Umsetzung zukünftiger Pläne anlangt.

Nun aber zur Praxis. Vor uns sehen wir eine typische Igelstellung des Schwarzspielers. Was zeichnet diesen Stellungstyp nun aus? Obwohl offensichtlich weniger Raum als in der weißen Stellung vorhanden ist, baut sich hinter der *flexiblen Bauernfront* ein *dynamisches Figurenpotenzial* auf, das bei fehlerhaftem weißen Spiel sehr schnell zum Untergang führen kann. Nehmen wir eine der vielen möglichen Igelstellungen als Vorbild, um die typischen Eigenschaften unter die Lupe zu nehmen. Zentrale Idee hinter dieser Eröffnungskonzeption ist die harmonische Entwicklung aller Figuren, ohne von weißen Attacken gestört zu werden. Trotz massiven Raumnachteils findet jede schwarze Figur ein *potenziell aktives Feld*. Der wichtigste psychologische Asset des Igels ist die Langfristigkeit seiner Pläne. Er hat durch seine Struktur die Möglichkeit, seine Stellung zu ändern, ohne sie essentiell zu verändern.

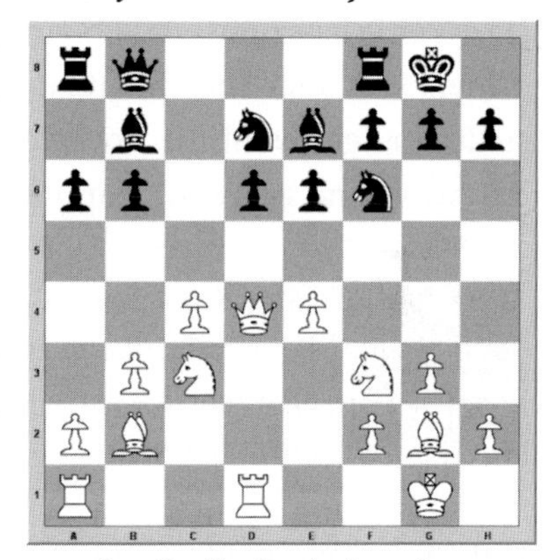

„Du meinst also damit, dass der Spieler, der den Igel als Eröffnung wählt, in der Lage ist, über lange Zeit zu lavieren, ohne seine Karten auf den Tisch zu legen.“

Völlig richtig erkannt, mein lieber Chesster. Der schachliche Igel vermeidet den Tausch von Figuren im frühen Stadium seiner Strategie, da jede Figur in harmonischem Einklang mit ihren Kollegen agiert.

Umgekehrt gewinnt der weiße Gegner an Boden, wenn es ihm gelingt, gegnerische Figuren zu tauschen. Ein weiterer Faktor des schwarzen Spiels ist die Vorbereitung öffnender Bauernzüge, die das weiße *Zentrum sprengen* sollen und den dann ideal platzierten schwarzen Figuren ein großes Betätigungsfeld bieten können. Wohlgemerkt geschieht das alles hinter einer „undurchsichtigen“ Bauernphalanx, die trotz ihrer scheinbar passiven Ordnung in keiner Phase der Eröffnung eine Schwäche darstellt. Das alles reizt natürlich Weiß dazu, aktive Pläne zu verfolgen und einen Angriff zu lancieren. Doch darauf hat der Igel nur gewartet. Sein Element ist die gut vorbereitete Konterattacke, die schon vielen Weißspielern drastisch zur Kenntnis gebracht wurde. Nach der forcierten Öffnung des Spiels ist er in seinem Element, und alle Figuren strömen in die gegnerische Stellung.
Der Weiße ist grundsätzlich gut beraten, die Stellung nicht zu schnell zu öffnen, sich aber auch nicht zu viel Zeit zu lassen. Im strategischen Sinn stellt der Igel wohl die komplexeste Konzeption im modernen Schach dar, was seine steigende Popularität in der Weltspitze erklärt.

„Sehr interessant. Der Igel baut permanent dynamisches Potenzial auf, um es dann konzentriert an der gegnerischen Stellung auszulassen. Was bedeutet das für Unternehmen mit ähnlicher Ausrichtung?“

Unternehmen, die das Prinzip des Igels umsetzen, sind sehr innovative Unternehmen, die ständig nach *neuen Produkten und Dienstleistungen* suchen und forschen, um hinter ihrer Marke ein Reservoir an dynamischem Potenzial „aufzustauen“. „Igel“ werden meistens von charismatischen Menschen mit klaren Visionen geleitet, die in der Lage sind, Menschen für ihre Ideen zu begeistern und zu motivieren. Generell findet sich in solchen Unternehmen eine sehr hohe soziale und emotionale Intelligenz, die sich in einer großen Loyalität der Mitarbeiter zum Unternehmen ausdrückt. Halbherzigen Angriffen des Mitbewerbs begegnen Igel mit fundierten Gegenangriffen, die nicht selten den ungestümen Angreifer in eine passive Position zwingen.

„Du scheinst ja recht vom Igel angetan zu sein. Hat der Igel auch Nachteile oder Schwächen?“

Die Stärke eines solchen Unternehmens ist zugleich auch seine Schwachstelle, nämlich die Struktur der Mitarbeiter, die bei Reduzierung des „charismatischen“ Potenzials zur Schwäche und Anfälligkeit zur Abwerbung neigt. Wenn das Momentum, der Zauber des Unternehmens, schwindet, treten die *strukturellen Schwächen* solcher Unternehmen, wie z. B. mangelnde Ausbildung der Mitarbeiter, in den Vordergrund und können zum leichten Angriffsziel des Mitbewerbs werden.

Sizilianisch: Der Fehdehandschuh

Eine grundlegend unterschiedliche Strategie finden wir in der *sizilianischen Verteidigung*, einer der am häufigsten gespielten schwarzen Eröffnungen im gegenwärtigen Schach.

„Kannst Du mir erklären, warum heutzutage gerade Sizilianisch so populär ist?“

Lieber Chesster! Jede Zeit hat ihre Mode, ihren Trend. Sizilianisch verkörpert den Zeitgeist der modernen Betrachtungsweise von Schacheröffnungen, die nicht mehr ursächlich zwischen Angriff, also Weiß, und Verteidigung, also Schwarz, polarisiert. Sizilianisch ist vom ersten Zug an darauf angelegt, die *Initiative zu übernehmen* bzw. den weißen Angriff durch einen unverzüglichen *Gegenangriff* zu stoppen. Anders als beim Igel, bei dem das dynamische Potenzial von außen nicht gleich zu erkennen ist, steht in der sizilianischen Verteidigung die unverzügliche Erringung der Initiative im Vordergrund.

Nicht selten entstehen dadurch, bedingt durch heterogene Rochaden, spannende Wettrennen auf den jeweils gegnerischen Monarchen.

„Stop Alex! Deine Leser kennen sich in der Schachterminologie noch nicht so gut aus. Du musst ihnen jetzt erklären, was heterogene Rochaden (HR) sind. HR sind Rochaden auf unterschiedlichen Flügeln, also z. B. Weiß rochiert auf den Damenflügel und Schwarz auf den Königsflügel."

Ich danke Dir für den Hinweis und werde ein Diagramm zur Erklärung folgen lassen. Jedenfalls ist Sizilianisch eine „heiße" Eröffnung. Der

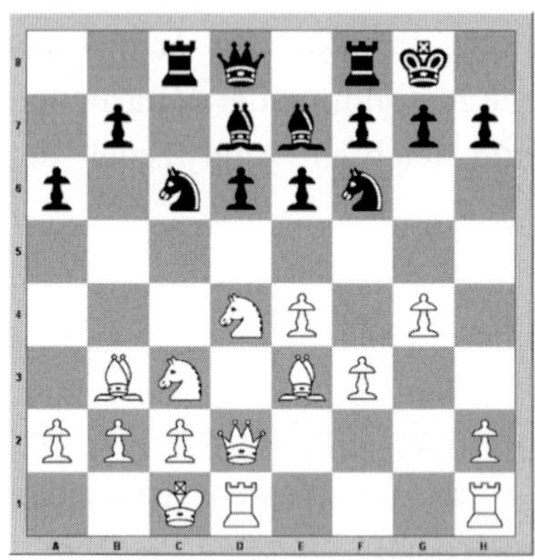

Großmeister Alex Yermolinsky wählte für sein ausführliches Werk über die sizilianische Verteidigung nicht umsonst die reißerische Überschrift „*On the War-path*", in dem er grundlegende Prinzipien und Muster dieser Eröffnung darlegt. Das Wesen der sizilianischen Verteidigung ist, selbst ohne die genaue Zugfolge zu dokumentieren, schnell beschrieben. Die weißen Figuren besitzen in der Regel mehr Raumvorteil, während die schwarzen Figuren zwar beengt, jedoch potenziell gefährlich positioniert werden. Weiß hat durch seinen Raumvorteil die Möglichkeit, auf allen Flügeln anzugreifen, während Schwarz in der Regel nur im Zentrum oder am Damenflügel spielt. Schwarz macht in der Eröffnung sehr viele unscheinbare Bauernzüge, während Weiß in der Lage ist, alle Figuren auf ideale Felder zu entwickeln.

Dies scheint auf den ersten Blick eine klar vorteilhafte Sache für den Weißen zu sein, der alle Freiheiten seiner Stellung genießen kann, zumindest in der initialen Eröffnungsphase. Die zuvor erwähnten heterogenen Rochaden tragen dann den Rest dazu bei, eine explosive Stimmung am Brett entstehen zu lassen. Die schwarzen „sizilianischen" Figuren müssen in der Regel eine sehr stabile „Psyche" besitzen, um den Aufmarsch des Weißen gänzlich unbeeindruckt zur Kenntnis nehmen zu können. Sie sind jedenfalls *flexibel und dynamisch zugleich*, um jederzeit für den geplanten Gegenangriff bereit zu sein.

„Sizilianische" Unternehmen findet man sehr stark in Venture-finanzierten Wachstumsunternehmen, die der hohen Gewinnerwartung der Investoren gerecht werden müssen. Sie sind sehr dynamisch und entwickeln sich sehr rasant. Die grundsätzliche Aufstellung am Markt erfolgt in einer sehr aggressiven Weise, die keinen Zweifel am direkt ausgesprochenen Ziel lässt. In solchen Unternehmen zählt nur der Sieg, und zwar so schnell wie möglich.

Den Angriffen des etablierten Mitbewerbs entgegnet der Sizilianer mit einem offenen Krieg, in dem *Ressourcen*, materiell wie immateriell, nur eine *untergeordnete Rolle* spielen. Menschen dienen dem Zweck, wenn nicht, werden sie geopfert oder getauscht, um das Momentum des Gegenangriffs zu erhalten. Dementsprechend ist die Loyalität der Mitarbeiter nicht sehr hoch und basiert zum größten Teil auf dem Image des Siegers und den damit in Aussicht gestellten materiellen Gewinnen. Für Unternehmen im Geiste des Sizilianers gilt genau das Gleiche wie für die Schacheröffnung selbst. Großmeister Kortschnoi hat es einmal so auf den Punkt gebracht: *Sizilianer verlieren kurze Partien, gewinnen aber lange.*

Umgelegt auf das Wesen von sizilianischen Unternehmen bedeutet das nichts anderes, als dass solche Konzeptionen sehr anfällig auf meteorhaften Auf- und kurz darauffolgenden Abstieg sind, wie der Zusammenbruch der „neuen" Wachstumsbörsen weltweit gezeigt hat. Überleben sie jedoch die stürmische Phase, haben sie das strukturelle Zeug dazu, zu einem langfristig erfolgreichen Branchenführer zu werden.

Aljechin: Lockruf zur Überreaktion

Die Aljechin-Verteidigung, benannt nach dem russischen Schachweltmeister Alexander Aljechin, tritt etwas subtiler als der Sizilianer auf. Hier finden wir zum ersten Mal den prinzipiellen Kampf zwischen einem *besetzten und einem kontrollierten Zentrum.* Ein Schachpieler, der schon sofort in der Eröffnung das Zentrum mit Bauern besetzt, nimmt eine große Verantwortung auf sich.

Wenn er das Bauernzentrum intakt halten und angemessen mit Figuren stützen kann, hat er gute Aussichten, in Vorteil zu kommen. Ist dagegen der Schutz des Zentrums durch Figuren zu schwach, wird das Bauernzentrum - wie jede wackelige Konstruktion - mit großer Wahrscheinlichkeit bei der ersten ordentlichen Belastung zusammenbrechen. Die häufigste Ursache eines Zentrumskollapses ist also die *mangelhafte Entwicklung der Figuren*, da die Errichtung eines Bauernzentrums eine Anzahl von Tempi (Zügen) kostet, die für die Figurenentwicklung fehlen.

Die große Frage ist also, ob der Gegner die Möglichkeit hat, den Entwicklungsrückstand rasch auszunutzen. Die Aljechin-Verteidigung basiert auf einer solchen Entwicklungsstrategie. Sie provoziert geradezu ein breites weißes Bauernzentrum, um dann dagegen vorzugehen. Nach dem weißen Eröffnungszug **e4** (Zentrumsbesetzung) antwortet Schwarz mit **Sf6** und reagiert direkt und legt die Karten offen auf den Tisch.

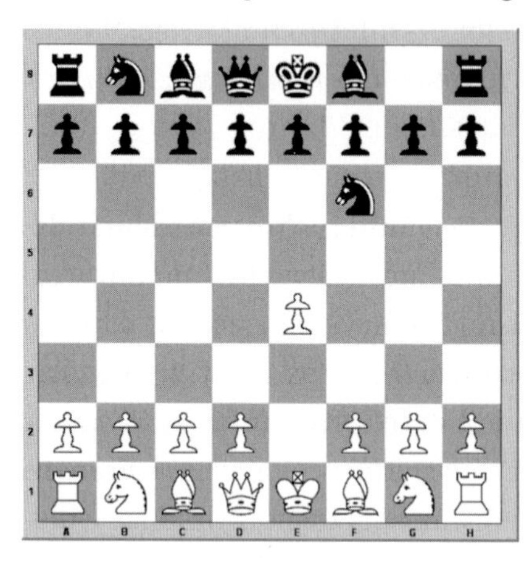

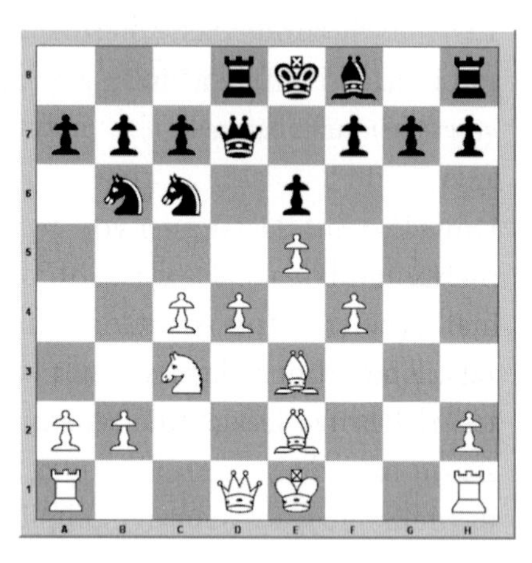

Auf den ersten Blick gibt es keinen Grund, warum Weiß nicht mit der prinzipiellen Antwort, also einem weiteren Bauernvorstoß nach e5, zögern sollte. Er gewinnt sofort Raum im Zentrum und ebenfalls offensichtlich Zeit, da sich der Springer noch einmal bewegen muss. Die Idee von Schwarz basiert jedoch auf der Annahme, dass Weiß zur Stützung des Bauern auf e5 zu weiteren Bauernzügen genötigt wird, was Schwarz genügend Zeit zur bequemen Entwicklung seiner Figuren und damit verbundener *Einflussnahme auf das Zentrum* lässt.

Hier wird der Mitbewerb provoziert, sein Zentrum zu weit auszudehnen und letztendlich zu überdehnen, um im Gegenangriff zu unterliegen. Trotz ihres hypermodernen Rufs arbeitet die Aljechin-Verteidigung jedoch mit klassischen Prinzipien und Methoden der Einflussnahme, oder wie Großmeister Yermolinsky einmal formulierte: Sie provoziert auf subtile Art Schwächen. Unternehmen, die im Geiste dieser Eröffnung positioniert sind, finden sich oft als Underdog in einem von starkem Mitbewerb besetzten Markt. Oft genug entsteht daraus ein Kampf „*David gegen Goliath*", in dem diese Art von Unternehmen aber durchaus seinem historischen Vorbild folgen kann. Ihre Strategie ist zwar grundsätzlich eher präventiv angelegt, sei es durch die Struktur der Finanzierung, die keine großen Sprünge erlaubt, oder durch ein sehr konservatives Management, Aljechin-Unternehmen sind jedoch durch ihre Marktroutine durchaus in der Lage, dem Mitbewerb die eine oder andere taktische Falle zu stellen.
Die Kern- und Machtkompetenzen sind klar definiert und lassen wenig Spielraum für avantgardistische Strömungen. Aljechin-Unternehmen gefallen sich in der Rolle des *unterschätzten Underdogs*, um ihre strategischen Ziele in Ruhe verfolgen zu können.

Französisch: Gesättigte Märkte

Die Französische Verteidigung ist eine der ältesten und solidesten schwarzen Verteidigungen. Wie wir schon in der Betrachtung des Bauern festgestellt haben, nennt man *unbewegliche Bauernpaare*, die sich in dieser Weise diagonal aufgereiht gegenüberstehen, Bauernketten.

Wenn das Zentrum von unbeweglichen Bauern bevölkert wird, spricht man von einem blockierten Zentrum. Dieser feste Halt beider Seiten bedeutet, dass sich das *Partiegeschehen im Wesentlichen auf den Flügeln* abspielen wird. In vielen Fällen legt die Bauernstruktur nahe, dass die Spieler auf entgegengesetzten Flügeln angreifen, was die Stellung sehr spannungsreich machen kann, aber nicht muss. In unseren Diagrammen sehen wir die initialen Bauernzüge, die für die französische Verteidigung typisch sind, und ebenfalls welche Stellung

sich daraus entwickeln kann. Man erkennt auf den ersten Blick die abgegrenzten Einflusssphären, in denen die jeweiligen Figuren relativ unbehindert agieren können. Das Tempo ist anfangs nicht sehr hoch, was beiden Seiten genügend Zeit zur Entwicklung von aktiven Operationen gibt. Grundsätzlich sieht „der Franzose" *langes Manövrieren* in *geschlossenen Stellungen* und ein schwerblütiges Vorbereitungsszenario auf mögliche, das Zentrum aufbrechende Bauernhebel.

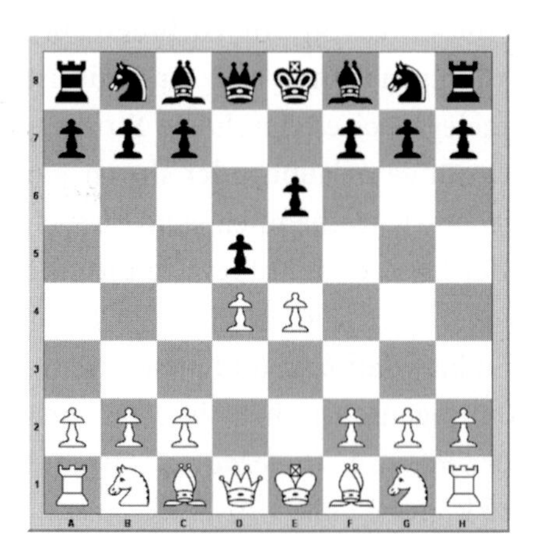

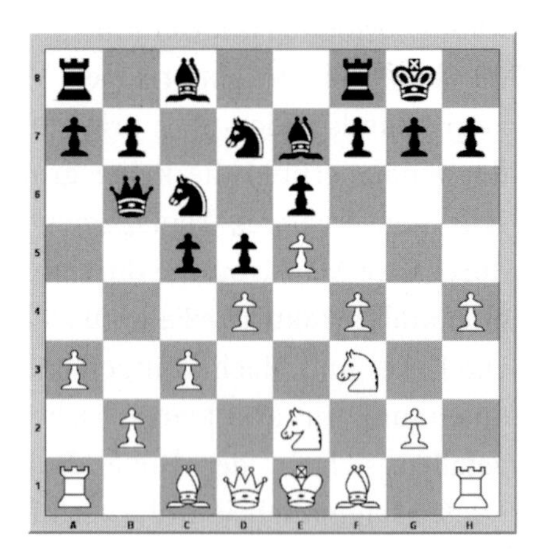

Französische Unternehmen sind in ihren Geschäftsfeldern und Märkten etablierte und respektierte Mitspieler. Sie haben zwar nie ganz die Nase vorn, trotzen jedoch durch ihre *Beharrlichkeit* so manchen Krisen und sind deswegen auch schon meistens durch mehrere Generationen hindurch ein Bestandteil des Establishments.

Das impliziert schon, dass eine große Anzahl solcher Firmen im Familienbesitz stehen. Die Unternehmens- und Mitarbeiterstruktur ist *durchwegs konservativ* angelegt, viele Mitarbeiter sind schon sehr lange in diesen Unternehmen beschäftigt. Einige Wesenszüge lassen jedoch darauf schließen, dass sie trotz ihrer äußerlichen Konstanz und Konservativität einem inneren Wandel unterzogen sind. Gründe dafür können anstehende Generationswechsel oder einfach Umstrukturierungen im obersten Management sein. Jedenfalls suchen Unternehmen im Geiste des „Franzosen" ständig nach neuen innovativen Hebeln, um für stattfindende Paradigmenwechsel im zeitlichen und gesellschaftlichen Umfeld gerüstet zu sein.

Mit der Betrachtung der französischen Verteidigung schließt sich unser erster Rundgang durch die unterschiedlichen Strategien der einzelnen Eröffnungen bzw. der Unternehmen, die sich durch solche Strukturen charakterisieren lassen. Die Schachspieler unter Ihnen werden mir diese Reduktion verzeihen, nur einige auserwählte Eröffnungen zum Zug kommen zu lassen. Ich erwähne daher der Vollständigkeit halber, dass es noch eine *Unzahl anderer Eröffnungen* gibt, die mit ihren Strukturen und Ideen wahrscheinlich durchaus einige Bücher füllen könnten. Jedenfalls zeigt dieser repräsentative Querschnitt schon das ungeheure Potenzial an strategischen und taktischen Werkzeugen, mit denen das heutige Schach arbeitet.

„Na, das war ja spannend! Es ist interessant zu sehen, wie viele unterschiedliche Strukturen diese Eröffnungen hervorbringen, und mit welchen strategischen Mitteln gearbeitet wird. Manchmal ist es die Keule, dann wieder die feine Klinge!“

Es freut mich, dass ein so rationales Kerlchen auch Ansätze von Emotionen zeigt. Es ist in der Tat faszinierend, welche Vielzahl von Eröffnungen und strategischen Konzeptionen das moderne Schach hervorgebracht hat. Früher galt die klassische Entwicklung der Figuren mit *symmetrischen Bauernstellungen* als einziger korrekter Weg, heute ist selbst auf höchstem Niveau schon fast alles erlaubt und sogar spielbar. Die rasante theoretische Weiterentwicklung der Schacheröffnungen produziert inzwischen eine Flut von dementsprechender Literatur und trägt so zu einer noch schnelleren Verbreitung dieser neuen Ideen bei. Analog dazu sehen wir im Markt heutzutage nicht nur verschiedene Branchen, sondern auch eine Vielzahl von *zueinander abgegrenzten Unternehmensstrategien*, die, jede auf ihre Art, einen besonderen Zugang zum Kunden suchen.

Wie wir feststellen konnten, zählt heute einzig der *unmittelbar messbare Erfolg*, losgelöst von jeglichem abstrakten Modell. Was noch vor einigen Jahren als „nicht gesellschaftsfähig“ galt, erfährt gegenwärtig den ihm zustehenden Respekt, wie wir z. B. bei den Ansätzen des *„Guerilla-Marketings“* deutlich erkennen können.

Diese Form des direkten Marketings galt lange Zeit als verpönt und war den kleinen bis kleinsten Unternehmen vorbehalten, die um jeden einzelnen Kunden kämpfen mussten. Doch „Times have changed", wie die Musikformation Supertramp in einem ihrer Songs treffend bemerkt, und das bedeutet im übertragenen Sinn, dass selbst die Größten unter den Großen sich inzwischen nach jedem einzelnen Kunden bücken.

„Ja, inzwischen ist alles erlaubt, was Kunden zu einem Unternehmen führt. Ich denke, dass hier ein großes Potential an noch unerforschten Methoden schlummert!"

Ja, Chesster, da hast Du sicher Recht! Das ist ein interessantes Thema, das hier leider keinen Platz findet. Wir ziehen jetzt aber eine Zwischenbilanz dieses Kapitels und erkennen, dass jede dieser untersuchten Eröffnungen ihre ganz spezielle Art hat, mit dem weißen Eröffnungszug umzugehen. Manchmal ist sie scheinbar passiv, jedoch mit einem *hohen dynamischen Potenzial* versehen, manchmal *aggressiv* und dann wiederum sehr *konservativ*. Ganz nach dem Spieler, der die Fäden hinter seinen Figuren zieht. Jedenfalls haben schwarze Eröffnungskonzeptionen den Spieler der weißen Seite noch nie vor solche schwierigen, grundsätzlichen Probleme gestellt wie gegenwärtig. Und das lässt hoffen!

Jetzt, wo wir die Eröffnung hinter uns gelassen haben, erwartet uns ein Terrain, dass *weniger theoretisches Fundament* bietet. Wir hören auf, zu reproduzieren, und beginnen endlich, kreativ zu produzieren. Um hier erfolgreich bestehen zu können, müssen wir eine neue Fähigkeit in uns entwickeln und reifen lassen. Stürzen wir uns also hinein!

5. DAS MITTELSPIEL, DIE INTUITION ÜBERNIMMT

Grundsätzliches

„Menschen stolpern nicht über Berge, sondern über Maulwurfshügel.“ (Konfuzius)

Im Gegensatz zur Eröffnung, die durch eine große Anzahl von theoretischem Material relativ wenig Raum für eigene Kreativität bietet, eröffnet sich für den Schachspieler im Mittelspiel eine neue faszinierende Welt. *Erforschte,* durchanalysierte Eröffnungsstrukturen lösen sich gänzlich auf und lassen *grundsätzliche Stellungen* entstehen, die eine komplett neue Herausforderung an den Spieler stellen.
Doch zuerst eine Gratulation an Sie, denn sie haben die Eröffnung erfolgreich gemeistert und Ihre Figuren in aktive Positionen gebracht, der erste Schritt ist somit gemacht. Einen genau definierten Zeitpunkt, an dem die Eröffnung in das Mittelspiel übergegangen ist, kann ich Ihnen leider nicht anbieten, diese unscheinbare Veränderung muss intuitiv erfasst werden. Als geübter Schachspieler fühlen Sie, wenn der Zeitpunkt gekommen ist, wenn die Zeit reif ist, *längerfristige Pläne* und *Ziele* ins Auge zu fassen und Sie sich nicht mehr um die initiale Positionierung einzelner Figuren kümmern wollen.

„Kann das Mittelspiel an sich mit einem Prozess oder einer bestimmten Situation im Wirtschaftsleben verglichen werden? Oder ist das schon wieder alles zu komplex!?“

Du weißt, Chesster, nicht alles, was hinkt, ist ein Vergleich! Trotzdem fällt mir eine spontane Analogie zu den Entwicklungsstadien eines Unternehmens ein. Wenn wir die Eröffnung als Pionierphase sehen, kann das Mittelspiel mit der *Phase der Konsolidierung*, der Etablierung der entwickelten Strategien und Pläne, verglichen werden. Genauso gut kann das Mittelspiel aber auch für einen spezifischen Teil der Wertschöpfungskette, nämlich den Handel, stehen.

Während die Eröffnung die „Stellung produziert", positioniert der Handel die Produkte richtig und entwirft marktgerechte Strategien. Doch kehren wir für einen Moment wieder in die Welt des Schachs zurück. Für das Mittelspiel im Schach ist vergleichsweise *geringe literarische Theorie* verfügbar, es werden nur wenige Bücher mit typischen Motiven oder Mustern angeboten. Man könnte das Mittelspiel mit Fug und Recht als den weißen Fleck der Schachliteratur bezeichnen. Dieser Umstand lässt schon ahnen, dass das Mittelspiel ein anderes Kaliber als die Eröffnung hat. Einige wenige moderne Pioniere der Schachtheorie haben sich in die vielfältigen Themenkomplexe vorgewagt, unter ihnen der Internationale Meister John Watson mit seinen Monumentalwerken „*Secrets of Modern Chess Strategy*" und „*Chess Strategy in Action*". Diese Bücher, inzwischen zum Kult aufgestiegen, vermitteln ansatzweise jene wenigen Konstanten im kreativen Fluss des Chaos. Jedenfalls befinden wir uns jetzt in einer Welt, die eigentlich zu komplex ist, um sie in letzter Konsequenz auch wirklich zu verstehen. Dieser Umstand schafft neben vielfältigen Risken aber auch ungeahnte Möglichkeiten.

Auch in der Managementliteratur findet man vergleichsweise wenig konkreten Stoff zum „Mittelspiel". Vielmehr wird eine Vielzahl von strategischen Motiven angeboten, die von allen Seiten beleuchtet und mit offensichtlichen Beispielen aus der Praxis belegt werden. Als Unternehmer wird man jedoch kein branchenspezifisches Buch finden, dass einen konkreten analysierten Weg mit *Erfolgsgarantie* anbietet. Wie auch! Wirtschaft wie Schach sind einfach zu komplex, um den Stein der Weisen in Buchform zu gießen. Hier triumphiert der effektive Pragmatiker über den belesenen Theoretiker, da die Zugmöglichkeiten und Zugfolgen im Gegensatz zur Eröffnung selbst für die schnellsten und größten Elektronengehirne der Welt nicht mehr alle konkret zu kalkulieren oder zu berechnen sind.

„Wenn man eine Schachpartie willkürlich mit 40 Zügen beschränkt und annimmt, dass pro möglichem Zug nur etwa 30 Möglichkeiten überprüft werden müssen, so ergeben sich immer noch 25 x 10^{116} verschiedene Stellungen."

Lieber Chesster, eine derartige Zahl ist zwar für uns Menschen begreifbar, aber jedenfalls bei weitem zu groß, um diese Anzahl von Möglichkeiten in einer gemütlichen Partie Schach durchzudenken. Das wirtschaftliche Mittelspiel ist analog dazu auch zu kompliziert, um alle Möglichkeiten zu analysieren und die darauf basierenden Zugfolgen zu kalkulieren und zu entwickeln. Hier gilt es, der Stellung seinen *persönlichen Stempel* aufzudrücken, seinen eigenen Stil zu entwickeln und authentische Entscheidungen zu treffen.

Unternehmen sind sehr komplexe Systeme, die dazu tendieren, sich permanent weiter auszubreiten und dadurch noch komplexer zu werden. Die wissenschaftliche Erforschung optimaler Entwicklungsszenarien steht noch am Anfang, und doch prallen schon hier Grundsätze wuchtig aufeinander. Die Suche nach dem „*Absoluten*", nach der einzig richtigen unternehmerischen Vision, spielt hier eine ganz entscheidende Rolle. Doch wie so oft stehen sich auch in unserem Fall zwei *grundverschiedene Denkschulen* so ziemlich unversöhnlich gegenüber.
Die eine Richtung, die der „*Chaotiker*", bezieht sich auf Vorgänge in der Natur, die sich eben dort am stärksten und vielfältigsten entwickeln, wo sie dies ungestört tun können. Unternehmen sollten daher laut ihrem Kredo ihre *Komplexität steigern*, statt sie zu reduzieren. „Chaotiker" stellen alles in Frage, experimentieren mit scheinbar absurden Zügen, nur um Gegner vor neue komplexe Aufgaben zu stellen und somit das Schach um neue Aspekte und Facetten zu erweitern. Sie sind wahrliche Chaospiloten, jedoch mit ungeheurem Selbstbewusstsein und manchmal sogar *missionarischem Engagement.*

Die andere Richtung, die der „*Gestalter*", möchte eine gewisse strukturelle Ordnung durch Reduktionismus erreichen, also bewusst vereinfachen und kultivieren. Für sie zählen die klare Linie, die geometrische Form und die kontrollierte Initiative. Unerforschte Wucherungen werden genau untersucht und in bereits existierende Muster und Strukturen eingeordnet. „Gestalter" vergleichen neue Entwicklungen permanent mit bestehenden Erfahrungen und entwickeln daraus synergetische Handlungsdirektiven.

Im Schach finden wir jedenfalls beide Denkschulen vor. Es scheint jedoch, dass die „Chaotiker", nicht zuletzt unterstützt durch tatkräftige Hilfe unserer Freunde aus Silikon, Überhand gewinnen. Komplexität ist eben nicht immer reduzierbar, manchmal gibt es eben keine einfache Lösung für ein konkretes Stellungsproblem. Außerdem hat der freie, ungezügelte Umgang mit dem Chaos einen höheren Spaßfaktor. Und das ist kein unwesentlicher Umstand in der heutigen reizorientierten Gesellschaft.
Selbst heute nach über 600 Jahren „zivilisierter" Schacherfahrung werden im Mittelspiel durch außergewöhnliche Schachspieler immer wieder grundlegend neue Strategien in bekannten Eröffnungen entwickelt. Hier ist und bleibt der größte Raum für kreative Geister. Im Mittelspiel *übernimmt die Intuition*, das Gefühl für die Position, für die richtige Aufstellung der Figuren und die richtige Bauernstruktur das Ruder. Hier sind freigeistige Denker und Lenker mit dem Blick für das Wesentliche gefragt.

„Ich darf mich nach dieser theoretischen Dialektik wieder einmal mit einer Frage einmischen. Wie werden mittelmässige Schachspieler zu „Sehenden", was macht den Unterschied zwischen Dir und Garry Kasparow aus?"

Tja, Garry ist ein Genie, während ich es offensichtlich nicht bin. Jedenfalls haben die Menschen schon immer verstehen wollen, wie solche Unterschiede entstehen können oder warum sie eben schon vorhanden sind. Die Antwort auf diese spezielle Frage, wie sich die *Denkprozesse eines Schachmeisters* von denen eines durchschnittlichen Schachspielers unterscheiden, wollten Wissenschaftler durch eine weltweit durchgeführte Studie erhalten.

Bei dieser interessanten Untersuchung wurden einer Gruppe von Meistern und einer Gruppe von Amateuren dieselben unbekannten Schachstellungen vorgesetzt. Wie von allen vorhergesehen, fanden die Meister zu einem hohen Prozentsatz die richtigen Züge und Zugfolgen, während die Amateure bei ihrer Suche deutlich schlechter abschnitten.

Überraschend war jedoch die nachfolgende Analyse der Prozesse hinter den Entscheidungen. Meister wie Amateure kalkulierten die etwa *gleiche Anzahl von Zügen und Zugfolgen*. Während die Amateure ihre Zugfolgen jedoch durch ein *Ausschlussverfahren* und *aufwändige Analysen* der konkreten Stellungen fanden, ermittelten die Meister ihre Zugfolgen durch den effizienten *Einsatz von Stellungsmustern*, die sie durch ihre Erfahrung im Unterbewusstsein abgespeichert hatten.

Dieser Einsatz von einfachen abstrakten Bewertungsschablonen schlug sich besonders im Verbrauch von Bedenkzeit und der eingesetzten Energie zu Buche. Es zeigte sich, dass nicht die *Anzahl* der berechneten Zugkombinationen den Unterschied ausmachte, sondern die *Auswahl* der verfolgenswerten Züge. Der Managementliteratur entlehnt würde man sagen, die Amateure machten die Dinge zwar richtig, die Meister machten jedoch in den meisten Fällen intuitiv die richtigen Dinge. Entscheidend war hier wieder einmal der mysteriöse Blick für die Sache, das tiefe Verständnis für die Wirkungskreise der Figuren und Stellungen am Brett. Doch die Tests der Wissenschaftler hatten noch eine weitere große Überraschung parat. Wieder wurden Stellungen mit durchschnittlich 22 Steinen aufgebaut, die aus tatsächlich gespielten Partien stammten. Meister wie Amateure waren nach einer kurzen Begutachtungsphase angehalten, die Stellungen in einem separaten Raum aus dem Geist wieder aufzubauen. Wie erwartet, schafften es die Meister, 93 % aller Stellungen korrekt zu rekonstruieren, während sich die Amateure nur mit mageren 51 % zufrieden geben mussten. So weit lief alles im Sinne der Studie.

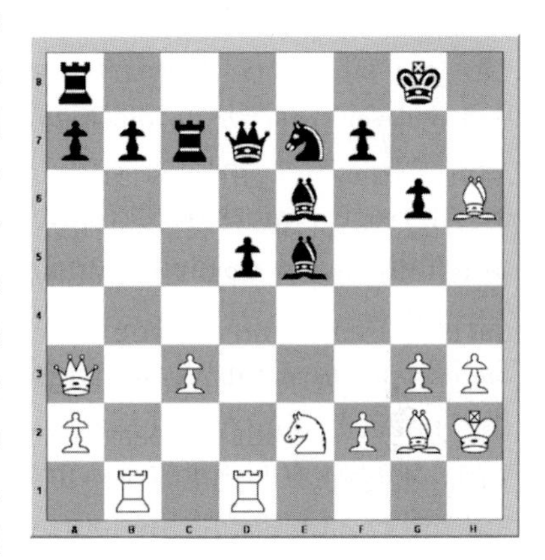

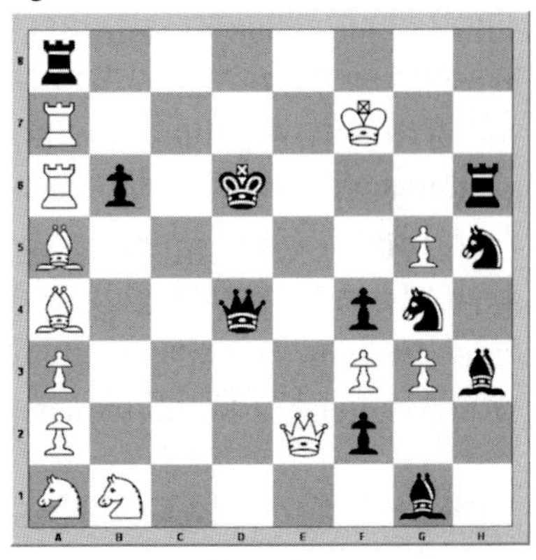

Die wahre Überraschung folgte jedoch im zweiten Teil des Tests. Diesmal wurden Stellungen mit durchschnittlich zwanzig Steinen aufgebaut, die *nicht aus regulären Partien* entlehnt waren. Die Zuordnung der Figuren zu einzelnen Feldern wurde durch einen Zufallsgenerator vorgenommen und ergab teilweise *schachuntypische Stellungen* ohne klare Strukturen, manchmal entstanden sogar irreguläre Stellungen. Das Ergebnis war für die Wissenschaftler verblüffend. Beide Gruppen, Profis wie Amateure, erreichten annährend die gleiche Lösungskompetenz, doch die lag aber nur bei mageren rund *30 %*!

„Das ist zwar theoretisch interessant, aber was können wir daraus für das tägliche Leben als Manager ableiten?"

Meister wie Amateure orientieren sich an offensichtlichen Unterzielen und berechnen sogar die gleiche, wenn auch nicht die gleichwertige, Anzahl von Schritten und Zügen. Der Meister mit dem *„Blick für die Sache"* erkennt die versteckten Ziele einer Stellung und sucht dort, wo der nächste Zug am effektivsten zu verwirklichen ist, während der Amateur überall und nirgends sucht.
Er muss mangels Erfahrung, Fähigkeit oder Sicherheit viele Chancen testen, ein permanentes „trial and error" versuchen und so extreme zeitliche Nachteile in Kauf nehmen. Deswegen spreche ich auch von der *Kunst des Machbaren*, die im praktischen Leben bei begrenzter Zeit und begrenzten Ressourcen den *Macher* vom *Versucher* unterscheidet. Doch was können wir aus dem offensichtlich schlechten Ergebnis bei den „zufälligen" Stellungen lernen? Diese Fähigkeit der intuitiven Problemlösungskompetenz auf Basis gespeicherter Muster zeigt eben auch, dass starke *Veränderungen der grundsätzlichen Strukturen* und *Spielregeln* eines Marktes die eingelebten und bis dahin durchaus auch erfolgreichen Verhaltensmuster sehr rasch wirkungslos werden lassen.

„Du meinst, sich ändernde Paradigmen lassen erfahrene Manager genauso hilflos erscheinen wie die Großmeister in irregulären Stellungen?"

Gute Schlussfolgerung, Chesster! Gesunde Intuition kann eben nur dann funktionieren, wenn Muster bewusst ständig hinterfragt werden und eine permanente „*kreative Zerstörung*“ bestehender Ideen stattfindet. Ein Unternehmensumfeld, das von allen Beteiligten lebenslanges Lernen fordert und ein innovationsfreundliches Klima fördert, wird immer wieder neue effektive Muster entstehen lassen, sie früher als der Mitbewerb integrieren und so die Partie letztendlich für sich entscheiden. Untersuchen wir jetzt gemeinsam die konkrete Anwendung unserer gewonnenen Erkenntnisse in der Praxis.

Elemente des erfolgreichen Mittelspiels

„Unser Wissen ist Vermutung, und unser Tun ist Streben.“
(Theodor Gottfried von Hippel)

Genug von abstrakten Modellen und Studien. Jetzt ist es an der Zeit, die verschiedensten Motive und Strategeme des Mittelspiels unter die Lupe zu nehmen und ihnen die Analogien zum Management von Unternehmen zu entlocken. Die folgende Auswahl stellt, ähnlich der Struktur der Eröffnungswahl, nur einen Ausschnitt der bekanntesten und am häufigsten umgesetzten Motive dar. Doch zuerst gilt es, auf das Zusammenspiel der verschiedenen Partiephasen hinzuweisen.
Der Meister weiß, dass das Mittelspiel im höheren Sinn „nur“ die Vorbereitung des Endspiels ist, auf das wir noch zu sprechen kommen. Er wird daher in den angeführten Strategemen in erster Linie die Möglichkeit suchen, die jeweilige Stellung in ein für ihn *vorteilhaftes Endspiel zu vereinfachen*. Bedenken wir also bei jedem Zug, was jetzt folgt, kann letztendlich nur im Einklang mit den Motiven des Endspiels zum Erfolg führen.

Beobachte Deine Bauernstruktur!

Die Bauern sind die *Seele des Spiels*, meinte schon unser Freund Philidor. Sie teilen den Raum des Brettes, verschaffen ihren Figuren effektive Vorposten und sind auch sonst ziemlich lebendige Gesellen.

Der Ex-Weltmeister Anatoly Karpow warnt aber auch mit Recht vor der

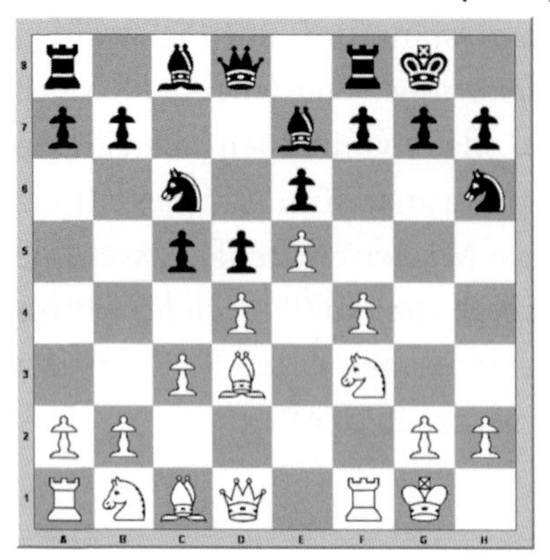

allzu sorglosen Behandlung der Bauern. Einmal bewegt, gibt es kein zurück mehr. Daher sollte jeder Bauernzug doppelt so gut überlegt sein, wie ein Zug, der mit einer höherwertigen Figur ausgeführt wird. Treten Bauern in Massen auf, und das tun sie meistens, ordnen sie sich in spezielle Strukturen, den sogenannten *Bauernketten*. Sind sie alleine, spricht man von *vereinzelten Bauern* und wünscht, man hätte sie nicht. Sind diese vereinzelten Bauern ohne Gegenüber, bezeichnet man sie als *Freibauern* und behandelt sie plötzlich wieder mit Respekt.

Ja, das Verhältnis zu unseren Bauern ist eine trickreiche Sache. Doch die Sache ist sogar noch komplizierter, als es uns jetzt erscheint.

Bauern, die hinter ihren Kollegen zurückbleiben und zugleich die Basis ihrer eigenen Bauernkette sind, bezeichnet man als *rückständige Bauern.* Genau wie rückständige Länder verheißen sie im Normalfall nichts Gutes. Man muss ständig ein Auge auf sie werfen und sie mangels Bauerndeckung ständig durch höherwertige Figuren unterstützen. Das *bindet Ressourcen*, was uns im Sinne einer effizienten

Figurenbehandlung nicht gefällt. Das mittelfristige Ziel muss daher sein, diese rückständigen Bauern zu *tauschen* oder sie *vorzurücken*. Zwei Bauern, die direkt hintereinander und sonst ohne Basis zu einer Kette stehen, bezeichnet man als *Doppelbauern*, die, gleich einem Januskopf, zwei verschiedene Seiten besitzen. Einerseits kontrollieren sie einen interessanten Felderkomplex, andererseits können sie leicht Opfer von Figurenangriffen werden, da sie sich nicht gegenseitig decken können.

„Ich verstehe. Bauern haben so etwas Endgültiges in ihrem Wesen. Sie sind schwer zu etwas zu bewegen. Deshalb musst Du besonders bei ihrer Positionierung aufpassen."

Richtig erkannt, Chesster! Vergleichen wir die Behandlung der Bauern in einer Partie Schach mit diversen unternehmerischen Prozessen, so fällt eines auf. So wie Bauern nur in eine Richtung ziehen können, gibt es auch in *unternehmerischen Entscheidungen* Prozesse, die nicht mehr oder nur schwer rückgängig zu machen sind, also praktisch als *irreversibel* zu bezeichnen sind.

Einmal umgesetzt, gibt es kein Zurück mehr. Solche Aktionen formen das unternehmerische Feld in prägender Weise und für eine lange, lange Zeit. Werden hier Fehler gemacht, sind diese langfristiger und statischer Natur und können nur unter großem Aufwand verändert werden. Genau wie die schon betrachteten *strukturellen Bauernschwächen*, die ebenfalls von bestehender und vor allem statischer Natur sind und deshalb in vielen Fällen nicht so leicht transformiert werden können.
Die *initiale Formgebung eines Unternehmens*, meist auf einer spezifischen Strategie basierend, sollte daher viel besser als andere, vorwiegend taktische Maßnahmen überlegt werden. Ein Struktogramm mit genau definierten Positionen, und vor allem mit darin untergebrachten Menschen mit ihrer Sicht des Unternehmens, ist ein langfristiges Asset, wenn es richtig umgesetzt wird.

Wir haben schon des Öfteren über die Umstrukturierung von GE durch Jack Welch gehört und mit welchen Problemen er sich konfrontiert sah. Welch kämpfte, schachlich gesprochen, mit starren inflexiblen Strukturen und vielen Doppelbauern, rückständigen Bauern und vor allem bürokratisch aufwändigen Bauerninseln.

„Praktisch und einfach formuliert: Achte bei jedem Zug auf Deine strukturelle Flexibilität! Eigentlich sehr einleuchtend."

Ja, einleuchtend schon, doch ist das nicht immer so einfach, wenn Du nicht den Überblick über das gesamte Feld, oder keine ausgeprägte Intuition für den „*Game-Flow*" von dynamischen Entwicklungen oder Strukturen besitzt. Da werden Entscheidungen ungenauerweise eher im *zeitlichen* als im *qualitativen* Kontext gesehen. Viele Fehler in der Bauernführung werden nur deshalb gemacht, weil die *langfristigen Auswirkungen nicht ausreichend erkannt* oder gewürdigt werden. „Das machen wir dann schon irgendwie", zeigt, wie stark Strukturen und speziell *Bauernstrukturen* für die Entwicklung einer Partie unterschätzt werden. Wir merken uns also: Vorsicht bei der Behandlung von Bauern!

Achte auf die 7./2. Reihe!

Ein wichtiges strategisches Ziel im Schach ist es, die eigenen Figuren möglichst aktiv zu positionieren. Besonders der permanenten *Besetzung der gegnerischen 2. bzw. 7. Reihe* durch eigene Figuren kommt eine besondere Bedeutung zu. Hier sind sie dem gegnerischen König sehr nahe und entwickeln durch ihre pure Präsenz ein bedrohliches Potenzial. Speziell die linearen Türme sind in solchen Positionierungen sehr einflussreiche Protagonisten.

Die simple Tatsache, dass in der Ausgangsstellung alle Bauern nebeneinander in der zweiten bzw. siebenten Reihe stehen und selbst im Mittelspiel noch der eine oder andere diese Position nicht verlassen hat, begründet die Kraft eines Turmes auf dieser Reihe. Der Vorteil eines derart positionierten Turmes kann im Endspiel den Unterschied zwischen Sieg und Niederlage ausmachen.

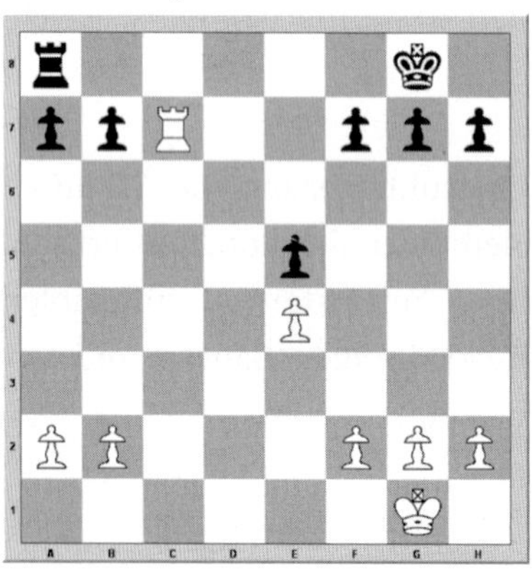

Solche strategischen Vorteile werden manchmal auch durch materielle Investments wie Bauernopfer erreicht. Der kurzfristige materielle Nachteil wird durch die *Passivität der verteidigenden gegnerischen Figuren* und die Aktivierung der eigenen Figuren kompensiert und führt nicht selten mittelfristig zur Rückeroberung des Materials unter Beibehaltung aller positionellen Vorteile.

Ein Beispiel aus dem *Eishockey* illustriert dieses Strategem auf interessante Weise. GM Kasparow verglich die beiden Sportarten unlängst miteinander und meinte, dass das heutige Schach dem Versuch gleiche, *„den Puck in die gegnerische Hälfte zu schießen"*. Irgendetwas ergebe sich dann schon daraus. Wenn man unseren aktiv postierten Turm mit dem Puck in der gegnerischen Hälfte vergleicht, können in der Tat einige Parallelen erkannt werden.

Türme arbeiten auf Linien und Reihen!

Ein gutes Beispiel für den Einfluss von eingefahrenen Denkmustern in Schachstellungen bietet uns die Betrachtung der Positionierung von Türmen im Mittelspiel. Türme sind *geradlinige Figuren*, die im Mittelspiel über offene Linien wachen. Deshalb trachten Schachspieler danach, *Platz für die Kraft der Türme* zu schaffen, indem sie Bauern gegeneinander tauschen und so eben die gewünschte *Öffnung des Spiels* erreichen. Sehr oft erleben wir dann befreite Türme, die diese Linien eindrucksvoll besetzen und in die *gegnerische Stellung* einzudringen drohen. Jeder Schachspieler, ob Anfänger oder Meister, hat eine kognitive Affinität zu dieser Art, einen Turm zu positionieren. Gerade in speziellen *Mittelspiel-* und auch *Endspielpositionen* kann der Turm aber ein oft nicht erkanntes *zusätzliches Potenzial* der Spielführung nutzen, die Reihe. In unserem Beispiel sehen wir, wie unser

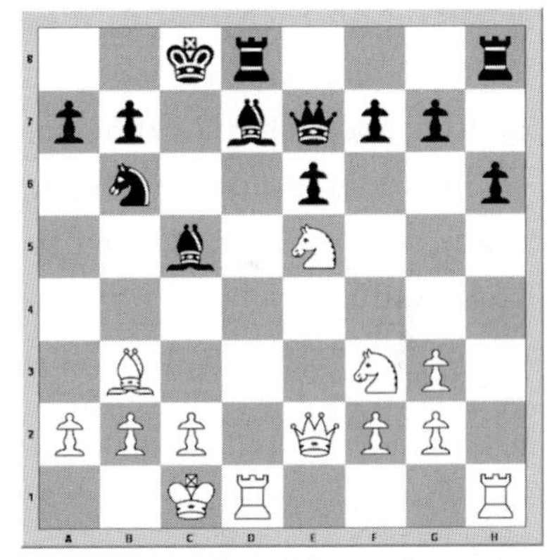

Hero GM Garry Kasparow gegen seinen „ewigen" Widersacher GM Anatoly Karpow die weißen Steine führt. Was bemerken Sie, als inzwischen Eingeweihter sofort? Es ist der fehlende h-Bauer, der dem Turm dahinter freie Bahn auf eben dieser Linie verschafft.

Trotzdem ist der folgende Zug des russischen Großmeisters „far from obvious", da in diesen Stellungen Türme in der Regel zentral, also etwa auf e1 postiert werden, um im Zentrum Druck auszuüben. Diese Praxis ist erprobt und zuverlässig, auch wenn Sie keinen echten Vorteil für Weiß verspricht.
Diese Positionierung wurde über Jahrzehnte fast ausschließlich, und ohne einen weiteren Gedanken zu verschwenden, so gespielt. „El Genio" Garry bricht in unserem Sinne mit Dogmen und spielt nun den Zug **Th5!**. Wir erkennen schon am Ausrufungszeichen, dass dieser Plan nicht so leicht zu finden war und deshalb wegen seiner Originalität unsere Bewunderung findet. Welchen Zweck erfüllt dieser Zug? Es droht der Abzug des Springers auf e5, z. B. indem er den Bauern auf f7 verspeist. Die Dame muss den Springer nehmen und darauf folgt „Turm schlägt Läufer auf c5", da die Dame ihre Deckung des Läufers aufgegeben hat. In diesem Fall hätte Weiß einen Bauern gewonnen, eine aktive Figur des Gegners beseitigt und nebenbei das Immunsystem der Bauernstruktur f7-e6 für immer zerstört.

Nicht schlecht für einen unscheinbaren Turmzug. GM Karpow sah diese Kombination natürlich und spielte **Le8**, damit der Läufer auf f7 zurücknehmen kann und die Dame weiter ihre Deckungsfunktion behält. Natürlich hatte diese Turmposition auch noch subtilere Vorteile, auf die wir noch zu sprechen kommen. Jedenfalls ist die Stellung aber schon jetzt besser für Weiß, und Kasparow gelang es auch, sie in weiterer Folge überzeugend zu gewinnen. Sie dürfen übrigens raten, welche Figur den entscheidenden Schlag gegen den schwarzen König anführte. Ja es war unser Turm, der, und das ist das wirklich subtile, über die fünfte Reihe auf den anderen Flügel wechselte und für ein furioses Ende mit Stil sorgte. Ganz Kasparow eben!

„Ein schönes Beispiel der von Dir erwähnten „kreativen Zerstörung". Garry hat sich einfach über das kollektive Bewusstsein vergangener Schachgrößen hinweggesetzt. Und was lernst Du aus dieser Geschichte?"

Die Quintessenz aus dieser Stellung ist, dass wir oft in unseren *Mustern und Dogmen gefangen* und blind für offensichtlich vorhandene Potenziale unserer „Figuren“ sind. Wir sehen, was wir schon immer gesehen haben und *schalten alle zusätzlichen Wahrnehmungen* ab. Diese spezifische Blindheit gibt es aber nicht nur auf individueller, sondern auch auf kollektiver Ebene. Besonders in gut organisierten Unternehmen mit klaren Aufgabenverteilungen, Strukto- und *Organigrammen, Jobprofilen* und anderer „technischer“ Ausrüstung wird darauf vergessen, worauf es wirklich ankommt, nämlich die *Potenziale der Menschen* zu orten und sie in das Unternehmen einzubringen. Oft genug werden klar erkannte Mitarbeiterpotenziale eben deswegen nicht genutzt, weil sie „ausschließlich“ einem speziellen Aufgabenfeld oder einer spezifischen Position zugeordnet sind. Diese Betriebsblindheit begründet sich auf die, über einen *langen Zeitraum kognitiv erworbenen*, eingefahrenen *Muster*, die speziell streng hierarchische Unternehmensstrukturen mit sich bringen. Verändern Sie solche „Hinderlichkeiten des Erfolgs“ möglichst schnell, dann wird alles gut!

Ein aufschlussreiches Beispiel für diese These finden wir in einem der größten Unternehmen der Welt, in dem ein großer Wandel bevorstand. Ein Lohnarbeiter bei General Electric formulierte einmal im Rahmen eines Treffens mit seiner Firmenleitung treffend: „20 Jahre lang habt Ihr mich für die *Arbeit meiner Hände* bezahlt, obwohl Ihr mein *Gehirn kostenlos* dazu gehabt hättet!“ Diese Erkenntnis war ein weiterer Grund für Jack Welch, Hierarchien zu sprengen und mit neuen offeneren Strukturen die Potenziale und Erfahrungen seiner Mitarbeiter besser zu nutzen.
Zusammenfassend erkennen wir also, dass gespeicherte Muster, seien sie organisatorischer oder geistiger Natur, eine gute Basis sind, *unternehmerische und schachliche Intuition* zu entwickeln. Sie sollten jedoch von Zeit zu Zeit aktiv in Frage gestellt werden, um eine aktive Weiterentwicklung zu gewährleisten. Umgekehrt verhindert ein starres Festhalten an erlebten Erfahrungen das erfolgreiche Voranschreiten. Eine pragmatische Sicht der Dinge schafft hier schnell Abhilfe, selbst wenn sie mit manchmal mit unkonventionellen Mitteln arbeitet.

Neutralisiere gefährliche gegnerische Figuren!

Das erste Ziel in einer Partie Schach ist die Entwicklung der eigenen Figuren auf möglichst aktive, d. h. einflussreiche Felder. Aktive Figuren bringen positionelle Vorteile, die sich nicht selten später in materielle

transformieren lassen oder einen direkten Angriff gegen die Hauptassets des Gegners erlauben. So weit, so klar. Leider sehen wir uns oft mit Gegnern konfrontiert, die zumindest dasselbe versuchen, wenn nicht sogar ehrgeizigere Ziele verfolgen. Aus diesem Grund kommt es schon mal vor, dass Ihr *Gegner* so manche seiner *Figuren aktiv gegen Sie richtet* und so gute Voraussetzungen dafür schafft, Sie unter *Druck* zu setzen. Was leiten wir daraus ab? Jede gegnerische, aktiv platzierte Figur ist als *grundsätzliches Bedrohungspotenzial* für den eigenen König zu sehen und ist daher zu jeder Zeit im Auge zu behalten.

„Du wirst mir verzeihen, aber das erinnert mich eher an einen Teamsport wie Fußball als an Schach."

Da Du meine Einstellung zu Schach und seinen Figuren kennst, geschätzter Chesster, weißt Du auch, dass Schach für mich der *ultimative Teamsport* schlechthin ist! In unserem Fall sieht die präventive Vorsicht daher vor, alle *gegnerischen Bedrohungspotenziale* am Brett zu beseitigen, um die eigene Strategie besser umsetzen zu können. Dazu stehen uns zwei grundsätzliche Motive zur Verfügung. Der erste Ansatz sieht eine *Evakuierung* aller möglichen *Angriffsziele* vor, was z. B. im Falle eines aktiven Läufers die Räumung der bedrohten Diagonale bedeutet. Dieses Strategem wird noch gesondert behandelt. Nicht immer ist diese Strategie der *„einschränkenden Aktivität"* so leicht umzusetzen, deshalb greift der erfahrene Schachspieler oft zu einer pragmatischeren und radikaleren Maßnahme. Er versucht, die gegnerische Figur gegen eine eigene, *möglichst passiv positionierte Figur* *zu tauschen* und so den offensichtlichen Vorteil der gegnerischen Position mit einer Verbesserung der eigenen Stellung zu verbinden.

„Der leider viel zu früh verstorbene englische GM Miles formulierte diese Strategie einmal in seiner unnachahmbaren Diktion so: „Ich hasse gut stehende Figuren des Gegners, also weg mit ihnen!" Ja, so einfach war die Sicht seiner Dinge. Wir werden ihn sehr vermissen."

Verbessere die Stellung Deiner am schlechtesten platzierten Figur!

Das Pendant zur eben diskutierten Strategie finden wir im folgenden Beispiel. So wie es den Schachspieler herausfordert, mit aktiven gegnerischen Figuren zu „handeln", findet er in passiven eigenen Figuren eine ungleich größere Herausforderung. Wie Chesster sofort bemerken würde: Eine Organisation lebt von den Stärken ihrer Mitglieder und nicht von ihren Schwächen! Im Mittelspiel, wo es darauf ankommt, alle Figuren in aktive Pläne einzubeziehen, gilt es, eine *regelmäßige Bewertung aller Figurenpositionen* durchzuführen. Stellt sich dabei heraus, dass eine Figur passiv und ohne dynamisches Potenzial platziert ist, ist sie möglichst rasch in eine bessere Position zu bringen. Die zweite Möglichkeit besteht darin, sie gegen eine gegnerische Figur, möglichst aktiver platziert als die eigene, abzutauschen.

„Das heißt, in Deiner Anschauung überleben eigentlich nur die Figuren, die das größte Potenzial besitzen. Das klingt mir wieder nach Charles Darwin und seinem „survival of the fittest"."

Gut erkannt, Chesster. Figuren, die in ihrer Position kein Entwicklungspotenzial mehr besitzen, werden nicht mehr weiter benötigt und müssen daher das Feld verlassen. Diese Erkenntnis kann aber auch in positiver Form auf den Unternehmensalltag und die Entwicklung der einzelnen Mitarbeiter umgelegt werden.

Aktivität und dynamisches Potenzial kann in kurzer Zeit durch gezielte Bildungsmaßnahmen eine durchaus messbare Steigerung erfahren. Deshalb meine Schlussfolgerung: Wer sich *bildet*, hat *größere Chancen*, am Feld zu bleiben! So einfach ist Schach.

Gerade in Stellungen, in denen sich nichts Konkretes tut, weiß der strategisch begabte Schachspieler, dass es bei einer möglichen

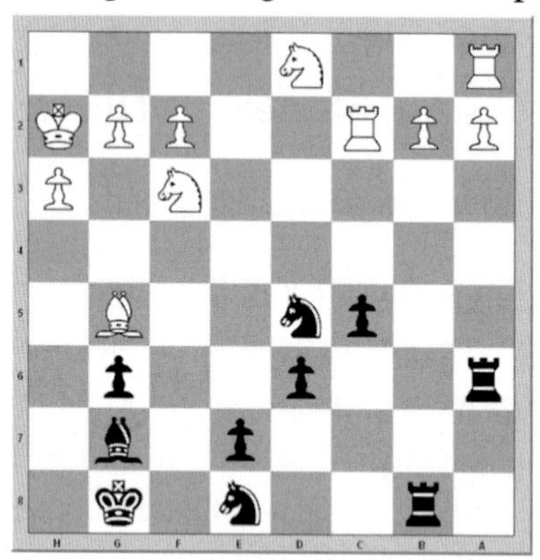

Verschärfung des Tempos, die jederzeit erfolgen kann, auf die Aktivität jeder Figur ankommt, und agiert dementsprechend. Das folgende Beispiel aus meiner eigenen Turnierpraxis zeigt eine solche Stellung, die auch aus *psychologischer Sicht* sehr interessant ist. Schwarz, meine Wenigkeit, hat einen *Bauern geopfert*, um am Damenflügel *Druck ausüben* zu können. Kompensation findet er für sein Opfer jedenfalls in der *starken schwarzen Bauernkette* im Zentrum, die bei Bedarf sehr schnell vorrücken kann. Alles schön und gut, aber was jetzt? Nach 25-minütiger Betrachtung der Stellung begann ich, langsam nervös zu werden. Ich hatte mit Schwarz gegen einen starken Gegner eine gute Stellung erreicht, sah aber keinen konkreten Plan, wie ich das *positionelle Übergewicht* konkret transformieren sollte. Da fiel mir diese alte Regel über die kontinuierliche Verbesserung schlecht stehender Figuren ein, und ich betrachtete die Stellung nun aus diesem Blickwinkel. Offensichtlich ist, dass mein Springer auf e8 nicht gerade ein „Überperformer" ist, und mein König auch noch aktiver postiert sein könnte. Also los, dachte ich und zog.

„Ist Schach wirklich so einfach? Du schaust einfach, welche „Deiner Leute" Du besser platzieren kannst, und überlässt den Rest dem Schicksal?"

Nein, natürlich nicht, lieber Chesster, aber denke bitte an die systemischen Prinzipien und hier speziell an den Teil mit der Effizienz.

Komplexe Gebilde sind gerade deswegen lebensfähig, weil sie sich einfacher Funktionsprinzipien bedienen. Doch zurück zur Partie! Meiner nächster Zug war also Springer von e8 auf c7 (**Sec7**), damit hatte ich die Stellung meiner ersten schlechtstehenden Figur verbessert. Mein Gegner zog seinen Turm auf d2 (**Td2**), worauf ich die Stellung meines Königs weiter verbesserte und zugleich meinem Bauern auf e7 zusätzliche Deckung verschaffte, **Kf7**. Mit diesen zwei einfachen Manövern waren jetzt alle meine *Figuren aktiviert*, hatten *gute Zugrouten*, und ich konnte die Partie alsbald für mich entscheiden.

Man kann dieses Strategem auch auf den Unternehmensalltag umlegen. In einem Unternehmen, das gut funktionieren soll, hängt der Erfolg oft von der *harmonischen Integration aller Mitarbeiter* in das Unternehmensumfeld und die Unternehmensstrategie ab. Da jeder der Beteiligten seine Stärken und Schwächen hat, heißt es nun, erst einmal diese grundlegenden Informationen herauszuarbeiten. Da eine Kette immer am schwächsten Glied bricht, gilt es in weiterer Folge, dieses schwächste Glied ausfindig zu machen, es zu stärken und somit besser zu integrieren. Falls sich Mitarbeiter jedoch als nicht integrierbar herausstellen, sind sie, unserem Schachtheorem folgend, auf schnellstem Wege auszutauschen.

Liquidiere Deine Schwächen!

Jeder auch noch so gute Schachspieler muss manchmal zur Kenntnis nehmen, dass seine aktuelle Position Schwächen aufweist. Die Gründe dafür können vielfältig sein. Solche temporäre Schwächen können z. B. durch Umgruppierungen von Figuren oder durch die Veränderung der Bauernstruktur entstehen. Die Frage ist, wie man mit solchen Schwächen umgeht. Grundsätzlich stehen einem versierten Schachspieler zwei Möglichkeiten offen, seine Schwächen zu behandeln. Eine Möglichkeit liegt darin, seine positionellen Nachteile *durch andere Vorteile oder Stärken zu kompensieren*. Wer fragt schon nach einer Schwäche am eigenen Damenflügel, wenn man gerade den gegnerischen König im Visier einer vernichtenden Mattkombination hat. Aus eigener Erfahrung weiß ich, dass dieses Beispiel für die Kompensation von

eigenen Schwächen in den seltensten Fällen so klar vorkommt, aber einen Versuch war es wert!
Oft existiert die Kompensation für eigene Felderschwächen in einer aktiveren Positionierung der eigenen Figuren oder durch einen offensichtlichen Raumvorteil. Wenn jedoch die eigene Position keine anderwärtigen Vorteile zeigt, sollte man sich darüber Gedanken

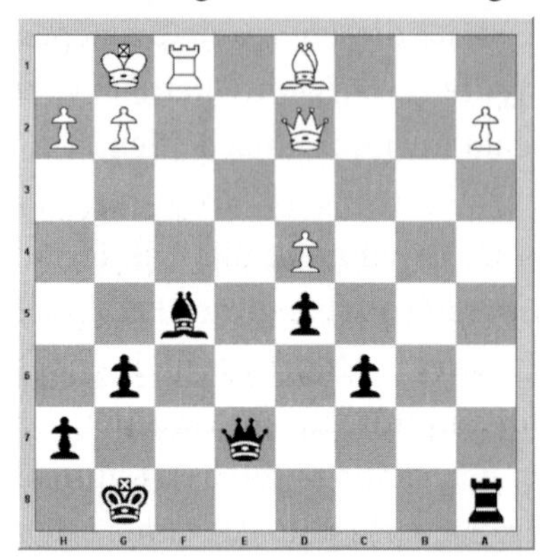

machen, wie diese *Schwächung am schnellsten zu beseitigen ist.* Die Frage der Kompensation für die in Kauf genommenen Schwächen ist auch in wirtschaftlichen Überlegungen eine heiß diskutierte Frage. Kein Unternehmen ist in der Lage, die Themenführerschaft in allen relevanten Themen, wie z. B. Kosten, Kunden oder Technologie, zu übernehmen. Man beschränkt sich auf das eine Thema, das langfristig die größten Ertragspotenziale verspricht, und nimmt dafür in Kauf, den Mitbewerb nachhaltig in den verbleibenden Nischen zu finden.

Hier entscheidet, wie so oft, das Gefühl für die Position, die Intuition für die *Entwicklung des Marktes* und die *Core Competence* der agierenden Manager über den langfristigen Erfolg eines Unternehmens.

„Einen kleinen Moment, Alex! Von welchen Schwächen sprichst Du. Welche Arten von Schwächen können in Unternehmen auftreten. Und vor allem, wie geht man damit um?“

Eines nach dem anderen, Chesster. Schwächen in Unternehmen können vielfältiger Natur sein, sie können personeller, struktureller oder strategischer Art sein. Jede Schwäche hat ihre eigene Geschichte und auch ihre eigene Charakteristik. *Personelle Schwächen* sind analog dem Schachspiel tunlichst zu vermeiden oder zu beseitigen. Wir haben hier schon einige Strategeme kennengelernt, die diese Problematik auf die eine oder andere Art lösen können. In den meisten Fällen ist eine zufriedenstellende Lösung jedenfalls relativ kurzfristig möglich.

Etwas schwerer fällt die Kompensation oder Veränderung von *strukturellen Schwächen* aus, da sie meistens von nicht geringem investiven Aufwand begleitet werden.
Oft ist es notwendig, analog zum Schach bestehende Assets zu opfern und sich schlank zu machen, um wieder in den Jetstream des Erfolges zu gelangen. Besonders schwierig ist die Behandlung von *strategischen Schwächen*, da sie meistens vom Management nicht gleich als solche erkannt werden. Im Schach findet man ähnliche Entwicklungen häufig in Partien zwischen Meistern und Amateuren, die erst dann die tief verborgenen Mängel ihrer Stellung erkennen, wenn der Meister zur taktischen Umsetzung seines Planes schreitet. Doch dann ist es meistens zu spät. Es gibt genügend Beispiele von Unternehmen, die trotz jahrzehntelanger Marktpräsenz plötzlich über Nacht verschwanden und nur unzureichende Erklärungen dafür fanden.

Im Schach wie in der Unternehmensführung ist es daher absolut notwendig, die eigene Position regelmäßig auf offensichtliche oder verborgene Mängel oder Schwächen hin zu überprüfen. Gute Dienste leisten hier entweder externe Berater (Trainer) oder intern umgesetzte Kontrollprozesse, wie z. B. der berühmte *S.W.O.T.-Mechanismus*, der alle Stärken, Schwächen, Chancen und Bedrohungen gegenüberstellt und analysiert.

Vermeide Läuferdiagonalen oder Turmlinien (-reihen)!

Langschnittige Figuren, wie Türme, Läufer, aber natürlich auch Damen, haben die Eigenart, subtile Drohungen aufzustellen, selbst wenn sie nicht direkt und unmittelbar ihr Ziel anvisieren.

„Der Ex-Weltmeister Michael Tal meinte einmal, er sehe das wahre Potenzial mancher Figuren durch eigene und fremde Figuren hindurch."

Wirklich sehr interessant, mein Chesster. Großmeister Michael Tal hat bei seiner Aussage sicher ganz intensiv an den berühmt berüchtigten *Fianchetto-Läufer* gedacht, den wir gleich vorstellen werden.

Scheinbar passiv positioniert, kann er durch die Öffnung „seiner" Diagonale plötzlich zur vollen Form auflaufen und wie eine Rasierklinge in die gegnerische Stellung hineinschneiden. Unser Diagramm zeigt eine solche unscheinbare Stellung, die sich innerhalb weniger Züge zum Inferno für den weißen Spieler entwickelt.
Schwarz am Zug öffnet effektvoll mit einem Figurenopfer die Diagonale seines Läufers, der schließlich die Ehre hat, spielentscheidend ins Geschehen einzugreifen. Die konkrete Zugfolge sieht zuerst das

angesprochene Figurenopfer in Form eines Springerzugs, **Se4:!!**. Die Dame ist angegriffen, daher muss dieses Trojanische Pferd als wohl zweifelhaftes Geschenk angenommen werden, **fxS**. Nichts ist stärker als eine Idee, deren Zeit gekommen ist, meint jetzt unser unterschätzter Läufer. Nicht umsonst wird er in solchen Positionen auch martialisch der „Drachenläufer" bezeichnet. Er setzt durch seinen mächtigen Satz nach b2 den gegnerischen König schachmatt. Des Dramas letzter Akt in nüchterner Schachnotation: **Lxb2#**. Wie wir sehen, können selbst gegenwärtig unscheinbare Gefahrenquellen durch *Räumungsopfer* plötzlich zur konkreten Bedrohung werden.

Neutralisiere die gegnerischen Verteidiger!

Die erfolgreiche Umsetzung eines jeden Verteidigungskonzepts sieht die Auswahl und korrekte Positionierung der *Defensivressourcen* vor. Wie im Kapitel über die systemischen Voraussetzungen erfolgreicher Unternehmungen gilt hier ebenfalls das Prinzip der Effizienz. Verteidiger sollten die wichtigsten Assets der eigenen Stellung immer mit dem geringsten Aufwand schützen. In den seltensten Fällen bedeutet die Erhöhung der schützenden Figurenanzahl auch eine messbar erhöhte Defensivleistung, da ein beengt stehender Verteidiger einfach zu wenig Raum zur Verschiebung seiner Figuren besitzt.

„Das ist wie bei einer Party. Je mehr Gäste kommen, desto häufiger steigen sie sich gegenseitig auf die Zehen."

Für den Angreifer wiederum, eine optimale eigene „Asset allocation" vorausgesetzt, gilt die diametrale Maxime. Er muss versuchen, die wichtigsten aktuellen oder *potenziellen Verteidiger* der anzugreifenden Stellung ausfindig zu machen und sie zu *neutralisieren*, abzulenken oder schlichtweg zu beseitigen.
Unsere Diagrammstellung sieht eine stark polarisierte Position, in der zum gegenwärtigen Zeitpunkt eine klare Verteilung der Absichten zu erkennen ist. Weiß greift an, und Schwarz verteidigt sich. Wie wir sehen, hat der Führer der schwarzen Seite einige *vorbeugende Maßnahmen* getroffen. Sein Verteidigungskonzept beruht hauptsächlich auf der defensiven Stärke seines Springers auf f6, der das mögliche Einbruchsfeld auf h7 deckt. Nach dem nächsten Zug jedoch, **e5!**, öffnet sich die Zugstraße des weißen Läufers nach h7, einem Feld, das die weiße Dame bereits im Auge hat, und der Springer ist genötigt, seine Verteidigungsposition zu verlassen, da der Bauer ihn zu schlagen droht. Schwarz kann aufgeben, da er entweder eine Figur kompensationslos verliert oder durch den Abzug des Springers auf h7 schachmatt gesetzt wird. Ein sehr einfaches und idealisiertes Beispiel, dass jedoch klar zeigt, worauf es in diesem Strategem ankommt.

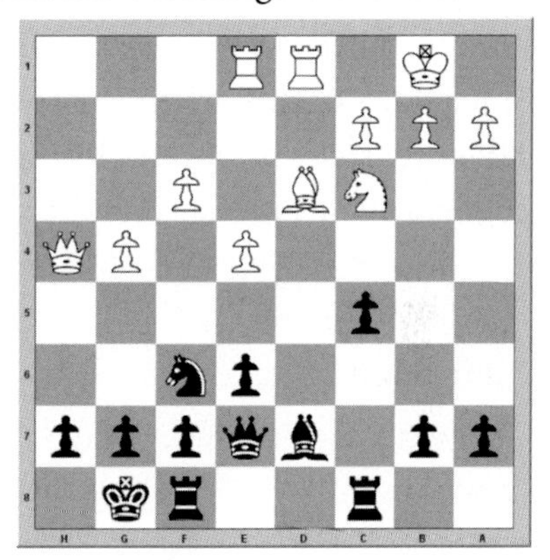

Kompromittiere nie Deinen König!

Der König ist unbestritten die zentrale Figur in einer Partie Schach. Ihn gilt es zu beschützen und möglichst vor einem gegnerischen Mattangriff zu bewahren. Er ist das zentrale Ziel und der Weg in gleichem Maße.

Während er im Endspiel in die Liga der *aktiven Figuren* aufsteigt, führt er im Mittelspiel noch meistens ein beschauliches Leben, verborgen hinter Bauern und Figuren. Und das mit Recht. Durch die große

Anzahl und dementsprechende Aktivität der gegnerischen Figuren, wäre es ein gefährliches Unterfangen, den König zu aktiv in den Kampf einzubringen oder seine Deckung zu kompromittieren. Jeder eigene Zug, der den *schützenden Mantel vor ihm schwächt* oder sogar gegnerische Zugstraßen zum eigenen König öffnet, kann daher extrem nachteilige Konsequenzen für die eigene Stellung mit sich bringen. Eines hat die Schachpraxis jedenfalls gezeigt: Ein kompromittierter König ist so ziemlich die *einsamste Figur* am ganzen Spielfeld. Vor uns sehen wir zwei Stellungen in einer. Jede Seite hat den *Bauerngürtel* vor ihrem König *geschwächt* und eine *Infiltration* der gegnerischen Figuren erlaubt. Wer auch immer am Zug ist, kann den

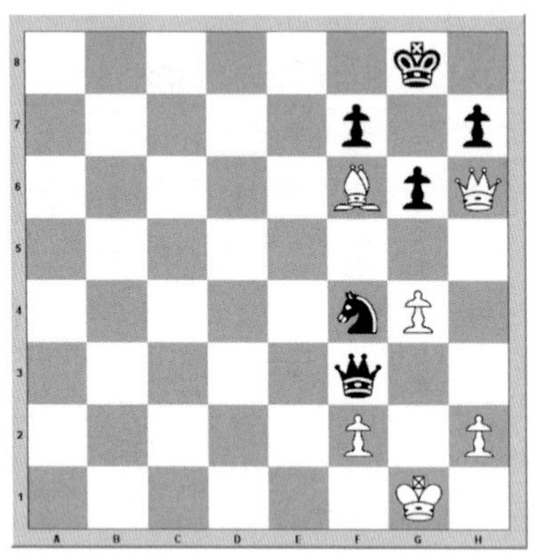

Gegner im nächsten Zug *schachmatt* setzen. Bedenken Sie daher genau jede *Schwächung Ihrer Königsstellung.* Ihr König kann sehr schnell in *Erklärungsnotstand geraten.* Damit wären wir wieder einmal bei der berühmten Frage nach der vergleichbaren Analogie des Königs zu wirtschaftlichen Elementen. Ein König steht im übertragenen Sinn für die *wichtigsten Assets eines Unternehmens* Das bezieht sich auf Menschen gleichermaßen wie auf *materielle oder immaterielle Güter.* Er ist der grundsätzliche *Imageträger* einer erfolgreich umgesetzten Strategie.

„Eine Frage an Dich, Alex: Wenn Du die Wahl hättest und man Dir (1) alle

Vermögenswerte des Coca-Cola-Konzerns, einschließlich der Formel für das Getränk, allerdings nicht den Namen, anbieten würde oder (2) nur den Namen, wofür würdest Du Dich entscheiden?"

Ja, ich habe diese Frage von Dir erwartet, Chesster. Lassen wir den Leser darüber nachdenken und entscheiden. Wenn er sich für (1) entschieden haben sollte, sollte er eher eine Karriere in den Geisteswissenschaften erwägen. Warum ist der Name Coca-Cola so wertvoll, wertvoller als alle Vermögenswerte des Konzerns zusammengenommen? Weil Coca-Cola durch seinen Namen, seine Marke, das *stillschweigende Potenzial* verfügt, seinen Markt bis weit in die Zukunft aufrechtzuerhalten und weiter auszubauen.
Anders gefragt, wer oder was ist Pimpi-Cola, selbst wenn es absolut gleich schmeckt? Marken sind mehr als bloße Namen, sie sind ein Statement, sie repräsentieren einen, wenn nicht *den größten Wert*, sie sprechen eine *klare Sprache*, und zum Teil sind sie auch ein Phänomen, weil sie sich rational nicht ganz erklären lassen. Eine gut eingeführte Marke ist das „*Königsasset*" eines jeden Unternehmens, das sie besitzt.

Jetzt, wo wir einsichtig sind, noch eine letzte Frage. Würden Sie Exxon mit Ausnahme seines Namens oder nur seinen Namen nehmen? Wenn Sie sich hier für letzteres entschieden haben, rettet Sie nicht einmal mehr ein Studium der schönen Künste. Den Imageträger eines Unternehmens, einen Namen, eine Marke oder einfach nur den König selbst zu kompromittieren, kann eben, wie bei Exxon, fatale Folgen für Ihre persönliche Partie Schach haben.

Nutze gegnerische schwache Felder!

Wie wir schon im Kapitel über die Koordinaten des Erfolgs festgestellt haben, werden Felder nicht direkt, sondern nur in den *Wirkungen, die sie hervorbringen*, erkannt. In unserem Fall stellt sich durch den Abzug kontrollierender Figuren ein Effekt ein, der es uns erlaubt, die Initiative zu ergreifen und aktiv zu werden.

„Das ist wie in der Politik, wenn Themen zuerst kultiviert und dann fallengelassen werden und sich die Opposition mit großem Effekt später darin breit macht."

Macht breitet sich überall dorthin aus, wo sie zugelassen wird. In unserem Fall bedeutet der *Abzug von Kontrollpotenzial*, dass Felder im höheren Sinne schwach werden und geradewegs zu einer *Infiltration* einladen. Dieser Einladung kommen wir im Normalfall gerne und konsequent nach! Schwache Felder können uns zur *Schaffung von Vorposten* dienen, die Aktivität von *Figuren einschränken* bzw. erweitern oder einfach als *Einbruchsbasis* für unseren aktiven König dienen.
In unternehmerischen Prozessen entstehen schwache Felder sehr oft durch die *unabsichtliche oder absichtliche Dekonzentration* von Ressourcen in strategischen Geschäftsfeldern. Die so geschwächten Business-Units können so gewollt als geplante Finte oder ungewollt zum Angriffsobjekt der Gegnerschaft werden. Genauso geschieht dies auch. Um auf einem Markt den Eintritt zu forcieren oder sich mehr Einflussbereich zu verschaffen, benötigen Unternehmen immer wieder diese vernachlässigten *Einbruchsfelder*, die entweder bereits vorhanden sind oder durch *„positionelle" Kunstgriffe* geschaffen werden müssen. Solche Maßnahmen können sich im kleinen Rahmen auf die *Abwerbung* von erfolgreichen Verkäufern oder Managern des Mitbewerbs beziehen oder die Eröffnung neuer *Geschäftsstellen* in unerschlossenem Gebiet/„Feindesland" vorsehen, die einen Vorteil zu denen des Mitbewerbs aufweisen.

In etwas größerem Stil können positionelle Maßnahmen auch die *Einführung neuer Produkte* oder die *Übernahme* von schlecht betreuten Kundenstöcken betreffen. Positionelle Aktivitäten im ganz großen Stil sehen strategische Fusionen mit assoziierten Partnern oder sogar den *Erwerb* von ganzen Unternehmen vor, die sich in schwachen Feldern des Mitbewerbs ausbreiten können oder dort schon längst angesiedelt sind. Wie Du siehst, Chesster, haben Unternehmen einen ganzen Koffer voller Werkzeuge, um schwache Felder zu schaffen und sie anschließend auszunutzen.

Ich möchte aber jetzt wieder kurz zum Schach zurückkehren, um Ihnen ein Beispiel solcher schwacher Felder zu zeigen und wie sie in professionellster Form für die Infiltrierung des gegnerischen Lagers genutzt werden können. Wir sehen hier eine denkwürdige Partie, die wegen des darin umgesetzten Manövers auf Basis schwacher Felder in die Hall of Fame des Schachs eingegangen ist. Hier sind zwei Großmeister am Werk, *GM Jan Timman* an den schwarzen und *GM Nigel Short* an den weißen Steinen. Die Stellung ist zwar materiell ausgeglichen, doch hat Schwarz ein positionelles Problem, die schwarzen Felder um seinen König sind irreparabel geschwächt. Wie kann dieser Umstand von GM Short effektiv genutzt werden? Nigel Short findet einen für das Mittelspiel wirklich ungewöhnlichen Plan, er marschiert mit seinem König bei vollem Brett einfach drauf los und erreicht über **f4** und **g5** einfach das Feld **h6**, wo er schließlich unparierbare Drohungen aufstellen kann. Jan Timman versucht noch verzweifelt, ein *Gegenspiel* aufzubauen, die Partie ist jedoch in wenigen Zügen zu Ende. Ein zwar *ungewöhnliches, aber doch lehrreiches Beispiel*, wie gefährlich sich schwache Felder auf eine Stellung auswirken können.

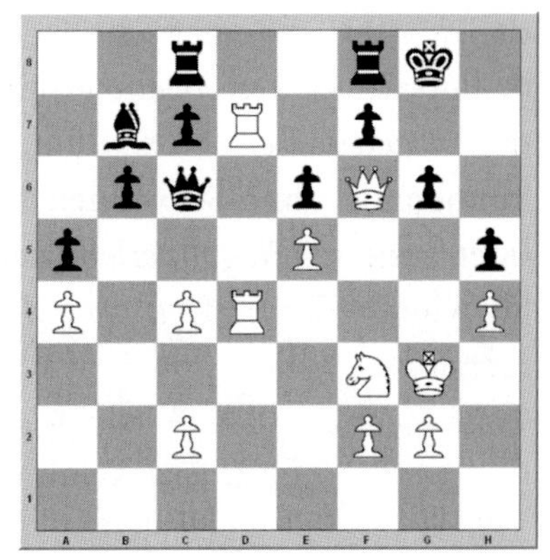

So wie wir schwache Felder im gegnerischen Lager zu einem Angriff nutzen können, sollten wir aber auch immer unsere eigenen Schwächen im Auge behalten, um nicht auf der falschen Seite einer brillanten Partie zu enden wie Jan Timman. Wichtig dafür ist jedenfalls das tiefe Verständnis der eigenen Unternehmensstrategie, die *präzise Einschätzung eventuell auftretender Schwächen* und die dafür *prognostizierte Kompensation* in Form anderer Marktvorteile, die hohe Schule der Unternehmensführung eben!

Kontrolliere das Zentrum!

Wieder einmal landen wir bei einem im wahrsten Sinne des Wortes „zentralen" Thema des Schachs. Wie schon erwähnt, ist das Zentrum des Bretts aus zwei Gründen wichtig. Zum einen erzielen die meisten Figuren ihre *größte Aktivität*, wenn sie in der Mitte des Bretts aufgestellt sind. Die Figuren des Spielers, der das Zentrum kontrolliert, werden daher fast automatisch *mehr Wirkung* erzielen als die seines Widersachers. Der zweite große Vorteil der Zentrumskontrolle liegt in der *strukturellen Flexibilität.* Wenn Figuren zentrumsnah stehen, können sie ohne Schwierigkeiten und sehr kurzfristig auf den einen oder anderen *Flügel verlegt* werden. In unserem Diagramm sehen wir

ein durch Bauern und Figuren gut *gestütztes Zentrum* mit zentralisierten und *aktiv platzierten Figuren*, die bereit sind, sowohl auf den Königsflügel zu schwenken als auch weiter im Zentrum auf andere Aufgaben zu warten.

Es ist wirklich nicht verwunderlich, dass der weiße Spieler nur noch einige Züge benötigte, um den Schwarzen durch einen *Königsangriff* vernichtend zu schlagen. Das gestützte und somit kontrollierte Zentrum ermöglichte einen komfortablen Transport der Truppen zum finalen Einsatzgebiet. Allerdings ist Zentrumskontrolle als solche sehr schwer zu definieren. Es geht weniger darum, eine abstrakte Formel anzuwenden, als in konkreten Situationen das Richtige zu tun. Manchmal kommt es durchaus darauf an, das *Zentrum mit Bauern* zu besetzen, manchmal ist die Kontrolle durch *Figuren aus der Ferne* effektiver. Ob das Zentrum nun durch Bauern oder nicht besetzt ist, entwickeln Sie Ihre Figuren immer so, dass sie Einfluss auf das Zentrum haben.

Ein Spieler, der sein Zentrum mit Bauern besetzt, nimmt jedoch eine *große Verantwortung* auf sich. Wenn er das Bauernzentrum intakt halten und angemessen mit Figuren stützen kann, hat er gute Aussichten auf Vorteil. Ist dagegen der Schutz des Zentrums durch Figuren zu schwach, wird das Bauernzentrum wie jede andere wackelige Konstruktion bei erster *Belastung* in sich zusammenbrechen. Die häufigste Ursache für ungenügenden Schutz des Zentrums durch Figuren ist eine mangelhafte Entwicklung. Kein Wunder, da jeder Bauernzug die Entwicklung einer Figur hinausschiebt.

„Jetzt fällt mir ein, was ich Dich schon längst fragen wollte. Wie kann man das Zentrum in wirtschaftsstrategischer Sicht verstehen? Was bedeutet das Zentrum für ein Unternehmen?"

Das ist eine ausgezeichnete Frage, Chesster, die ich jedoch schon im Zusammenhang mit dem Thema Raum im Kapitel über Strategie und Taktik behandelt habe.

Schütze Deine Grundreihe!

Die Grundreihe eines Schachspiels ist der initiale Standort der Figuren, also im übertragenen Sinne der *Standort der höherwertigen Assets* einer Unternehmung, und ist nicht zuletzt auch der Ort, an dem das Hauptziel, der *König*, selbst zu finden ist. Und um seine Sicherheit geht es in unseren nächsten Betrachtungen.
Im Laufe des Mittelspiels verlassen viele der Figuren ihre Grundpositionen, um sich den strategischen und taktischen Operationen des daily business zu widmen. Da kann es schon vorkommen, dass sich ein König auf einer ziemlich verwaisten Grundreihe wiederfindet. Besonders das Fehlen der Türme kann sich in solchen Situationen im höheren Sinne als eine *Schwächung des Königs* herausstellen, wenn diese auch nicht oft unmittelbar nutzbar ist. Trotzdem ist gerade diese subtile Schwächung der Grundreihe durch die notwendigen Figurenausflüge ein grundsätzliches Motiv der schachlichen Angriffsmethodik. So nebenbei erwähnt, ist das Grundlinienmatt übrigens das am *häufigsten auftretende Matt*, das wir in Schachpartien finden können!

Eine Schwächung der Grundreihe ist also gleichbedeutend mit der Einladung zu einer *Infiltration der gegnerischen Figuren*, im schlimmsten Fall mit der Konsequenz, schachmatt gesetzt zu werden. In unserem Beispiel stellt sich eine theoretische Schwäche im Rahmen mehrerer taktischer Operationen plötzlich als konkreter Nachteil dar.

Ich empfehle Ihnen, diese Stellung auf Ihrem Schachbrett nachzustellen, um meinen Ausführungen zu folgen. Sie werden es nicht bereuen. In unserem Beispiel sehen wir die Nutzung der *schwachen Grundreihe* in einer der brillantesten Kombinationen, die je gespielt wurden. Doch bevor wir zur Tat schreiten, betrachten wir die Stellung gemeinsam und ziehen unsere Schlüsse aus ihr. Was uns sofort auffällt, ist die Platzierung eines weißen Turms *„in freier Wildbahn"*. Er hat sich von seiner Grundreihe wegbewegt und scheinbar aktiv niedergelassen. Immerhin droht er schon, sich die schwachen Bauern auf b6 und b7 einzuverleiben. Recht gefällige Stellung, scheint sich der Weiße zu denken. Weiter fällt uns auf, dass die schwarze Dame und ihr Turm verdächtig auf die durch den Turmausflug geschwächte, weiße Grundreihe schielen.

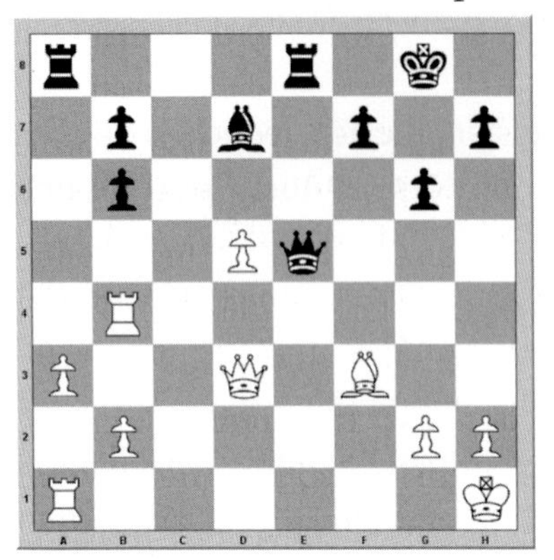

Der einzige echte Bewacher scheint der arme Turm auf a1 zu sein. Doch gerade dieser Turm wird durch den nächsten weißen Zug derart überfordert, dass die gesamte Stellung im Nu zusammenbricht. Der schwarze Zug reißt Weiß aus seiner übermütigen Siegerlaune, **Txa3!!!**. Wir sehen vor uns einen Zug von seltener ästhetischer Schönheit, und er verdient wirklich jedes Einzelne seiner drei Rufzeichen. Weiß hat nun die Möglichkeit, diesen Starturm auf 3(!) verschiedene Arten zu schlagen, doch jeder einzelne Schlagversuch beendet die Partie sofort zu Gunsten von Schwarz. Wir überprüfen das. Schlägt der weiße Turm oder die weiße Dame auf a3, folgt **De1+** mit darauffolgendem Matt. Schlägt der Bauer auf a3, folgt **Dxa1+**, der weiße Turm stellt sich durch die neu geöffnete b-Linie auf b1 dazwischen, doch dann dringt der schwarze Turm auf e1 ein, **Te1+**, und beendet damit das Leiden mit baldigem Matt.

Also bleibt dem Schwarzen nur mehr die Möglichkeit, vom Schlagen Abstand zu nehmen, was ihn aber unmittelbar in hoffnungslosen materiellen Nachteil bringt. „Finito", wie die Italiener sagen würden.

„Brillant!!! Intuitiv erfasse ich schon, welche Analogie der ungeschützten Grundreihe wir in unternehmerischen Prozessen wiederfinden. Trotzdem wäre ein praktisches Beispiel nicht schlecht. Bist Du dafür bereit?"

Ich bin bereit, Dir eine sehr konkrete Analogie zu präsentieren. Im gegenwärtigen *Zeitalter des Zugriffs* kommt der Feind immer seltener durch den Haupteingang. Vielmehr schleicht er sich durch die unzähligen Datenkanäle ins Zentrum der Information. Die Entwicklungen der letzten Jahre haben gezeigt, in welcher Form sich solche Viren, Würmer und anderes Getier in *Informationsnetzen* breit machen und so teilweise irreparable Schäden verursachen. Die Grundreihe ist also nichts anderes als das Synonym für die zentralen, innersten Assets eines Unternehmens, die oft durch die nach außen gerichtete Strategie der „Unternehmensfiguren" zur inneren Schwäche neigen. Eine solche Schwächung, hervorgerufen durch unzureichende oder abgezogene Verteidiger, kann wie in unserem Beispiel zu extremen Wirkungen führen.

Das moderne Management organisiert seine Figuren deshalb nach einem ganzheitlichen Prinzip, *aggressiv und gleichzeitig präventiv*, um solche Schwächen erst gar nicht entstehen zu lassen. Ein gut funktionierendes Unternehmen besitzt ein gesundes Abwehr- und Immunsystem, das jederzeit in der Lage ist, mit allen Angriffen auf effektive Art und Weise fertig zu werden.

Verschaffe Dir Raumvorteil!

Befassen wir uns jetzt mit einem spannenden Thema, das sich wie ein roter Faden durch das gesamte Buch zieht, dem Raum, also genau genommen dem Raum auf einem Schachbrett.

„Ist das nicht ein Widerspruch in sich selbst, ständig vom Raum zu sprechen, wo ein Schachbrett ja nur zwei Dimensionen besitzt, also streng mathematisch nur eine Fläche ist?"

Chesster mit seiner rationalen Logik. Natürlich ist ein Schachbrett zweidimensional und somit eine Fläche. Die Erkenntnisse aus dem Kapitel über Strategie und Taktik haben uns schon erkennen lassen, dass es noch zumindest eine zusätzliche Dimension gibt, die direkten Einfluss auf die *„Schachfläche*" hat, nämlich die Zeit. So könnte man irgendwie eine dritte Dimension, also einen Raum, argumentieren. Aber Schluss, Raum ist einfach ein „terminus schachicus" und wird als solcher jetzt Thema unseres Strategems.

Wie wir schon bei der Betrachtung der Figuren festgestellt haben, gestalten meistens die Bauern den Raum des Schachbretts. Raumvorteil ist eine quantitative Eigenschaft, die im Idealfall durch den *qualitativen Begriff Raumkontrolle* ersetzt wird. Wir gehen aber zu Beginn an die Basis und sehen uns an, wie Raumvorteil geschaffen und genutzt werden kann. Beginnen wir mit einem Beispiel aus der Großmeisterpraxis. Der Führer der weißen Steine hat seine Eröffnung sehr passiv und eher auf präventiver Basis gespielt, was dem Schwarzen viel Freiheit gab, einen *Raumvorteil* aufzubauen und seine *Figuren bequem zu platzieren.* Die Stellung ist ausgeglichen, wenngleich der „schwarze" Großmeister schon konkrete Pläne wälzt, seinen Raumvorteil in ein konkretes Übergewicht zu transformieren. Weiß steht sehr flexibel aufgestellt, hat aber leichte Probleme, einen sinnvollen Plan zu finden.

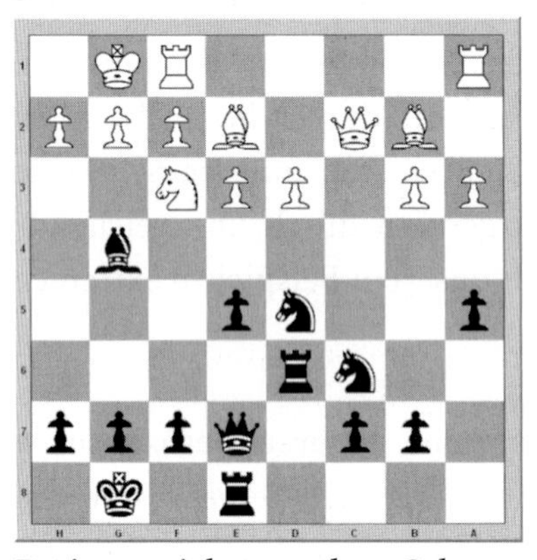

Wir springen ein paar Züge weiter und sehen jetzt, wie ein Raumvorteil in einen konkreten Angriff gegen den gegnerischen König transformiert werden kann. Der Springer auf c6 ist angegriffen und opfert sich freiwillig, um seinem Kollegen mehr Raum zu verschaffen, also **Sd4!!**.

Mit diesem Angriffshammer bricht die weiße Stellung in wenigen Zügen zusammen. Der Rest der brillanten Partie in Kurzform:

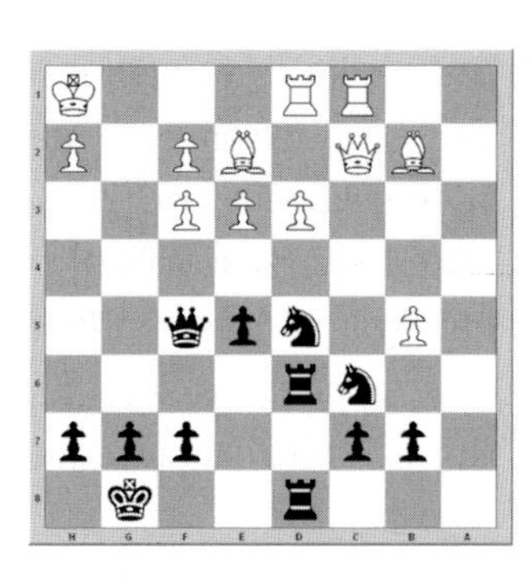

exS ... Th6
Tg1 ... Sf4
Tg4 ... Dh5
H4 ... Dxh4!!
Txh4 ... Txh4+
Kg1 ... Td6
(... mit dem Plan Tg6+ und anschließend Th1#. Sehr einfach, nicht?)

0:1

Wie wir aus diesem Beispiel lernen können ist, Raumvorteil für sich alleine kein Vorteil, er verschafft jedoch Platz für die geplanten Manöver der eigenen Truppen, in diesem Fall mit letalem Ausgang.

„Eine eindrucksvolle Partie, die dem Angriffsspieler zu höchster Ehre gereicht. Doch was kann ich aus dieser Sache für das Management von Unternehmen lernen?“

Lieber Chesster, diese Frage ist leichter zu beantworten als all die anderen davor. Raum ist in analoger Form als *Marktanteil* in der Wirtschaft zu sehen. Dementsprechend besitzen Unternehmen mit Raumvorteil einen größeren Teil des Kuchens, sie haben also Zugang zu mehr *bestehenden* und *potenziellen Kunden* als der Mitbewerb. Das allein ist auch hier noch kein Vorteil, er wird es erst durch die Möglichkeit, diese *Kundenmasse zu dynamisieren* bzw. ihr neue Produkte zu verkaufen. Eine dominierende Masse an bestehenden Kunden erlaubt zusätzliche *Marktstrategien*, die dem *Mitbewerb* verwehrt bleiben.

„Was heißt das konkret für unsere Situation, an welche Möglichkeiten denkst Du da speziell?“

Wie wir schon festgestellt haben, spielt im Schach die Fähigkeit, profitable Transformationen durchzuführen, eine große Rolle.

Ich möchte Dich aber speziell auf das nächste Kapitel verweisen, wo wir uns der *Transformation von Vorteilen* widmen werden. Jedenfalls verhalten sich schachliche genauso wie unternehmerische Prozesse. Großer Raumvorteil, in unserem Fall Marktanteil, kann in jeder Phase als strategisches Tauschobjekt für günstige Transformationen herangezogen oder sogar für die Etablierung einer neuen Unternehmensausrichtung verwendet werden. Ein Beispiel dafür ist der Rückzug aus einem *Massenmarkt* zu Gunsten einer *Zielgruppenstrategie*, die einen absoluten Verlust von Kunden zu Gunsten eines qualitativen Zuwachses an Ertrag pro Kunde ermöglicht.

Unternehmen, die sich über Jahre oder sogar Jahrzehnte hinweg einen dominanten Marktanteil zu sichern versuchten, haben den Vorteil, leichter neue Initiativen entwickeln zu können bzw. den *Mitbewerb zu kontrollieren*. Die Freisetzung neuer innovativer Produkte trifft auf eine marktdominierende Stammkundschaft, die wiederum stimmungskritischen Einfluss auf ihre Umgebung hat.

„Schön und gut, aber was machen Unternehmen, die mit einem übermächtigen Mitbewerb zu kämpfen haben? Wie behandelt man eine gedrückte Stellung?“

Jetzt muss ich Dich wohl an die Konzeption des Igels oder der sizilianischen Verteidigung erinnern! Dort habe ich genau beschrieben, welche strategischen Mittel die beiden Eröffnungsstrategien gegen den Raumvorteil ihrer Gegner zur Verfügung haben. Wir stellen also fest, dass das Mittelspiel durch eine Vielzahl von strategisch und taktisch gefärbten Motiven beschrieben wird, die zu positionellen Vorteilen führen können. Wie ich aber schon angedeutet habe, sind diese einzelnen Stellungsvorteile in den meisten Fällen nur *temporäre Erscheinungen*, die nur durch aktives Spiel konserviert bzw. weitergetragen werden können. Die wahre Kunst im Schach ist es, die bestehenden Vorteile für weitere Transformationsprozesse zu nutzen, die die Partie vereinfachen und daher näher zum Sieg bringen. Das folgende Kapitel widmet sich ausführlich diesem Thema, übrigens einem der zentralsten überhaupt im Schach der Meister.

Die Transformation von Vorteilen

„Die Zukunft hat viele Namen. Für die Schwachen ist sie das Unerreichbare. Für die Furchtsamen ist sie das Unbekannte. Für die Tapferen ist sie die Chance.“ (Victor Hugo)

Thomas Alva Edison hatte für seine Experimente mit Glühlampen bereits an die 40.000 Dollar ausgegeben, bevor es ihm am 21. Oktober 1879 erstmals gelang, eine Lampe für die *Dauer von 40 Stunden* zum Glühen zu bringen. Edison hatte sofort die Vision, die ganze Stadt zu erleuchten und jeden Haushalt mit diesen neuen Glühbirnen auszustatten. Doch wie so oft fehlte das nötige Kleingeld, um die Umsetzung voranzutreiben. Um sein Projekt zu finanzieren, wandte er sich deshalb wie alle damals an den *Finanzier J. P. Morgan*, der ihm jedoch eine klare Absage erteilte. Davon unbeeindruckt verkaufte Edison seinen gesamten Besitz, stellte am Beginn der Wall Street einen kleinen Gleichstromerzeuger auf und ging daran, ein Stromnetz einzurichten, das eine Quadratmeile von Manhattan versorgen sollte.

Die Arbeit war mühsam, erschwert durch technische Probleme der offenen Leitungen, die bei Regen den über die Leitungen trabenden Pferde Stromstösse versetzten. Aber es kam der Tag, an dem Edison endlich demonstrieren konnte, wie seine Konstruktion funktionierte. Um das zu tun begab er sich in das Wohnzimmer desselben J. P. Morgan, dessen Stadthaus bequemerweise innerhalb der Reichweite des Stromnetzes lag.

„Ja, ich kenne das Ende der Geschichte. Edison drehte die Lichter an. J. P. Morgan sagte, aha, hier sind die 3 Millionen, die Sie wollten. Ich bekomme dafür ein Drittel der Firma. Doch Edison wies dieses Ansinnen zurück und offerierte Morgan 1 % der Firma um 10 Millionen Dollar, denn, so sagte er, die Voraussetzungen hätten sich gerade in diesem Augenblick geändert. General Electric war geboren.“

Gute wirtschaftsgeschichtliche Kenntnisse, Chesster! Knapp ein Jahrhundert später entschließt sich eben diese GE, ihr Know-how in die Produktion von Flugzeugmotoren einzubringen und wiederum etwas später eine weitere Transformation hin zur Entwicklung von Wechselstrom-Turbinenmotoren zu wagen. Schließlich zog GE ihr großes Kundenpotenzial zur Etablierung von GE-Capital heran, eine weitere Nutzung ihrer vorteilhaften „Stellung“, und nebenbei eine aktive Transformation von Kernwerten zu lukrativen positionellen Vorteilen.
GE zeigt uns auf eindrucksvolle Weise, wie positionelle Vorteile behandelt werden sollten. Bestehende Vorteile gegenüber dem Mitbewerb sind eben keine statischen Elemente, sie sind von zeitlich und räumlich begrenzter Dauer und sollten daher eine *dynamische, aktive Behandlung* erfahren. Diese Wahrheit erkennt der Schachmeister in jeder seiner Partien und ist nur allzu gerne bereit, erspielte Assets aktiv zu transformieren, zu tauschen, um die Partie zu seinem Vorteil weiterzubringen. Also, wir verstehen jetzt: Vorteile zu erspielen, ist eine Sache, die Partie konsequent zu beenden, „is another pair of shoes“!

Wir müssen aber nicht unbedingt zu den Ikonen der Wirtschaft aufblicken, um Beispiele für Vorteilstransformationen zu finden. Bleiben wir am Boden und im daily business. Eigentlich ist doch jeder kontinuierliche Wirtschaftsprozess, so unwichtig er auch erscheint, eine *Form der Transformation.* Untersuchen wir eine simple Wertschöpfungskette. Die Produktion transformiert materielle oder immaterielle Rohstoffe (Ideen, Konzepte, Wissen) zu Produkten, bringt sie also in eine spezifische Form, während der Vertrieb dazu dient, die in Form gebrachten Rohstoffe als Produkte und Dienstleistungen weiter in Umsatz zu transformieren. Zugegebenermaßen ein simplifiziertes Bild, das jedoch um viele ähnliche und weitaus komplexere erweitert werden kann.

Jedenfalls bedeutet die Transformation immer einen Prozess der Ordnung, des Designs für ungeordnete materielle und immaterielle Güter, der Hand in Hand mit einer *Reduzierung des Materials* geht.

Vereinfacht gesagt: Richtig reduziertes Material schafft höheres Potenzial. Genauso funktioniert dieses Prinzip gleichermaßen in der Wirtschaft und im Schach.
Wenn wir in diesem Buch über Schach sprechen, beobachten wir in erster Linie das Spiel aus der Perspektive von Meistern. Anfängerschach hat vielleicht ob der krassen Fehler einen vordergründigeren Unterhaltungswert, lässt uns aber am Ende des Tages unbefriedigt zurück. Essentielles, und das ist immerhin der Anspruch von **SDM**, werden wir nur durch Partien der Könner auf hohem Niveau verstehen lernen. Eine der wichtigsten dazu nötigen Kernkompetenzen sehen wir in diesem Kapitel. Die Kunst des Schachs auf Meisterniveau besteht darin, *permanent kleine positionelle Vorteile* anzusammeln, sie dann zu einem materiellen Übergewicht zu verdichten, dieses in eine technisch einfach gewonnene Stellung zu reduzieren und dadurch den Kollaps der gegnerischen Stellung herbeizuführen.

„Diese Definition ist zwar von ästhetischem Wert, doch wie geschieht dieser Prozess in der Praxis? Wie verwertet man ein positionelles Übergewicht?"

Lieber Chesster, ein Übergewicht zu besitzen bzw. zu verwerten, bedeutet in erster Linie nicht, sich auf sein Material zu verlassen und sich in eine passive Warteposition zurückzuziehen. Die Gefährlichkeit solcher Konzeptionen kennt jeder Fußballfan, dessen Mannschaft versucht, ein 1 : 0 zu „halten". Der Besitz eines Vorteils zwingt den Spieler geradezu, *Ausschau nach aktiven Transformationen* zu halten, also Vereinfachungen zu suchen, um schließlich mit dem geringsten Aufwand zu siegen. Doch allzu oft fällt die Anspannung bei einem ersten Etappensieg ab und verführt den Spieler zu verminderter Aufmerksamkeit. Falls hier nicht zusätzliche Energiereserven aktiviert werden, ist das der Beginn vom Ende. Die Transformation von Vorteilen ist eher ein *psychologisches denn ein technisches* Problem, das sollten wir uns immer vor Augen halten. „Entscheiden Sie, und vereinfachen Sie". So sehen auch Wacker, Taylor und Means einen Grundsatz zur Bewältigung des immer größer werdenden Chaos.

Ich wundere mich, warum Chesster sich hier nicht zu Wort gemeldet hat. *Wacker*, *Taylor* und *Means* verwenden eine einfache Definition, die in der Praxis jedoch auf Gegenwehr stößt, da es einen Gegenspieler gibt, der zumindest dasselbe versucht, wenn nicht noch mehr. Dieses wechselseitige Ringen um den Sieg und die Vielzahl der dazu verwendeten Werkzeuge und Elemente machen den wahren Reiz des modernen Schachspiels aus. Doch nähern wir uns weiter den konkreten Tipps, die uns zeigen, wie die Transformation in der Praxis des Schachs funktioniert.

Partien, die auf Meisterniveau gespielt werden, zeichnen sich oft durch ein gegenseitiges, zähes, strategisches Belauern aus. Man lockt, man fordert heraus, stellt kleine Fallen, blufft oder schüchtert seinen Gegner nach allen Regeln der Kunst ein. Verschiedene Motive verbinden sich zu temporären Initiativen und wechselseitig vorgetragenen Angriffen. Die Anspannung wächst und zwingt zu Entscheidungen. Sollte es einem der Spieler nun wirklich gelingen, einen positionellen Vorteil herauszuspielen, sieht er sich oft mit einem Dilemma und zwei daraus resultierenden Fragen konfrontiert. Reicht der Vorteil zum sofortigen Sieg durch taktische Maßnahmen aus? Oder muss eine neue Strategie zur weiteren Transformation des errungenen Vorteils gefunden werden? Wenn sich eine Partie durch eine kurzzügige Kombination entscheiden lässt, wird der potenzielle Gewinner einer weiteren weitreichenden Entscheidung enthoben.

„Ich nehme an, der Meister prüft die Kombination gewissenhaft, und ... gewinnt."

Genauso ist es, Chesster! Ungleich schwieriger gestaltet sich die Partie, wenn das Ende nicht so einfach herbeizuführen ist. Dann gilt es, die Partie stetig voranzutreiben, ohne seine erworbenen Vorteile wieder zu verspielen. Eine der essentiellen Fähigkeiten eines Schachmeisters ist eben diese permanente Transformation bestehender Vorteile in andere, so lange, bis die materielle und positionelle Konstellation ein rasches Ende mit Stil erlaubt. Großmeister Alex Yermolinsky, ein bekannter amerikanischer Schachtrainer und -autor, meint zum Thema der Transformation von Vorteilen schlicht und einfach: „Use it or lose it".

Wie wir aber schon in der Theorie des *„ewigen Widerstands"* kennengelernt haben, ist die Verwertung von kleinen Vorteilen im praktischen Schach eine harte Angelegenheit und verlangt neben „technischen" Fähigkeiten auch eine stabile Psyche. Bei aller Komplexität des Schachs lassen sich doch einige grundsätzlichen Prinzipien des Prozesses der Vorteilstransformation feststellen und anwenden. Wir erinnern uns hier an die vier systemischen Prinzipien zu Beginn des Buches und im Speziellen an das Funktionalitätsprinzip der Effizienz, also das Prinzip des minimalen Aufwandes. Auch wenn Sie ihre Stellung nicht in aller Tiefe verstehen, und wer tut das schon, gibt es einfach zu befolgende Ratschläge, die Sie jedenfalls beachten sollten.

„Also, wir sind endlich bei den konkreten Tipps und Ratschlägen angelangt, die Figurenmanagern bei ihren Transformationsbestrebungen helfen können!"

Die erste und zugleich am leichtesten zu befolgende Regel besagt: Vermeide *taktische „Überseher"*. Dieser Schachterm weist darauf hin, dass großartig erspielte Vorteile durch einen einzigen Zug wieder verspielt werden können. Dies ist in erster Linie eine Sache der eigenen Psyche, die bei Erreichung eines Vorteils etwas an *Spannung zu verlieren* droht und so zu Konzentrationsfluktuationen neigt. Demonstrieren Sie Gelassenheit, und konzentrieren Sie sich auf ihre Stellung und speziell auf den nächsten Zug, er ist der erste Schritt in eine rosige Zukunft. Sie werden spüren, dass mit wiedergewonnener Konzentration auch Ihre Motivation und Ihr Siegeswille wiederkehren.

Eine zweite nützliche Erkenntnis bezieht sich auf die Stellung selbst. Wenn Sie einen Vorteil erreicht haben, versuchen Sie bitte, nicht für die Galerie zu spielen. Bei aller motivatorischen Energie haben Sie noch einen weiten Weg bis zum finalen Handschlag zurückzulegen. Sie erinnern sich sicher gerne an die sieben Todsünden des Schachs und vor allem an ihre unangenehmen Konsequenzen. *Konsolidieren Sie Ihre Position* und spielen Sie den Ball damit umgehend Ihrem Gegner zu, der jedenfalls mit größeren Problemen zu kämpfen hat als Sie.

Initiieren Sie Figurentäusche und reduzieren Sie so das Spielmaterial, das Ihr Gegner zur Verkomplizierung der Stellung benutzen könnte. Falls Sie mit diesem Tipp nichts anfangen können, sollten Sie sich nochmals das Kapitel über den „Bluff" zugute kommen lassen. Je weniger Material sich am Feld befindet, desto weniger Gefahr droht Ihnen aus dieser Richtung. Hier erinnern Sie sich sicher auch an das Strategem über die am schlechtesten platzierte eigene Figur oder an die aktivste gegnerische Figur.
Jeder überlegte Tausch bringt Sie ihrem Ziel einen Schritt näher und Ihren Gegner immer weiter in Verzweiflung. Sollte Ihr Gegner nur eine wahrnehmbare Schwäche besitzen, halten Sie Ausschau nach Möglichkeiten, ihm eine zweite zuzufügen. Aus Ihrer superioren aktiven Position fällt es Ihnen leichter, entspannt nach weiteren nutzbaren Schwächen des Gegners zu suchen und ihn so unter Druck zu setzen.

Der letzte Hinweis zur richtigen Transformation von Vorteilen ist zugleich auch der schwierigste. Großmeister Yermolinsky nennt diese Regel „*Keep the flow*" und meint damit die Bewahrung des Momentums in Ihrer Stellung. Denken Sie daran, dass Aktivität der zentrale Motor ist, um eine vorteilhafte Position gegenüber Ihrem Mitbewerb zu bewahren bzw. auszubauen. „Keep the flow" bedeutet nichts anderes, als das *intuitive Verständnis* auszupacken und es zur harmonischen Fortführung der Partie zu nutzen. Exponieren Sie sich nicht unnötig, demonstrieren Sie nicht vordergründige Stärke, um dem eigenen Ego zu schmeicheln. Wenn Sie Ihrem Gegner bis zu diesem Zeitpunkt so überlegen waren, besteht kein Grund, diese angenehme Angewohnheit im entscheidenden Moment abzulegen.

„Das waren sehr schöne Beispiele für den Schachspieler. Sind diese Prinzipien genauso auch ohne großen Aufwand in Unternehmensphilosophien zu verankern?"

Ich denke, dass diese Ansätze sehr wohl in Unternehmen und auch bei erfolgreichen Managern vorhanden sind. Doch die Umsetzung ...

Wenn wir die Erfolgsgeschichten der letzten Jahrzehnte genauer studieren, finden wir eine Vielzahl ähnlicher Erfahrungen und Richtlinien, die den Erfolg formen und bedingen. Nokia und 3M haben es uns vorgezeigt, wie man, mit einer *klaren, kollektiv verankerten Vision* ausgestattet, bestehende Vorteile und Assets über Jahrzehnte hinweg aktiv transformiert, sich immer wieder neue Unternehmensfelder sichert und so letztendlich den Erfolg vorantreibt. Das funktioniert aber eben nur, wenn das beschriebene Gedankengut auf die eine oder andere Weise in die Unternehmen Einzug gefunden hat.

Kehren wir noch einmal zum Schach zurück und betrachten unser Thema in einer besonders kritischen Phase der Partie. Es betrifft den Übergang vom Mittelspiel ins Endspiel. In dieser Transformation zeigt sich die wahre Meisterschaft eines Schachspielers. Wer die Fähigkeit besitzt, das richtige Timing zu bestimmen, um eine vorteilhafte Mittelspielstellung in ein Endspiel zu transformieren, darf sich mit Fug und Recht Meister des Figurenmanagements nennen.

Es ist die letzte große Verwandlung in unserer Partie Schach und dementsprechend auch die wichtigste. In wirtschaftlichen Termen würden wir einen solchen „Player“ wahrscheinlich auch Großmeister des schlanken Managements, oder englisch *„Lean Management“*, nennen wollen. Er alleine sieht durch bestehende Strukturen hindurch die effizienteste Form der Organisation, und setzt sie konsequent um. Der dafür notwendige Überblick über das Gesamte, diese schon so oft beschworene „seherische Gabe“, ist eine der letzten unergründeten Bastionen des großmeisterlichen Schachs und Managements.

„Ich glaube, mich an ein sehr eindrucksvolles Statement von Großmeister Wladimir Kramnik zu erinnern, in dem er genau diese Fähigkeit beschreibt.“

Richtig, Chesster! Der aktuelle Weltmeister Wladimir Kramnik meinte unlängst in einem Interview mit dem „Spiegel“: *Lehrbücher* können einem vermitteln, wie man zu einem *starken Schachspieler* wird, doch, um *Großmeister* zu werden, ist ein anderer Zugang notwendig. In diesen Regionen des Schachs kommt das Verständnis einer Stellung zu Dir, Du musst es nicht erst lange suchen. Je mehr Du das Schach verstehst, desto unklarer und verschwommener werden alle bis dahin erlernten Regeln und Lehrmeinungen. Alles fließt ineinander und weicht schließlich einem unglaublich befriedigenden kreativen Prozess.

Diese sehr eindrucksvolle Beschreibung des „*Schachfühlens*" beendet für jetzt die Einsichten über die Führung des Mittelspiels und bringt uns der Entscheidung unserer Partie wieder einen Schritt näher.

6. DAS ENDSPIEL, DIE BEGRENZTE UNENDLICHKEIT

Grundsätzliches

„Wer darauf besteht, alle Faktoren zu überblicken, bevor er sich entscheidet, wird sich nie entscheiden." (Henri-Frederic Amiel)

Wie uns der prosaische Name schon mitteilt, ist das Endspiel die *letzte Phase* einer *Partie Schach*. Hier kommt es zum großen Showdown, in dem sich entscheidet, ob alle bis dahin in Kauf genommenen Anstrengungen, alle materiellen und emotionalen Einsätze die gewünschten Früchte tragen. Das Endspiel ist das Ziel eines langen Weges am Ende des Tages. Die letzten *Energiereserven* werden aktiviert, ein letzter *Schub an Motivation* mobilisiert. Im Normalfall befinden sich beide Spieler so ungefähr in der vierten bis sechsten Stunde ihres einsamen und doch gemeinsamen Kampfes. Was erwartet sie nun?

Das Endspiel hat seine eigenen *Gesetze*, in die wir uns jetzt vertiefen werden. Natürlich gelten noch immer die uns bekannten Regeln des Schachs, doch das Endspiel hat so seine ganz speziellen Tücken, es unterliegt einer *grundsätzlich anderen Logik* als die Eröffnung und das Mittelspiel zuvor. Das reduzierte Material befördert den Spieler in die erwähnte Unendlichkeit auf 64 Feldern.

Gut. Sie haben alle Elemente des Mittelspiels erfolgreich umgesetzt und befinden sich jetzt im Endspiel. Das *Feld hat sich gelichtet* und das *Tempo signifikant* verändert. Während das Mittelspiel, mit seinen vielen Figuren und Plänen, einen Weg und auch ein Ende erahnen lässt, zeigt das Endspiel eine grundlegend andere Charakteristik. Alles fließt, alles ist so einfach und doch so schwierig.

„Der Großmeister der Literatur Samuel Beckett erinnert uns in seinem Werk „Das Endspiel" durch seine Dialoge daran, wie zermürbend ein Schachendspiel sein kann."

Durch die reduzierte Anzahl der Figuren ist jeder Zug noch genauer zu überlegen, jetzt kann jeder Fehler sofort das Spiel entscheiden. Gerade hier zeigt sich der größte Unterschied zwischen dem Großmeister und dem Hausmeister des Schachs, zu denen ich mich übrigens zähle. Während durchschnittliche Schachspieler im Endspiel oft durch die Weite des Bretts überfordert sind, erkennt der Meister klare *Handlungsmuster*, die es ihm erlauben, schnell und präzise zu entscheiden und dem Sieg entgegenzuziehen.

Die *Transformation vom Mittelspiel ins Endspiel* ist die große Domäne der Großmeister, dort zeigt sich ihre wahre Meisterschaft im Schach. Das scheint im ersten Augenblick ein Widerspruch zu sein, wo doch die rein mathematische Komplexität doch eher im Mittelspiel gegeben scheint. Die Wahrheit ist jedoch, dass das Mittelspiel gerade wegen seiner Komplexität mehr Fehler toleriert und mehr Raum für das „Spiel" lässt. Im Endspiel wird alles sehr schnell ernst. Während ihre Gegner in der Phase des Mittelspiels vielleicht noch die eine oder andere Finte anbringen konnten, befinden sich Großmeister jetzt in ihrem Element. Gerade die scheinbar simplen *Stellungen mit reduziertem Material fordern mehr Klasse*, als es so ziemlich jede Mittelspielstellung vermag. Alle großen Weltmeister, selbst die Meister der Taktik, waren ausnahmslos außergewöhnliche Endspielexperten.

„Warum erklärst Du uns ständig, dass das Endspiel so ganz anders zu verstehen ist, als die Phasen zuvor? Ist das Endspiel nicht durch reine Logik zu ergründen?"

Eben nicht alles erscheint auf den ersten Blick logisch, Chesster, vielmehr erfordert das Endspiel *mehr konkretes Wissen* und Erfahrung als jede andere Phase einer Schachpartie. Im Endspiel treten die grundsätzlichen *Strukturen und Funktionalitäten der einzelnen Figuren in den Vordergrund*, die einzelne Leistung wirkt deutlicher. Hier setzt sich das tiefe Verständnis für das hintergründige Wesen jeder Figur durch, das eben jene Großmeister auszeichnet. Während im Mittelspiel kleine Ungenauigkeiten nicht unbedingt zu großen Wirkungen führen müssen, *verzeiht das Endspiel selbst kleine Fehler nicht.*

Wir werden diese Erkenntnis in vielen Elementen wiederfinden und genau untersuchen. Die Großmeister des Figurenmanagements beider Denkspiele haben den berühmten Blick dafür, wie sie die bestehende Bürokratie in die *minimal notwendigen Strukturen* bei gleichzeitig höherer Effektivität transformieren können. Sie erkennen intuitiv sofort, dass die zielgerichtete Vereinfachung eben nur durch die *richtige Reduktion von Material* herbeigeführt werden kann. Und machen es dann einfach!

„Erfahrung ist jene Eigenschaft, die man am besten vor ihrer Kenntnis gebraucht hätte.“

Der einsetzende Effekt der Reduktion führt zu einer klareren Leistungstransparenz aller Beteiligten, wie wir es ähnlich in kleinen Unternehmen finden, wo jeder Mitarbeiter und jede Führungskraft, bis hin zum Unternehmer selbst, eine *deutlich ersichtliche Performance* zeigen. Durch das reduzierte Material treten die einzelnen Figuren im Endspiel direkter in Erscheinung und sie bewegen sich scheinbar auch schneller. Aller unnötige Ballast fällt von ihnen ab. Die Kommunikation zwischen den einzelnen Figuren funktioniert besser, es werden nur die *wichtigsten Ziele anvisiert* und *weniger an Ressourcen* oder *Zeit verschwendet.* Wie auch im Mittelspiel, nutzt der versierte Endspielkünstler ganz spezifische Formen von Mustern, die sein Spiel vereinfachen und dem Ziel näher bringen. Untersuchen wir nun die wichtigsten Elemente dieses schachlichen „*Lean Managements*“.

Elemente des erfolgreichen Endspiels

„Logic. The art of going wrong with confidence.“ (Joseph Krutch)

Nach der allgemeinen theoretischen Betrachtung des Endspiels müssen wir uns jetzt konkret fragen, wie wir diese reduzierte Bürokratie herbeiführen und effektiv zu unserem Vorteil nutzen können.

Die folgenden Motive zeigen die grundsätzlichsten Vorgehensweisen im Endspiel, ohne den Anspruch der Vollständigkeit zu erheben. Das Endspiel sieht jedenfalls die *Geburt eines neuen Stars*, der sich in den vorhergegangenen Phasen der Partie bisher noch nobel zurückgehalten hat und jetzt mit aller Macht ins Zentrum des Geschehens rückt. We proudly present: *The King*!

Aktiviere Deinen König!

Es ist erstaunlich, wie oft schwächere Spieler die Kraft des Königs im Endspiel unterschätzen; vielleicht aus der Angst, den König zu sehr zu exponieren und *unvorhergesehenen Angriffen* auszusetzen. Im Mittelspiel, wo er einer großen Anzahl von gegnerischen Figuren und Drohungen ausgesetzt ist, sollte er auch zu Hause bleiben. Dort, wo er durch eigene Bauern und Figuren geschützt wird. Mit der Reduktion des Materials wächst jedoch sein Potenzial, er ist, durch die reduzierte Bürokratie von seiner Anonymität befreit, jetzt bereit, aktiv in das Geschehen einzugreifen und sein wahres Können zu zeigen. Ein *aktiver König* kann in einer ausgeglichenen Endspielstellung den großen Unterschied zwischen Gewinn und Verlust bedeuten, und das verstehen Großmeister intuitiv.

Schon in der Transformationsphase zum sich abzeichnenden Endspiel nutzen sie jedes Tempo, um den eigenen Monarchen in eine aktivere

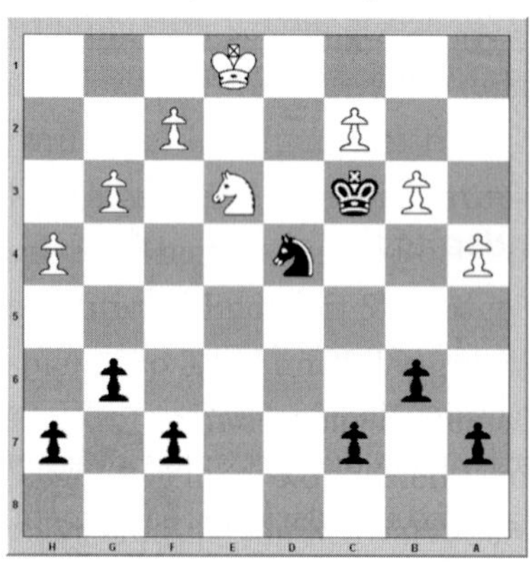

Position zu bringen. Dieses eine Tempo kann bereits maßgebliche Auswirkungen auf die gegnerische Stellung haben, jedenfalls ist die Macht des Königs im Endspiel auch bei anderen Motiven ein Hauptthema unserer Betrachtungen.

In unserem konkreten Beispiel, übrigens auf Großmeisterniveau gespielt, sehen wir ein Endspiel, in dem Bauern, Springer und eben besagte aktive/passive Könige eine zentrale Rolle spielen. Wie beurteilen wir nun diese Stellung?

Beide *Seiten besitzen Schwächen*, doch nur eine Seite kann diese für aktive Operationen nutzen. Diese Stellung ist noch weit entfernt von einer endgültigen Entscheidung, sie zeigt aber, wie Könige im Endspiel Initiative entwickeln können. Auffällig ist, dass sich die weißen Figuren primär auf Verteidigungsfunktionen beschränken müssen, was der nächste Zug von Weiß bestätigt, **Kd1**. Nun sind alle Figuren an passive Aufgaben gebunden, und es ist kein Wunder, dass die Verteidigung des Weißen nach weiteren zehn Zügen überfordert war und er die Segel streichen musste.
Wie in diesem Beispiel gesehen, hat der König prinzipiell Zugang zu allen Feldern, er deckt und droht zugleich und schränkt seinen Widerpart durch die *Oppositionsregel* (vgl. Figurenprofil König) in dessen Bewegungsfreiheit ein. Er kommuniziert mit seinen Figuren, verschafft ihnen Stützpunkte und überwacht deren Koordination.

„Ein aktiver König im Endspiel. Ich verstehe die Idee dahinter jetzt viel besser, doch finde ich nur schwer einen konkreten Vergleich im täglichen Business eines Unternehmens."

Eine interessante Analogie finden wir wieder bei Jack Welch. Als er seinen Restrukturierungsprozess in Gang setzte, reduzierte er die Hierarchien und *brach mit traditionellen Manager-/ Mitarbeiterbeziehungen*. Jeder Mitarbeiter sollte sich frei fühlen, bei seinem Vorgesetzten vorzusprechen, um seine Meinung zu Problemen äußern zu können. Dazu musste er aber auch in die Köpfe der Führungskräfte. Er organisierte *„Stadttreffen"*, bei denen Spitzenführungskräfte mit einfachen Arbeitern und Angestellten über die Verbesserung der Geschäftsprozesse diskutierten. Die „Könige" hatten sich durch Welchs Initiative selbst aktiviert und ins Spiel geworfen. Diese neuen Treffen waren ein voller Erfolg. Manager brachten sich *direkter in die einzelnen Prozesse* an der Basis ein und lösten Probleme gemeinsam mit ihren Mitarbeitern. Diese Aktivierung der Manager und mit ihnen manche ihrer bis dahin brachliegenden Führungsqualitäten verstärkten den *Zusammenhalt im Unternehmen* nachhaltig. Eine neue Kultur war geboren. Lang lebe der König!

Im umgekehrten Sinne sollte man aber auch immer ein Auge auf die Aktivitäten des gegnerischen Königs werfen. Wenn er sich anschickt, sich selbst ins Spiel zu bringen, halten Sie mit Ihrem König dagegen und bilden Sie eine Opposition. Die *Oppositionsregel* nutzt den Umstand, dass sich Könige einander nur bis auf ein dazwischenliegendes Feld nähern dürfen, und blockiert so eine weitere Aktivierung des gegnerischen Monarchen.
Zusammenfassend erkennen wir, dass aktive Könige sich in alle auf dem Schachbrett stattfindenden Prozesse einbringen, ihre Figuren besser koordinieren und schließlich die Bewegungsfreiheit des Gegners einschränken können. Nutzen wir diesen Umstand!

Vermeide Bauerninseln!

„Dazu fällt mir spontan etwas Passendes ein. Bauerninseln sind die einzigen Inseln, auf denen man sich nicht ausruhen kann! Na, was sagst Du jetzt, Alex!"

Ich bin beeindruckt von Deiner spontanen Eingebung, obwohl Biologen mit ihren *„Langerhansschen Inseln"* heftig protestieren werden. Dieser Schachhumor zeigt in der Tat eine grundsätzliche Problematik und zugleich ein richtungsweisendes Strategem des Endspiels, das aber schon im Mittelspiel beachtet werden sollte. Miteinander verbundene Bauern können einander decken bzw. im Vormarsch unterstützen. Vereinzelte Bauern hingegen verlangen nach *erhöhter Aufmerksamkeit* des Inhabers, da sie sich nicht

mehr gegenseitig decken können und daher einen intensiveren *Schutzaufwand* benötigen, für den Figuren abgestellt werden müssen. Treten diese vereinzelten Bauern auch noch in größerer Anzahl auf, ist das Problem bereits akut. Diesen Umstand finden wir oft auch in der Wirtschaft. Der strategische Fehler ist besonders klar bei solchen Unternehmen erkennbar, die ohne klare Vision oder Strategie einen umfassenden Diversifizierungsprozess verfolgen und sich durch die

Inkompatibilität ihrer Strukturen und dem investiven „Schutzaufwand“ mit einer *erhöhten Organisationsaufgabe* konfrontiert sehen. Die notwendige Rückbesinnung fordert dann schmerzhafte Opfer. Gerade bei der folgenden Reorganisation von Unternehmen und der konsekutiven Rückbesinnung auf ihre Core Competence entdecken die handelnden Figuren oft das wahre Dilemma der überdehnten Aufstellung und der *Dekonzentration von Ressourcen.* Diese wirtschaftlichen „Bauerninseln“ sind langfristige Schwächungen, verzögern eine Neuausrichtung und stellen ein ernstzunehmendes strukturelles Problem dar. Im Endspiel sind solche grundlegenden Strukturprobleme meist das Zeichen einer verfehlten Mittelspielstrategie und sind leider nicht mehr ohne große Schmerzen zu reparieren. Der Gegner wird diese Schwächen dankbar bemerken, zu einem Angriff nutzen und sich an der daraus *folgenden Passivität der Verteidiger* erfreuen.
Im konkreten Beispiel, übrigens gespielt von einem der größten Endspielkünstler aller Zeiten, *Akiba Rubinstein*, sieht man die strategische *Ausnutzung solcher Schwächen* in seiner schönsten Form.

„Die Endspielkunst Rubinsteins war von unendlicher Klarheit und verleitete einen Zeitgenossen Rubinsteins zu der Aussage: Akiba, für dieses Endspiel wären Sie im Mittelalter am Scheiterhaufen verbrannt worden!“

Weiß, am Zug, muss seinen angegriffenen Bauern auf a3 decken, also spielt er **Tc3**. Schwarz antwortet mit **Ta4** und greift den nächsten Bauern an. Weiß deckt auch diesen Bauern, **Td3**. Zum ersten Mal erkennen wir, was Schwarz mit seinen initialen Zügen erreicht hat, der weiße Turm erfüllt im Gegensatz zu seinem schwarzen Widerpart nur passive Funktionen und kann nicht mehr aktiv eingreifen. Damit ist der erste Teil des strategischen Plans abgeschlossen, jetzt gilt es, den eigenen

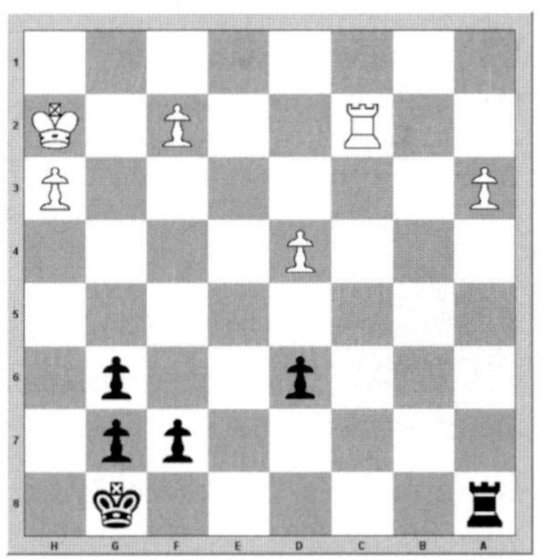

König zu aktivieren (!), also **Ke7**. Der Weiße kann dem aktiven Plan nichts entgegensetzen, und Rubinstein verwertete seinen positionellen Vorteil alsbald in einen materiellen, der zum baldigen Sieg reichte.

Wie wir also sehen, stellen Bauerninseln eine permanente Quelle der Sorge dar, da sie leicht zur *Überforderung der verteidigenden Figuren* führen können. Das sollte bei jeder Stellungstransformation beachtet werden. Trachten Sie daher, mit möglichst *wenigen Bauerninseln* ins Endspiel zu gelangen, oder umgekehrt, Ihrem Gegner möglichst viele zuzufügen. Wie aber sieht dieses Strategem nun in der *wirtschaftlichen Realität* aus?

Einen Ansatz dieses Schachstrategems findet man ganz eindeutig in der Restrukturierungspolitik Jack Welchs bei GE. Er erkannte klar, dass seine Vision von der Zukunft des Unternehmens nur mehr *Geschäftsbereiche akzeptieren* konnte, *die Nummer 1 oder Nummer 2 in ihrem Geschäftsfeld* waren oder kurzfristig werden konnten. Jack Welch sah die Nummer 3 oder 4 als Problemfälle, die sich zukünftig im globalen Wettbewerb, der globalen Partie sozusagen, nicht behaupten und so mittelfristig seine Umstrukturierung gefährden könnten. Er verfolgte eine klare Strategie, die nur ohne Störgeräusche, also Unternehmen, die eben nicht Nr. 1 oder 2 waren, erfolgreich umzusetzen war. Die anvisierte Philosophie der *erhöhten Leistungsorientierung* wäre sonst mit unnötigem philosophischem Ballast sehr unglaubwürdig erschienen. Ihm war klar, dass *weniger Bauerninseln mehr Handlungsspielraum* für aktive zukunftsorientierte Handlungen bedeuteten.

Das ist auch der strategische Ansatz beim „Inseltheorem“. Je mehr Ausrichtungen, je mehr Bauerninseln, je mehr Leistungsstufen, wie bei GE, desto *tendenziell passiver* erfolgt die Behandlung der Position.

„Was hat Welch dann mit Unternehmen gemacht, die seine Forderung nach der Nr. 1 oder Nr. 2 nicht erfüllten?“

„Großmeister“ Jack Welch stieß unproduktive Bereiche sofort ab, sehr zur diebischen Freude des „materiellen“ Mitbewerbs, um GE als *Gesamtunternehmen* letztendlich schlagkräftiger zu machen.

Er setzte unwissentlich damit ein weiteres schachstrategisch höchst interessantes Prinzip um, nach dem die *Aktivität und Initiative* immer über kurzfristige materielle Überlegungen zu stellen sind. Wir sind dazu schon im Kapitel über Strategie und Taktik fündig geworden.

Jedenfalls war die Strategie Welchs sehr erfolgreich und bescherte GE viele Jahre des Wachstums und einer steigenden Profitabilität. Zusammenfassend können wir also erkennen, dass *vereinzelte Bauerninseln strukturelle Schwächen* sind, die langfristige Auswirkungen haben und die Verteidiger in passive Positionen zwingen.

Bilde entfernte Freibauern!

Wie wir schon erfahren haben, besitzen Bauern nicht nur strategische Relevanz, sondern können auch ganz konkret durch ihre Verwandlung in andere Figuren zur entscheidenden Umverteilung des Materials führen. Aus diesem Grund trachtet ein versierter Schachspieler immer danach, für das Endspiel Bauern zu bilden, die ohne jedes Hemmnis vorwärts marschieren können, daher auch der Name *Freibauer.* Die idealste Form dieses Freibauern ist der *entfernte Freibauer.* Und den sehen wir uns jetzt an.

Er entsteht an dem Flügel, von dem der gegnerische Königs am weitesten entfernt ist. So schafft er die *latente Drohung,* schnell vorzurücken und sich in eine höherwertige Figur zu verwandeln. In der Praxis wird diese Drohung aber selten ausgeführt, vielmehr dient ein entfernter Freibauer meist dazu, die *feindlichen Kräfte an seine Kontrolle zu binden,* um das eigene Hauptaugenmerk ungestörter auf die höherwertigen Assets des Gegners zu konzentrieren. Der entfernte Freibauer gewinnt an Kraft, je weniger Figuren am Brett sind. Wenn Ihr Gegner sechs Figuren besitzt und eine davon zur Kontrolle des Freibauern abstellen muss, kann er das verkraften, bei jeweils einer verbleibenden Figur ist diese Bindung schon entscheidend. Die wichtigste Erkenntnis daraus: Der entfernte Freibauer ist also letztendlich nichts anderes *als ein subtiles Lenkungsmanöver.*

In dieser konkreten Stellung ist Weiß am Zug. Jeder Bauernzug *verschlechtert* seine Stellung, da die Bauern in ihrer Grundstellung die wenigsten Angriffspunkte für den gegnerischen König bieten. Andererseits ist der König auch an die *Deckung des eigenen Bauern gebunden*. Es bleibt ihm daher nichts anderes mehr übrig, als verzweifelt den gegnerischen schwarzen Freibauern anzugreifen, also **Kb3**. Und genau hier tritt das Prinzip des entfernten Freibauern in Aktion. Er zwingt den König, sich von seinen wichtigsten Assets weiter zu entfernen. Schwarz schlägt den weißen Bauern auf d3 und nähert sich den verbleibenden schwarzen Bauern, also **Kxd3**. Der weiße König schlägt nun den entfernten Freibauern, **Kxa3**, während sich sein Gegner auf den Weg macht, **Ke2**.

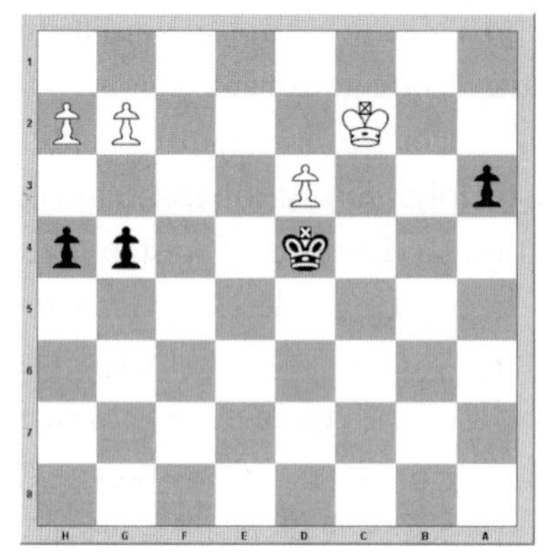

Der weiße König versucht zurückzukehren, **Kb3**. Doch es ist schon zu spät. Der schwarze Monarch wird sich über f2 an die schwarzen Bauern heranmachen, sie dann schlagen, um schließlich seinen eigenen Bauern zu höheren Weihen zu verhelfen. Schwarz sollte die Partie an dieser Stelle sofort aufgeben, da er ohne die geringste Chance verbleibt. Sehr einfach, findest Du nicht, Chesster?

„Aha, ein entfernter Freibauer ist also ein strategisch wichtiges Mittel für die Lenkung und Bindung des Gegners, ein subtiles Ablenkungsmanöver."

Eine interessante Analogie zum entfernten Freibauern finden wir bei Unternehmen, die am selben Markt eine *2-Markenstrategie* umsetzen. Warum tun sie das? Synergetische Effekte scheiden aus, da eine Marke weniger Aufwand bedeutet als die permanente Betreuung zweier Marken. Ich denke, dass der Grund für eine solche Strategie eher *in den Köpfen der Konsumenten* zu suchen ist, die gerne ähnliche Produkte und Dienstleistungen vergleichen wollen, bevor sie letztendlich kaufen.

Eine 2-Markenstrategie hat ebenfalls den Vorteil, Nuancen im Marktauftritt besser testen zu können, um langfristig eine *effektivere Positionierung* zu finden. Aber genauso wie der entfernte Freibauer letztendlich geopfert wird, um das hauptsächliche Ziel anzuvisieren, werden auch 2-Markenphilosophien in den meisten Fällen nur über einen gewissen Zeitraum aufrechterhalten, um schließlich vorteilhaft fusioniert zu werden.

Zusammenfassend können wir also feststellen, dass ein Freibauer, besonders ein entfernter, eine nicht zu unterschätzende Waffe und Bedrohung darstellt. Er lenkt die gegnerischen Figuren ab, um einen Angriff am entgegengesetzten Flügel zu ermöglichen. Wenn also wieder einmal ein Geschäftsführer damit konfrontiert wird, vom Aufsichtsrat einen Kollegen an seine Seite gestellt zu bekommen, wird er sich hoffentlich an dieses Strategem erinnern. Er wird seine Figuren nicht passiv mit Beobachtungsaufgaben positionieren, sondern vielmehr *aktive Gegenchancen* suchen und seine Position damit nachhaltig verbessern. Letztendlich geht es in diesem Beispiel nur um einen Angriff auf die wahren Assets, nämlich die Macht im Unternehmen. Falls unser fiktiver Geschäftsführer schon im Vorfeld dieser strategischen Pointe seine Figuren richtig positioniert hat, wird sein neuer Kollege ein schweres Spiel haben.

Turris a tergo (Turm von hinten)!

Das jetzt folgende Beispiel war das erste systematisch erforschte Theorem im Rahmen von **SDM**, es war also die Urmutter aller Überlegungen. Wie wir schon festgestellt haben, haben Türme Zugang zu allen Feldern. Speziell *im Endspiel bei reduziertem Material* können sie ihr wahres Potenzial so richtig ausspielen. Sie sind im Zusammenspiel mit anderen Figuren der ideale Kooperationspartner für konzertierte Aktionen gegen die Stellung des Opponenten. Wir untersuchen jetzt ein ganz spezielles *Figurentandem*, in dem jedoch gar nicht der Turm, sondern ein Freibauer die eigentliche Hauptrolle spielt.

Richtig eingesetzt, werden Türme zu mächtigen Verbündeten von solchen freien Bauern und ermöglichen deren *kontinuierliche Annäherung an die gegnerische Grundlinie*, wo, wie wir schon erfahren

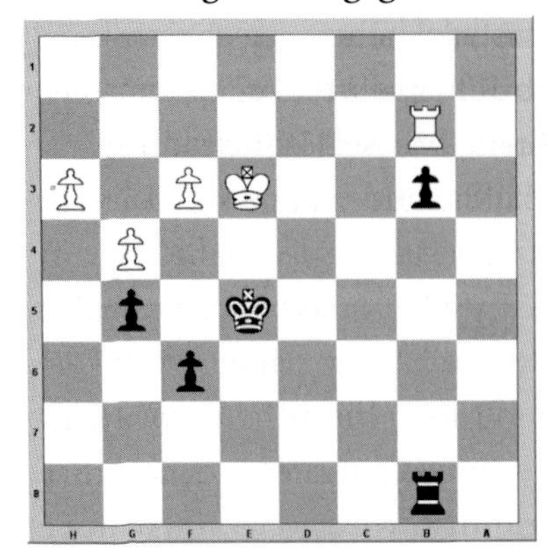

haben, die Verwandlung in eine höherwertige Figur möglich wird. Eine solche Verschiebung des materiellen Gleichgewichts hat im Endspiel dann meistens einen entscheidenden Charakter und ist daher ein wichtiges strategisches Ziel am Weg zum Sieg. Grundsätzlich kann ein Turm seinen Freibauern *aus drei Richtungen bei seinem Vorhaben unterstützen:* Von *vorne*, von der *Seite* und von *hinten*. Die effektivste Form der Unterstützung von Freibauern erfolgt jedoch durch Türme, die ihre *Bauern von hinten begleiten.*

„Nicht umsonst ist „Turris a tergo" lateinisch und bedeutet genau das, nämlich „Turm von hinten"."

Diese Position hat zwei grundsätzliche Vorteile. Erstens stört ein Turm hinter einem Freibauern dessen *Weg zur gegnerischen Grundlinie nicht*, und zweitens gewinnt jeder Zug des Bauerns *zusätzlichen Raum für den Turm*, was bei einer Positionierung vor dem Bauern, also in dessen Laufrichtung, genau den gegenteiligen Effekt hätte. Etwas prosaischer ausgedrückt, könnte man meinen, ein derart positionierter Turm *produziert Rückenwind für den anstehenden Höhenflug seines Bauerns*. Doch genau

diese bildliche Formulierung lässt uns leichter die Parallele im Zusammenspiel der Menschen in einem Unternehmen erkennen.

Analog dem Strategem „Turris a tergo“ können Führungskräfte mächtige Verbündete von initiativen Mitarbeitern sein, wenn sie diese richtig unterstützen. Jetzt wird das Beispiel mit dem Rückenwind klar, denn wer seine Leute von hinten unterstützt, ihnen also die *Umsetzung ihrer Ideen mit definierter Zielrichtung*, wie z. B. einem „Umwandlungsfeld“, vollständig überlässt, erzeugt eben genau diesen gewünschten Effekt. Im Gegensatz dazu erzeugen Führungskräfte, die sich unnötigerweise zu viel selbst einbringen, und manchmal auch aus ziemlich egoistischen Motiven, einen *störenden Seitenwind*, der weniger beflügelt als aus der Bahn drängt. Unzählige Beispiele wären hier anzuführen, in denen es letztendlich nur um „Verkauf der Idee nach oben“ geht, und die dadurch irreparablen Schaden im unternehmenspsychischen Sinn verursachen. Die schlimmste Form der Unterstützung wäre analog dem Beispiel aus dem Schach die Positionierung des Turms vor dem Bauern. Ein solcher *Gegenwind* hat noch in den seltensten Fällen zur Beschleunigung neuer Ideen und Konzepte beigetragen. Beruhigend zu wissen, ist jedoch, dass ein derart platzierter Turm zwar den Freibauern behindert, in letzter Konsequenz aber auch *seinen eigenen Handlungsspielraum einschränkt*, wenn der Bauer vorwärts zieht. Manchmal ist das Schicksal eben auch gerecht!

Sie wenden jetzt mit Recht ein, dass Gegenwind ja ein grundsätzlicher Widerspruch zum Thema der Unterstützung von Mitarbeitern, äh Bauern, sei. Sprachlich mögen Sie recht haben, doch manchmal spielen im realen Unternehmensalltag nicht nur rationale Gründe eine Rolle für die praktizierte Entscheidungskultur. Ich kenne Fälle, wo *Mitarbeitern volle Unterstützung* zugesagt wurde, nur um sie letztendlich zu bremsen. Aktionen wie diese dienen dazu, sie zu beschäftigen und sie von ihren wahren Intentionen, wie Anerkennung, Beförderungen oder Gehaltserhöhungen, abzulenken.

Dieses Beispiel wäre ebenso unter dem Thema „Entfernter Freibauer“ abzuhandeln gewesen, da es sich um eine Lenkung im klassischen Sinne handelt. Sie bemerken, wie die einzelnen Motive im Schach miteinander verwoben sind und wie die Kenntnisse all dieser Strategeme zur Beibehaltung der eigenen Richtung beitragen können.

Jedenfalls unterstützen wir unsere Bauern von hinten und folgen dem erfahrenen Jack Welch, wenn er meint: „Wenn man das *Potenzial der Leute* nutzbar machen will, ... , muss man sie loslassen und die bürokratischen Fesseln lösen, ...“. Wir stimmen dem voll und ganz zu. „Empowern“ Sie Ihre Mitarbeiter, geben Sie Ihnen Verantwortung und lassen Sie sie an vorderster Front für die Gesamtziele des Unternehmens kämpfen. Die Förderung dieser Erfolgsdynamik mit der damit erzeugten *„Figurenenergie“* wird Sie und Ihr Unternehmen zu neuen Höchstleistungen beflügeln.

Nutze den Zugzwang!

Manager sind dazu da, um Entscheidungen zu treffen. Sie erschaffen interne Strukturen, setzen Strategien um und positionieren ihre Strategien gegenüber dem Mitbewerb. Dies führt zu einer *Verteilung der verschiedenen Kräfte* auf dem Markt und grenzt sehr bald die beteiligten Unternehmen gegeneinander ab. Die Endstellung einer solchen Entwicklung bezeichnen wir dann als *gesättigte Märkte*. Eine solche Blockade im höheren Sinn führt nicht selten zu *unternehmerischer Unzufriedenheit* und einer Form des Pseudoaktivismus, um *zusätzliche Marktanteile* zu gewinnen und den Markt aufzubrechen. Erfahrene Strategen wissen diesen Pseudoaktivismus der Gegnerschaft geschickt zu ihrem Vorteil zu nutzen, sie manövrieren den Mitbewerb geradezu in eine Situation, die wir jetzt untersuchen werden, und die viel Spannung verspricht.

Wenden wir uns also einem Strategem zu, das am häufigsten im Endspiel anzutreffen ist und als die höchste Vollendung kompetenter Schachtechnik angesehen wird. Diese mächtige Waffe ist der *Zugzwang*. Zugzwang bezeichnet eine Situation, die einen jeden am Zug befindlichen Spieler unwiderruflich zu einer Verschlechterung seiner Position zwingt.
Warum finden wir den Zugzwang am häufigsten im Endspiel? Die Antwort ist einfach, weil bei reduziertem Material die Positionierung einer jeden Figur einen größeren Stellenwert besitzt. Wenn nun alle Figuren ihre idealen Positionen eingenommen haben, entsteht so etwas

wie ein „*Metapatt*", eine von mir erfundene Bezeichnung für eine temporäre Stellung des absoluten Gleichgewichts.

„Ich wollte Dich gerade nach der Relevanz für die unternehmerische Realität

fragen. Jetzt erkenne ich den Zusammenhang zu Deinen einleitenden Worten zum Thema gesättigte Märkte. Alle sind optimal aufgestellt, aber jetzt gibt es kein Weiterkommen mehr, stimmt's?"

Kluges Kerlchen! Zwangsläufig gibt es aber in jeder Stellung, bei Matt oder echtem Patt ausgenommen, die *Verpflichtung* einer Partei, einen *regulären Zug auszuführen*, der dann dieses Metapatt auflöst. Wenn *dieser Zug zu einer Stellungsverschlechterung* der am Zug befindlichen Partei führt, sind wir schließlich beim Thema angelangt. Sehen wir uns nun an, was ein solcher Zugzwang alles *bewirken* oder auch *anrichten* kann.

In dieser konkreten Stellung finden wir den Zugzwang in seiner entscheidensten und zwingendsten Form. Schwarz, am Zug, muss das *potenzielle Umwandlungsfeld* des Bauerns *freigeben* und erlaubt Weiß, dieses Feld in weiterer Folge vollständig unter Kontrolle zu bringen. Sehen wir uns die Zugfolge an. Schwarz zieht seinen König also nach e8 und muss Raum freigeben (Kg8 sieht dasselbe Motiv), **Ke8**. Der Weiße nutzt den gewonnen Raum durch **Kg7** sofort aus. Der schwarze

König muss wieder weichen, **Ke7**. Nun hat der weiße Bauer freie Fahrt, also **f6+**. Der König weicht aus, **Ke6**. Nun marschiert der Bauer in weiterer Folge ungehindert nach f8, verwandelt sich in eine Dame und setzt gemeinsam mit dem eigenen König den gegnerischen König schachmatt. Dies war nur möglich, *weil Schwarz ziehen musste*. Hätte er es nicht müssen, stünde Weiß kein Gewinnweg zur Verfügung, und wir hätten das erwähnte Metapatt. Welche Lehre ziehen wir nun daraus?

Im übertragenen Sinn ist der Zugzwang also ein taktisches Mittel des Endspiels, in dem der Gegner letztendlich zu ungewünschten Handlungen bewegt wird. Gerade in Positionen, in denen gilt, *„Wer sich zuerst bewegt, hat verloren“*, gewinnt der Zugzwang sehr schnell an spielentscheidender Bedeutung.

„Alles schön und gut, aber wie führt man beim Gegner den Zugzwang konkret herbei, beziehungsweise wie verhindert man es, selbst in eine solche Position zu kommen?“

Lieber Chesster, das ist zwar grundsätzlich einfach, doch praktisch gesehen eine komplexe Aufgabe. Als Grundregel gilt, *je dynamischer eine Figur positioniert ist*, desto schwieriger wird sie in Zugzwang zu bringen sein. Wie wir schon festgestellt haben, gibt es Figuren, die sich dem Zugzwang leichter entziehen können. Andere, wie z. B. *Könige*, *Springer* und *Bauern*, sind sehr oft die Opfer von Zugzwängen. Wir können also sagen, dass Figuren mit eingeschränktem Aktionsradius einen Nachteil gegenüber den langschrittigen Figuren, wie Läufer, Turm oder Dame, haben.
Sind solche Figuren noch am Spielfeld, ist die Wahrscheinlichkeit eines Zugzwangs zwar immer noch vorhanden, jedoch sehr gering. Werden sie jedoch getauscht, sollte der erfahrene Schachspieler bereits seine Intuition zum Thema Zugzwang aktiviert haben.

„Zugzwang entsteht in der Praxis also meistens bei Positionen, die wenig Alternativen bzw. Optionen bieten. Sei daher immer bestrebt, möglichst aktiv an Alternativszenarien zu arbeiten!“

So könnte man es ausdrücken, Chesster. Leider ist Schach zu komplex, um alle Möglichkeiten auftretender *Zugzwangsituationen* aufzulisten. Deshalb kann ich auch nur wenige konkrete Beispiele sehr allgemein formulierten Richtlinien gegenüberstellen und überlasse es Ihrer Fantasie oder auch konkreten Erfahrung, zusätzliche Funde ans Tageslicht zu bringen. Ich hoffe, Chesster und Sie sind damit zufriedengestellt. Um aber der nächsten Frage zuvorzukommen, werde ich jetzt die Relevanz für alltägliche Prozesse beweisen.

Unternehmen, die z. B. durch allzu optimistische Pläne in Zugzwang geraten sind, befinden sich in einem Dilemma, dem schwer zu entkommen ist. Bekannte Fälle dokumentieren, dass fallende Aktienkurse, bedingt durch *Ertragsverfehlungen* und dem konsekutiven Zugzwang, schließlich sogar die ganze Strategie der Unternehmen in Frage stellten. Besonders die Jagd nach *kurzfristig orientierten Erfolgen* fordert solche Zwänge geradezu heraus. Es lebe das Venture-finanzierte Business!

Viel einfacher ist es, eine *präventive Strategie* vorzuschlagen, um erst gar keine ähnlichen Situationen aufkommen zu lassen. Wenn Unternehmen klare Vorstellung von dem haben, was machbar ist, eine *aktive, resultatsorientierte Aufstellung* ihrer Ressourcen organisieren und sich zu keiner „bilanztechnischen" Pseudoaktivität verleiten lassen, wird es auch nicht so schnell Zugzwänge geben. Den Spielregeln der Wirtschaft sei Dank, dass es im Gegensatz zum Schach im unternehmerischen Alltag keinen „absoluten" Zugzwang gibt, obwohl selbst relativer Zugzwang zu ernsten Konsequenzen führen kann.

„Deine Überlegungen sind ja an sich richtig, doch könntest Du sie noch mit anderen Beispielen würzen!"

Ja, Chesster. Grundsätzlich stellen wir fest, dass Zugzwang eine spezifische Situation darstellt, die durch verschiedene Methoden herbeigeführt werden kann. Ein interessantes Beispiel einer solchen Methode findet sich in der Managementfunktion des *Lobbyings.* Die Wortwurzel des Lobbyings finden wir wohl in der Lobby eines Hotels, die sich perfekt als zwangloser Treffpunkt für den informellen Meinungsaustausch Gleichgesinnter eignete und noch immer eignet. Viel interessanter ist jedoch, was sich daraus entwickelte. Durch die regelmäßigen Treffen wurden immer häufiger auch strategische Pläne und Maßnahmen geschmiedet, die auf eine *direkte Einflussnahme in wirtschaftliche oder politische Entscheidungen* abzielten. Lobbying wurde somit zum Instrument der Bildung *kritischer Meinungsmassen*, die maßgebliche Politiker oder Wirtschaftsführer erfolgreich beeinflussten oder in akuten Zugzwang brachten.

Ein konkretes Beispiel war die Volksabstimmung zur Nutzung von Atomkraft in Österreich, in der zwei Lobbies versuchten, sich mit allen zur Verfügung stehenden Mitteln gegenseitig in Zugzwang zu bringen. Das Resultat ist bekannt und verursachte sowohl politisch als auch wirtschaftlich ein nachhaltiges Erdbeben.
Nicht immer sieht man Zugzwang in solch reiner Form. Es ist jedoch immer gut, sich dieses Strategems zu erinnern, wenn es darum geht, Menschen physisch oder geistig zu bewegen. Die Herbeiführung des Zugzwangs ist jedoch keine leichte Angelegenheit. Sie ist Resultat einer sorgfältigen Vorbereitung und der *Kenntnis aller „positionsrelevanten" Informationen.* Wenn man jedoch in der richtigen Situation diese Möglichkeit in Betracht zieht, ist Zugzwang der wohl mächtigste Pfeil im Köcher des routinierten Managers.

Beschließen wir dieses Thema für jetzt, und beschäftigen wir uns mit einem Schicksal, das uns immer wieder einmal ereilen kann, und in dem sich jeder von uns schon zumindest einmal befunden hat.

Und wenn alles schief geht ... !

Manchmal läuft einfach alles gegen Sie, und Sie befinden sich in einer *materiell hoffnungslosen Position*, in der Ihr Gegner sich schonungslos bereit macht, seine Überlegenheit in nächster Zeit in einen Sieg umzumünzen. Was nun, Schachspieler?
Ja, es ist wieder einmal „*one of these days*", an dem es einfach nicht sein soll. Mein erster Tipp, werfen Sie nicht Ihre Nerven weg, und *kämpfen Sie bis zum Ende*. Das Schach, wie übrigens auch das Leben, bietet immer wieder eine Reihe von unerwarteten Motiven, die selbst einen materiell weit überlegenen Gegner noch zumindest in ein Unentschieden zwingen können. Zwei dieser letzten Rettungsanker werde ich Ihnen jetzt vorstellen. Beginnen wir mit der Festung.

Die Festung

Beginnen wir mit einer der grundsätzlichsten Einsichten im Spiel der Könige. Eine der überraschendsten Erkenntnisse im Schach ist, dass weit überlegenes Material bei optimaler Verteidigung der schwächeren Partei nicht zwangsläufig zum Sieg führen muss. Doch oft genug führt der psychische Druck, der auf den Schultern des Verteidigers lastet, zu unnotwendigen weiteren Fehlern, die eine durchaus mögliche Punkteteilung verhindern. Interessante Einsichten dazu werden wir noch im Kapitel „Schachmatt!" live miterleben können. Wir untersuchen aber jetzt ein einleitendes Motiv, das unter dem Namen *„die Festung"* bekannt ist.

Eine Festung ist eine Schutzkonstruktion, die einen König trotz scheinbar übermächtigem Material des Gegners vor dem Schachmatt schützen kann und *zwangsläufig zu einem Unentschieden* führt. Einige der wichtigsten Festungsideen sehen Sie jetzt vor sich. Die Kenntnis dieser Motive ist absolut notwendig für das professionelle Schach, um scheinbar vorteilhafte Transformationen zu vermeiden, die dann am Ende des Tages doch nur zur Teilung des Punktes führen.

In unserem Fall sehen wir, dass Weiß eine Dame (= 9 Punkte) und Schwarz nur einen Turm und einen Bauern (= 6 Punkte) besitzen. Dies ist ein extrem ungleiches Kräfteverhältnis und sollte schnell zu einem Ende führen. Überraschenderweise steht dem Weißen kein entscheidender Gewinnweg zur Verfügung. Weiß kann mit seinem *König nicht spielentscheidend* eingreifen, da er nicht die Demarkationslinie des Turms überschreiten und die Dame ohne seine Unterstützung nicht alleine matt setzen kann. Also bleibt dem Weißspieler nur ein unbefriedigendes Unentschieden!

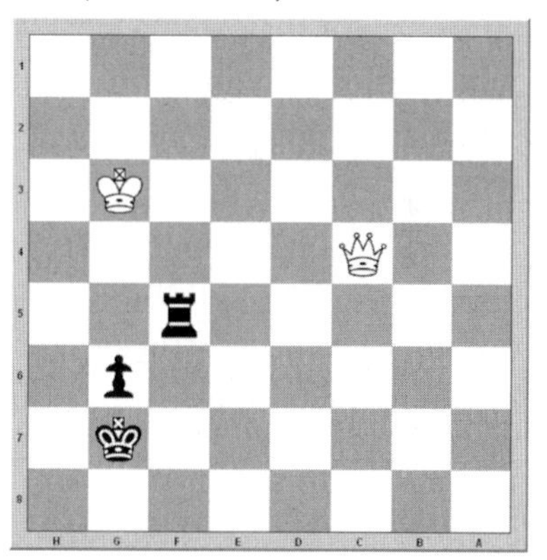

Ein weiteres Beispiel zeigt uns eine andere Materialverteilung, die jedoch ebenfalls nicht ausreicht, um einen eindeutigen Sieg

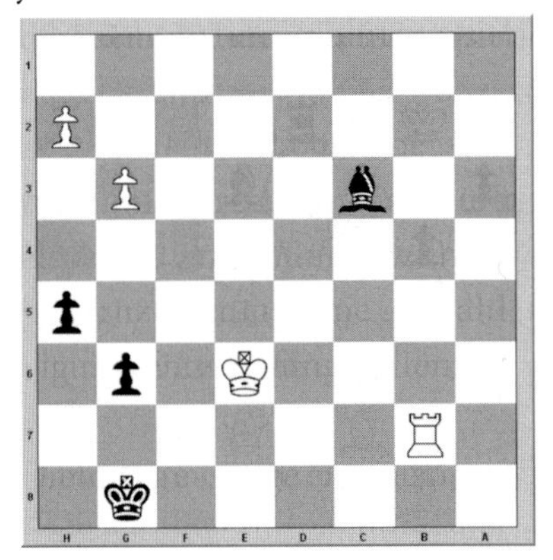

herbeizuführen. Wir sehen in unserem Diagramm den weißen Spieler mit einem Turm und zwei Bauern (= 7 Punkte) gegen einen Schwarzen mit zwei Bauern, aber nur einem Läufer (= 5 Punkte) kämpfen. Die bekannte Stärke des Turms im Endspiel, er kann immerhin alle Felder betreten oder bedrohen, findet hier keine entscheidende Wirkung. Schwarz kann mit seinem schwarzfeldrigen Läufer und seinen auf weißen Feldern platzierten Bauern alle *wichtigen Einbruchsfelder* des weißen Königs kontrollieren und so eine partieentscheidende Infiltrierung verhindern. Selbst der Versuch, ein Bauernpaar zu tauschen bringt keinen zählbaren Erfolg. Also Remis!

„Das ist einmal etwas anderes, als ständig nur für die Gewinnerseite zu argumentieren. Das Leben besteht nicht nur aus Gewinnern! Doch wie wirkt sich der Festungsgedanke in der Praxis des Unternehmensalltags aus?“

Natürlich hast Du Recht, trotzdem favorisiert der Erfolg die Mutigen, und an diesen Grundsatz halte ich mich auch weiter. Jedenfalls ist es erst aus, wenn es aus ist, wie Du übrigens schon festgestellt hast. Jedenfalls haben wir uns mit diesen *Festungsbeispielen* bereits weit in das Schach der Profis begeben, und ich kann Ihnen nicht zumuten, diese Beispiele in all ihrer Tiefe zu verstehen. Diese Thematik ist selbst für überdurchschnittliche Vereinsspieler eine echte *Herausforderung*. Meine Absicht ist es primär, Ihnen ein Gefühl dafür zu vermitteln, dass *selbst aussichtslose Positionen* in unternehmerischen Szenarien immer noch *eine Art von Gegenspiel bzw. Chance bieten*, man muss nur die grundsätzlichen Motive und Ideen dafür parat haben.

„Mir fällt da die Situation von „Rechtsmanagern" (=Anwälten) ein, die durch ihren virtuosen Umgang mit Rhetorik und der Rechtsprechung für ihre Klienten selbst aus schwacher Position noch einen Vergleich mit der scheinbar überlegenen Gegenseite herauszuholen versuchen. Was hältst Du von diesem Bild?"

Dieses Beispiel ist gar nicht so schlecht gewählt und stammt originellerweise aus einem Berufszweig, den wir bisher nicht mit Management in Verbindung gebracht haben. Natürlich sind Anwälte für ihre Klienten in gewisser Weise Manager des Rechts und folgen daher denselben Grundsätzen, wenn auch mit unterschiedlichen Werkzeugen. Ich möchte aber trotzdem wieder in das traditionelle Rollenbild des Managements zurückkehren und mit naheliegenden Analogien aufwarten.

Wie wir schon durch den ehemaligen CEO von GE, Jack Welch, festgestellt haben, ist das gezielte Downsizing mit dem Ziel, die Schlagkraft des Unternehmens zu steigern, eine fundierte strategische Methode. Die *Rückbesinnung auf Kernkompetenzen* führt zu einer Konzentration auf das Wesentliche. Doch nicht immer ist diese Strategie eine freiwillige. Viel öfter ist sie eine überlebenswichtige Option in einer kritischen Situation, die durch interne oder externe Umstände hervorgerufen wird. In einem solchen Fall gilt es in erster Linie einmal, *Zeit für die Neuordnung der Strukturen* zu gewinnen.

Eine Festung im schachlichen Sinn ist genau das. Die Unantastbarkeit der eigenen Stellung verschafft dem schwächer positionierten Spieler erst einmal Zeit, um seine Stellung genau zu analysieren. Kann er keine Gewinnversuche unternehmen, was bei Festungsideen meist der Fall ist, kann er zumindest nicht zwangsläufig verlieren. Er hat es geschafft, aus einer dem Verlust zustrebenden Position zumindest ein Unentschieden, also den *Stillstand der relativen Zeit*, zu erreichen. Das pragmatische Schach von heute zeigt uns auch in unangenehmen Situationen, dass die Hoffnung nie aufgegeben werden darf.
Ich möchte jetzt aber noch eines draufsetzen und mit dem wohl außergewöhnlichsten aller Motive im Endspiel fortfahren, dem Patt.

Das Patt

Es ist wirklich überraschend, wie oft die zuvor beschriebenen Festungsgedanken in Partien eine entscheidende Rolle spielen können. Doch nun eine etwas andere Kost. Das wohl interessanteste Motiv der Schachtaktik, eines, das auch in Meisterpartien manchmal für kuriose Entscheidungen sorgt, ist das *Patt.*

„Ich darf kurz erklären, was es mit dem Patt auf sich hat. Patt wird als jene

Stellung bezeichnet, in der die am Zug befindliche Partei keinen regulären Zug mehr ausführen kann und sein König sich nicht im Schach befindet. Patt ist zugleich auch das Ende einer jeden Partie. Sie wird als Unentschieden/Remis gewertet."

Präzise wie immer, Chesster. In der Tat ist das Patt, neben dem Matt und dem vereinbarten oder erzwungenen Unentschieden, eine der prinzipiellen Wege, eine Partie zu beenden. Oft wird diese Möglichkeit von der überlegenen Seite schlichtweg *nicht wahrgenommen*, eine Art von *Schachblindheit*, die auf dem Fehlen diesbezüglicher *unterbewusster Muster* beruht. Ein Indiz für mögliche Pattstellungen ist immer gegeben, wenn eine Seite nur mehr ihren König bewegen kann

und alle anderen *Figuren* entweder *blockiert* oder von *gegnerischen Figuren gefesselt* sind. Ein Patt sieht man nicht so oft in Wettkampfpartien, doch wenn, dann meistens mit großem Effekt. In dem folgenden Diagramm sehen wir einen Prototyp einer potenziellen Pattstellung. Schwarz besitzt sowohl materielles als auch positionelles Übergewicht, und sein König steht ebenfalls aktiv. Der weiße Spieler kann eigentlich nichts mehr tun, als still auf die Züge seines Gegners zu warten. Es scheint nur mehr eine Frage der Zeit, bis die Umwandlung

der schwarzen Bauern den Sieg klarstellen. Denkt man! In dieser Situation zieht Weiß seine letzte Trumpfkarte, **Tg6!!+**.
Sie sehen schon an der Bewertung des Zuges, dass er außergewöhnlichen Effekt auf die Stellung haben muss. Doch was bezweckt der Turm auf g6, wo er ungehindert von Schwarz geschlagen werden kann?
Ziehen wir schnell unseren vorbereiteten Antwortzug und sehen dann weiter, also **Kxg6**. Wenn wir jetzt jedoch einen Zug für den weißen König suchen, suchen wir umsonst, er hat keine legalen Züge mehr, die ihn nicht in ein Schach führen würden. Keine legalen Züge mehr, und der König steht nicht im Schach, also Patt!
Unglaublich, aber wahr. Diese Partie stammt übrigens nicht aus dem Reservoir der unzähligen Anfänger, sondern wurde in einer Partie zwischen zwei Großmeistern gespielt. Wie man sieht, ist selbst ein Großmeister manchmal *Opfer seiner eigenen Muster*. Dieses Beispiel erinnert uns aber auch an die fünfte Todsünde des Schachs, Egoismus, in der wir über das Vergessen des Gegners sprachen. Jede Stellung, sei sie auch noch so gewonnen, hat ihre verborgenen Tücken. Ein pragmatischer Ansatz wäre ein bewusster Positionscheck und ein kurzer „Chat" mit den eigenen und gegnerischen Figuren gewesen, der das Bewusstsein für die Gefahr geschaffen und ein solches Black-out verhindert hätte. Nun ja, wir sind gerade wieder etwas klüger geworden!

„Anscheinend hatte Weiß gedanklich schon den Sieg gefeiert, anstatt die drohende Gefahr des Patts wahrzunehmen. Sehr instruktiv das Ganze!"

Wie wir in der Einleitung zu diesem Buch festgestellt haben, findet sich der Begriff Patt inzwischen schon in allen möglichen *wirtschaftlichen* und *politischen Zusammenhängen* wieder, die eine Vielzahl praktischer Beispiele liefern. Ohne jedoch mit Banalitäten die Praxis des Patts zu erklären, möchte ich zu Abschluss doch noch eine verallgemeinerte Zusammenfassung des Begriffs versuchen. Das Patt ist ein Zustand des *absoluten Gleichgewichts*, das keiner Seite erlaubt, weitere Fortschritte in ihrer Position zu machen. Im Schach ist das Patt eine Möglichkeit, die Partie zu beenden, die oft von der materiell stärkeren Seite nicht

genügend wahrgenommen wird. Anzeichen für solche Situationen sind meistens die *Zugunfähigkeit aller Figuren* und der Mangel an vom König regulär betretbaren Feldern. Wie also in vielen Endspielmotiven, spielt der König in diesem Strategem ein wichtige Rolle. Doch das kennen wir ja schon.
Das folgende Kapitel setzt sich mit einem interessanten Motiv auseinander, das die Wirksamkeit unseres neuen Stars, des Königs, im Endspiel eindrucksvoll dokumentiert. Es ist nicht immer die absolute Zeit, die man für eine Aktion aufwendet, die letztendlich entscheidet. Wie wir schon festgestellt haben, ist für den Schachspieler die *relative Zeit einer Stellung das Maß aller Dinge*. Manchmal ist eben der Weg das Ziel, wie das folgende Beispiel zeigt.

Der kürzeste Weg ist nicht immer die Gerade

„Nicht darin, wie sich eine Seele der anderen nähert, sondern wie sie sich von ihr entfernt, erkenne ich die Zusammengehörigkeit mit der anderen."
(Friedrich Nietzsche)

Friedrich Nietzsche hat in seiner Erkenntnis etwas vorausgesehen, das uns jetzt sehr hilfreich sein wird, das folgende Problem zu lösen. Ich erspare Ihnen Ausführungen à la Stephen Hawking, des einzigartig verschrobenen Physikgenies, der in der Tat einiges durch sein Raum/Zeit-Theorem dazu beigetragen hat, die These zu beweisen, dass die *Gerade nicht die kürzeste Verbindung* zwischen zwei Punkten ist. Im Schach findet sich ein Beweis, der leichter zu verstehen ist und auf der spezifischen *Struktur des Schachbretts* basiert.

Lenken Sie Ihre Aufmerksamkeit auf das folgende schachliche Paradoxon, das auch im Wirtschaftskampf von heute seine tiefe Bedeutung hat. Ausgangspunkt unserer Reise in die Tiefe des Schachbretts ist eine Studie eines der großen Schachgenies des 19. und angehenden 20. Jahrhunderts, des *Großmeisters Richard Reti*, der uns immer wieder eindrucksvoll vor Augen führt, dass eine Gerade nicht immer der schnellste Weg zum Ziel sein muss.

Wir befinden uns im tiefsten Endspiel, in dem zwei Bauern und zwei Könige, einer davon besonders, die Hauptrolle in unserem tragisch komischen Stück Schachgeschichte spielen werden. In der Diagrammstellung sehen wir scheinbar eine einzige *schachliche Katastrophe* für den Führer der weißen Steine. Er mag es bis hierher geschafft haben, aber jetzt scheint der Ofen aus zu sein. Schwarz droht, seinen Bauern mit ungehemmter Brutalität dem Umwandlungsfeld entgegenzuführen, um dort die höheren Weihen zu empfangen. Eine Umwandlung zur Dame würde das Spiel sofort zu Gunsten des Schwarzspielers entscheiden, da sein eigener König die einzig drohende Gefahr, den weißen Bauern, unter seiner Kontrolle wähnt.

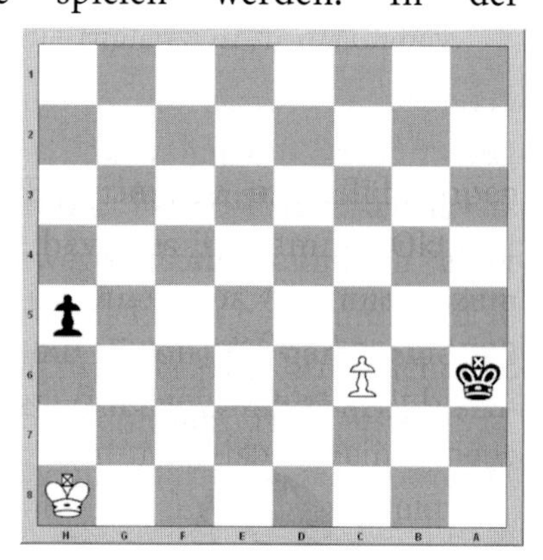

Doch genau hier geschieht das Unvorstellbare, **Kg7!** Ein unscheinbarer Zug mit unheimlicher Tragweite. Der König nähert sich seinem eigenen Bauern und unauffällig auch seinem schwarzen Sargnagel. Mit bereits geschärftem Schachauge werden Sie jetzt gleich den nächsten schwarzen Zug gefunden haben. **Bauer auf h4**. Natürlich! Der Bauer hat Vorsprung und ist uneinholbar, also los! **Kf6!** Was ist das? Gibt sich Weiß schon auf? Verlängert er sinnloserweise seine Agonie? Wir ziehen den schwarzen König näher, **Kb6**, und spüren schon den Sieg nahen. **Ke5!!** Unser Unterbewusstsein sendet widersprüchliche Signale. Haben wir das Offensichtliche übersehen?

„Ich bitte Dich, Alex! Das ist doch klar zu erkennen, die Partie wird nicht zugewinnen sein. Der weiße König kann in seiner Position ja sowohl seinem bisher in Todesgefahr schwebenden Bauern zu Hilfe eilen oder den gegnerischen Prinzen in der Stunde seines vermeintlichen Sieges abfangen. Schlimm gelaufen!"

Nein, weiter mit unserem jungen Prinzen, nach **h3**. Unser Gegner antwortet **Kd6**, er entscheidet sich für die erste Option und erspielt sich so wirklich ein nicht für möglich gehaltenes Unentschieden.

...	h2
c7	h1-D
c8-D	½

Unentschieden, da die beiden Damen für ein dynamisches Gleichgewicht sorgen. Unglaublich, aber wahr. Doch kehren wir wieder in die Gegenwart zurück und lassen die Erkenntnisse dieser Studie in eine weitere Analogie zur Unternehmensführung einfließen.

Schauplatz ist jedoch kein Unternehmen, sondern die übergeordnete Form einer Unternehmung, der Staat. Die Zeit, in die wir uns jetzt begeben, liegt schon Jahrzehnte zurück, die Strategie dauert jedoch bis zum heutigen Tage an, wenn auch etwas entschärft. *Die Nachkriegszeit sah ein zerstörtes Japan*, das noch dazu demütig Aufbauhilfe seines ehemaligen Widersachers Amerika in Anspruch nehmen musste. Die eigene *Wirtschaft war in gegnerischer Hand*, ganzheitlich kontrolliert durch die Siegermächte.

„Du vergleichst also Japan mit dem bemitleidenswerten weißen König in unserem Diagramm, der nur zusehen kann, wie der gegnerische Bauer scheinbar uneinholbar davonläuft und sein eigener Bauer ganz unter gegnerischer Kontrolle steht."

Die Aussicht, baldigen *Anschluss an das wirtschaftliche Niveau* der westlichen Welt, speziell dem der USA, zu schaffen, war in weite, ja schier unerreichbare Ferne gerückt. Doch Japan lernte schnell. Durch die *innovative Kraft der japanischen Wirtschaft* gelang es, rasant aufzuholen und sich, immer das amerikanische Vorbild vor Augen haltend, dem wahren, *eigenen Potenzial stetig anzunähern*. Die weitere Geschichte ist uns bekannt und verschaffte Japan, trotz seiner gegenwärtigen Krise, einen verdienten Platz in der wirtschaftlichen Elite der Welt. Die Lehre aus diesem schachlichen Paradoxon zeigt uns den Pragmatismus der heutigen Welt. Die scheinbare *Abwendung von Prinzipien* bewirkt in Wirklichkeit die Annäherung an dieselben.

Das war doch ganz leicht, werden Sie jetzt meinen! Fast zu leicht! Das Endspiel ist doch eine durchaus logische und verständliche Sache! Ich gebe Ihnen Recht, wenn Schach nicht durch Menschen gespielt würde. Die oberflächliche Einschätzung der formulierten Strategeme des Endspiels mögen die Aura des Verständlichen mit sich bringen, die erlebte Praxis ist jedoch ein ganz anderes Paar Schuhe.

Dort, im wirklichen Schach, wird das Endspiel zum wahren Fegefeuer der Gefühle. Das habe ich selbst oft genug am eigenen Leib verspüren dürfen. Doch genug der strategischen und taktischen Prinzipien des Endspiels. Meine Ausführungen werden schon das eine oder andere Nachdenken initiiert haben. Da bin ich sicher.

„Ich denke auch, dass unsere Leser jetzt bereits erfühlen können, dass Theorie und Praxis speziell durch die Komponente Mensch zu spannenden Spielfeldern der Fähigkeiten werden!“

Jetzt werden wir aber wieder ganz konkret. Schach hat, wie wir schon festgestellt haben, ein ganz klar definiertes Ziel. Schachmatt! Und dem widmen wir uns in unserem abschließenden Kapitel.

7. SCHACHMATT!

Das Wort, das in jeder Partie Schach wohl die größten Emotionen hervorruft, wird während der Partie allzu oft *nicht als zentrales Thema wahrgenommen.* Dieser Abschnitt beschäftigt sich eben mit diesem wichtigsten aller Ziele einer Partie Schach, nämlich den gegnerischen König schachmatt zu setzen. Alle bisher kennengelernten Strategeme und Motive dienen letztendlich einzig und *alleine diesem Zweck.*

Das Matt im Schach steht analog im Unternehmensalltag weniger für die Beseitigung des Mitbewerbs, so wünschenswert das manchmal wäre, sondern vielmehr für die *konsequente, finalisierende Umsetzung* aller bisher betrachteten Motive und Muster. Es ist der Weg ins Ziel, die erschaffene Tatsache, die „*Geburt des Babys*". Wer schon einmal einen Gegner durch ein Matt zur Aufgabe gezwungen hat, kann dieses *erlösende Gefühl* sehr gut nachvollziehen. Das Matt als *grundsätzlichste Art*, eine Partie zu beenden, ist allerdings nur durch die *adäquate Anzahl von „mattfähigen" Figuren* möglich. Das ist die erste große Überraschung. Wenn sich also nur mehr zwei Könige auf dem Brett gegenüberstehen, können sie einander zwar bis zur totalen Erschöpfung jagen, ein Matt ist aber nicht mehr möglich, daher werden solche Stellungen als *theoretisches Remis* klassifiziert und abgebrochen. Auch ein Läufer kann, nur durch seinen König unterstützt, alleine nicht schachmatt setzen. Sogar zwei Springer, selbst mit Hilfe ihres Königs, vermögen das nicht. Da Springer keine „Zeit verlieren" können, was für den Aufbau eines Zugzwangs wichtig ist, wird der gegnerische König im entscheidenden Moment entweder flüchten können oder patt gesetzt.

„Das ist alles sehr interessant, Alex! Doch hätte ich gerne wieder etwas aus der Praxis. Gibt es zu diesem interessanten Umstand auch eine passende Analogie zur Unternehmensführung?"

Ja, wenn wir einen von mir nicht so gerne gesehenen Vergleich von Figuren mit Positionen in einem Unternehmen oder einem Projekt anstellen. Um ein Projekt erfolgreich zu beenden, bedarf es der Kompetenz aus allen das Projekt berührenden Segmenten. Ein Überschuss eines Kompetenzbereichs kompensiert noch lange nicht die fehlende Kompetenz eines anderen Wissensgebiets. Wie so oft siegt die Qualität wieder einmal über die Quantität. Die kritische Anzahl „mattfähiger“ Figuren ist entscheidend, *nicht die quantitative Masse des „Materials“*. Oft wird bei der Auswahl der relevanten Figuren für geplante Operationen zu wenig auf diesen Umstand Rücksicht genommen.

„Du meinst also im übertragenen Sinn, dass Manager bei der Besetzung ihrer Projektteams mehr auf Qualität und minimale Notwendigkeit als auf Quantität oder firmenpolitische Optik achten sollten?“

Ja, Chesster, aber sag’ das nicht zu laut. Jedenfalls gibt es im Schach eine „kritische Masse“ an Figuren, die ein Matt ermöglicht. Jeder passionierte Figurenmanager kennt sie und beachtet sie bei allfälligen Transformationen. Bei einem *Läufer* und einem *Springer* ist ein Matt möglich, wenn auch sehr langwierig. Einfacher wird es durch einen *Turm*, der mit seinem König ein klares Mattnetz erzeugen kann, was mit einer *Dame* wegen ihres Einflussbereichs noch leichter möglich ist. Jedenfalls geht es in dieser finalen Phase der Partie einzig und alleine um die Jagd nach dem König. Das Schach wird ja historisch oft als synergetische Form vieler schon zuvor existierender Jagdspiele gesehen. Ein Indiz dafür ist in der Tat, dass der König zwar gejagt, aber nie geschlagen werden darf. Manchmal erliegt er zwar der Jagd, das nennen wir Spieler dann eben „nur“ Schachmatt. Um effektiv und zielorientiert zu agieren, sollte der Spieler dieses primäre Ziel nie aus den Augen verlieren. Viel zu oft wird das Spiel „des Spiels wegen“ gespielt, und ich schließe da die Wirtschaft mit ein. Wir spielen, um schachmatt zu setzen, um zu gewinnen!

Ich möchte Ihnen bei dieser Gelegenheit einen begnadeten Schachspieler vorstellen, immerhin ein Großmeister seines Fachs, der immer den prinzipiellen Weg zur Beendigung seiner Partien sucht und das in vielen Fällen sogar mit amüsantem Humor verbinden kann.

Auch Großmeister haben Humor

„Matt." (GM Ilja Balinov, mein Freund und Schachkollege)

Humor ist die beste Form, die Wahrheiten und Halbwahrheiten des Lebens in leicht aufnehmbare Portionen zu verpacken. Wenn dem wirklich so ist, dann ist die folgende Geschichte sehr lehrreich, speziell wenn es um das einzig interessante Ziel im Schach geht.

Die folgende kurze Episode fand während eines *entscheidenden Teamwettkampfs* der lokalen Landesliga statt. Im Spielsaal brüteten die am Zug befindlichen Spieler über ihren Strategien und Plänen, während ihre Gegner, die gerade nicht am Zug waren, sich zu *kurzen Denkpausen* im angrenzenden Ruheraum versammelten. Die Spannung war sehr groß, da ein Sieg oder eine Niederlage auf einem der zehn Bretter schon über den Gewinn der Meisterschaft vorentscheiden konnte. Dementsprechend explosiv gestaltete sich auch die Stimmung der einzelnen Spieler. Besonders auf dem zweiten Brett war zwischen einem bulgarischen Großmeister und seinem Gegner eine besonders chaotische Stellung entstanden, die von niemandem so recht einzuschätzen war. Leise diskutierten seine Mannschaftskollegen untereinander verschiedene komplexe Zugfolgen, die vielleicht zum Vorteil ihres bulgarischen Kameraden führen konnten. Wenngleich sie alle selbst hochkarätige Schachmeister waren, sicher war sich über den Ausgang der Partie niemand so recht.

In dieser angespannten Situation öffnete sich die Türe zum Ruheraum, und der bulgarische Großmeister erschien im Türrahmen. Seine Partie schien beendet zu sein. Er fühlte die neugierigen Blicke auf sich gerichtet und wurde sofort mit der Frage aller Fragen konfrontiert: „Sprich zu uns, wie ist Deine Partie ausgegangen?"
Der für seinen trockenen Humor bekannte Bulgare antwortete mit todernster Miene: „*Matt*". Die ringsum erstaunten und teilweise belustigten Gesichter erinnerten uns Spieler wieder einmal daran, warum wir uns jedes Mal wieder von neuem an ein Schachbrett setzen.

„Da hatte Ilja wieder einmal seinen Gegner taktisch überlistet und mit ihm kurzen Prozess gemacht. Ein einrucksvoller Zeitgenosse!"

Ja, das stimmt, Chesster. Der interessante Epilog dieser Episode sah eine durchwegs „relaxte" Kollegenschaft des Großmeisters, die, offensichtlich durch diese Erkenntnis jeder Anspannung entbunden, einen eindrucksvollen Sieg gegen unser Team landete und schließlich ebenso verdient die Meisterschaft gewinnen konnte. Ich hoffe, wir alle lernen aus dieser Lektion, worauf es im Schach wie auch im Management wirklich ankommt. Schachmatt! Eben.

Typische Mattbilder

„Kunst ist eine Lüge, die uns die Wahrheit erkennen lässt." (Pablo Picasso)

Ja, es ist wirklich eine hohe Kunst, klare Mattmotive in einer Partie herbeizuführen und zu finalisieren. Viel zu oft ist man mit Problemen strategischer oder taktischer Natur oder dem Ansammeln kleiner Vorteile beschäftigt und übersieht so die *grundlegenden Motive*, die eine Partie vielleicht schneller entscheiden könnten. Andererseits haben wir es auch mit einem Gegner zu tun, der um jeden Preis verhindern will, *Opfer einer Mattkombination* zu werden. Positionelle Niederlagen sind niemals so schmerzlich wie ein vernichtender Mattüberfall. Diesbezüglich sind wir Schachspieler sehr eitle Leute. Bei all dieser vorhandenen Eitelkeit wird der Kampf allzu gerne an prestigeträchtige Nebenschauplätze verschoben, um abstrakte Punkte der gegenseitigen Wertschätzung zu gewinnen. Diese kleinen Siege tun zwar dem Ego gut, packen den Stier aber nicht wirklich bei den Hörnern. Menschlich? Ja. Effektiv? Nein.
Die Handelnden vergessen schlichtweg, das eigentliche Ziel des Schachs und im Übrigen auch aller wirtschaftlichen Spiele im Auge zu behalten.

Und das heißt, Schachmatt zu setzen oder, im übertragenen Sinn, die *geschmiedeten Pläne konsequent durchzuziehen* und damit den Mitbewerb zu besiegen. Diese martialische Sicht der Dinge mag übertrieben erscheinen, doch so liegen die Dinge nun mal.

Die folgenden typischen Mattbilder sollen uns helfen, spezielle Stellungstypen und Motive wiederzuerkennen, und vor allem im Sinne

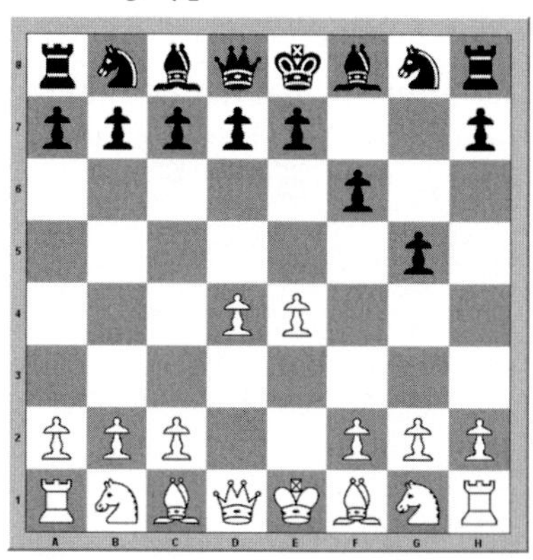

des Gewinnens herbeizuführen. Beginnen wir, weil wir inzwischen auch Humor besitzen, im Bereich der Anfänger, bei denen sich die folgenden Mattmotive größter Beliebtheit erfreuen und die so ziemlich die einzigen rasch abrufbaren Muster in dieser Spielklasse darstellen. Ich erspare Ihnen den „historischen" Hintergrund des „*Idiotenmatts*", da Sie sich sicher Ihren Reim auf diese Bezeichnung machen können. Weiß hat ein breites Zentrum aufgebaut, während Schwarz zwei schwächende Bauernzüge von sich gegeben hat. Was wurde eigentlich geschwächt, fragt sich so mancher? Nun ja, die weiße Zugstraße zum schwarzen König, antworten wir und setzen mit **Dh5#** schachmatt.

Nur ein wenig subtiler war die Namensgebung bei dem folgenden Matt,

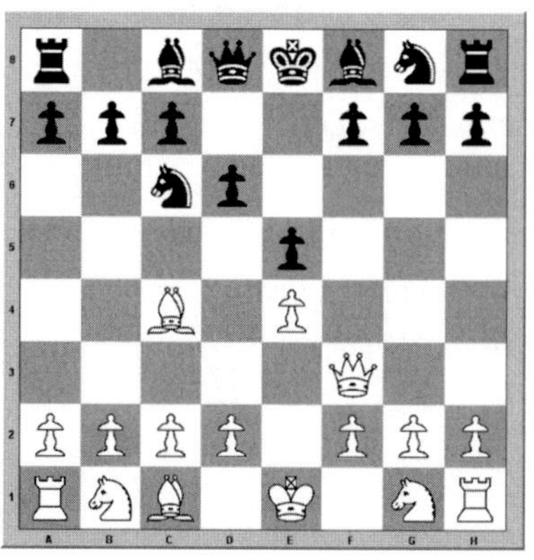

dem sogenannten „*Schäfermatt*". Gleich einem Schaf, das freiwillig den Weg zur Schlachtbank antritt, erlaubt der Schwarzspieler dem weißen Schäfer, ihn schachmatt zu setzen. Aha, werden Sie jetzt denken. Genau, werde ich Ihnen antworten. Wir wünschen den beiden Spielern dieser Partie nur gleichstarke Zuseher, da ein *erfahrener Kiebitz*, gerade weil durch dieses Matt gewonnen wurde, seine Schlüsse daraus ziehen und keinen der beiden Spieler zu einer Partie mit ihm auffordern würde.

Wie wir in unserem Diagramm sehen können, hat Weiß zwei Figuren entwickelt und Schwarz nur eine der seinen. Trotzdem war der letzte Zug, welcher es auch immer gewesen sein mag, ein letaler Fehler. Die *Zugstraßen der weißen Dame* und des weißen *Läufers* ergeben einen geometrischen Schnittpunkt, der zum plötzlichen Tod des Gegners führt. Wir spielen **Df7#** und reichen unserem Gegner mit ernster Miene die Hand.

Wenden wir uns aber nun etwas anspruchsvollerer Kost zu. Das folgende Mattbild, das sogenannte „*Epaulettenmatt*", hat in der Tat eine amüsante Struktur und ist schon in den ältesten uns erhaltenen Schachdiagrammen zu finden. Die zwei Türme positionieren sich um ihren König wie die *militärischen Rangabzeichen (Epauletten)* an einer Uniform. Die scheinbare Sicherheit ist jedoch trügerisch. Weiß ist am Zug und kann jetzt durch einen einzigen Zug die unglückliche Positionierung des Wachpersonals ausnutzen und den schwarzen König schachmatt setzen. **De6#**, und unser Gegner nickt uns anerkennend zu. Im höheren Sinne ist speziell das Epaulettenmatt als *Schwäche königsnaher Felder* zu definieren. Wie wir schon beim grundsätzlichen Exkurs über schwache Felder festgestellt haben, neigen sie dazu, anfällig für gegnerische Infiltration zu sein, was sich in der Nähe „Ihrer" Majestät natürlich sofort spielentscheidend auswirken kann.

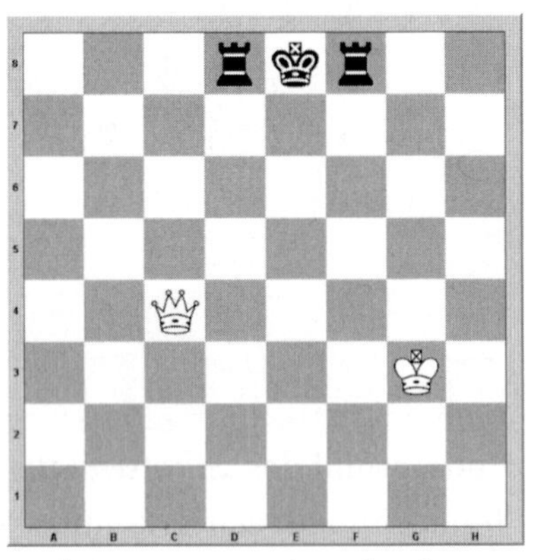

An das nun folgende Bild erinnern Sie sich hoffentlich auch in leicht veränderter Form. Dieser Trick dient zugleich auch der positiven Bestätigung meiner *Theorie über die Speicherung von Schachmustern.* Weiß ist hier am Zug. Was erkennen Sie bei erster Betrachtung sofort?

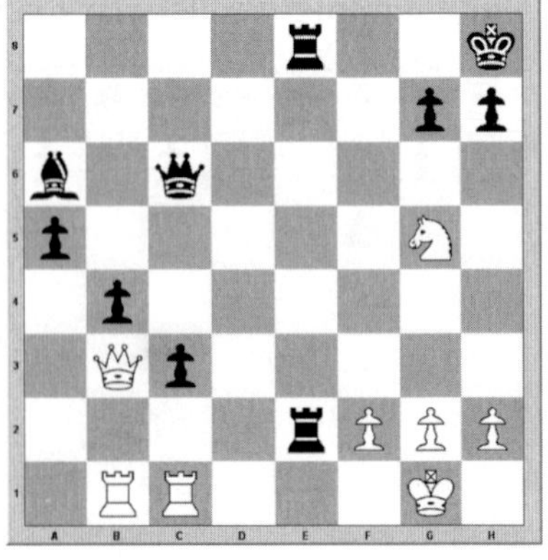

Sie sehen einen Springer, der mit seiner Dame kooperiert. Ist der Groschen, oder vielmehr der Cent, schon gefallen? Wenn Sie die Lösung nicht sofort voller Begeisterung erkennen und auf Ihrem Brett ausführen, schlage ich eine kleine Konsultation der Seiten über das Thema „*Materie und Geist*" vor. Spätestens danach sollte dieses Muster in Ihr Unterbewusstsein für alle Zeiten eingebrannt sein und bleiben.

Für alle, die nicht nachsehen wollen, hier die Auflösung des Rätsels. Wir ziehen **Sf7+** und zwingen den König auf g8, also **Kg8**. Jetzt kommt des Wunders erster Teil, **Sh6+**. Das Doppelschach von Dame und Springer zwingt den König, da ihn auf f8 das sofortige Matt der Dame auf f7 erwartet, auf h8, **Kh8**. Jetzt folgt die erste Pointe, **Dg8+!!!**. Da der König die Dame nicht schlagen kann, muss der Turm ran, also **Txg8**. Nun ziehen wir leichterhand unseren Randspringer zurück ins Geschehen, und mit welchem Effekt! **Sf7#**. Eindrucksvoll, nicht?
Zum Abschluss dieses Mattreigens stelle ich Ihnen ein paar grundsätzliche Mattmuster vor, die Sie, nun bereits als versierter „Schachseher", jedenfalls in Ihrem Repertoire haben sollten. Wir beginnen mit dem Matt durch zwei Türme, dem sogenannten „*Doppelturmmatt*". Dieses Muster ist sehr leicht zu merken, da es geometrisch einfach nachzuvollziehen ist. Der schwarze König steht im Schach des weißen Turmes, aus dem er nur nach unten flüchten kann, er wählt **Kb3**. Nun aber zieht der zweite weiße Turm auf a3 und bietet wiederum Schach, also **Th3+**. Wiederum verliert der schwarze König Raum und wählt das Feld c2, **Kc2**. Nach dem darauffolgenden Turmschach, **Tg2+**, wandert er auf d1, **Kd1**, und wird durch den letzten Turmzug schachmatt gesetzt, **Th1#**. Diese einfach zu merkende Scherenbewegung nimmt dem schwarzen König die letzte Luft zum Atmen und führt schließlich zum unvermeidbaren Ende.

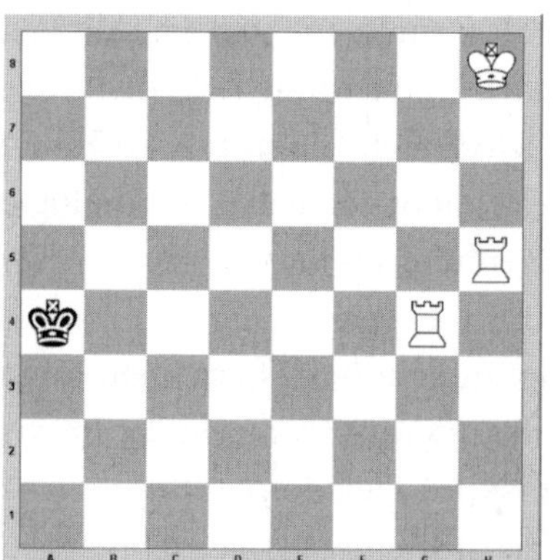

Nun ein ebenso leichtes Unterfangen. Wir wollen mit dem König und seiner Dame gemeinsam dem gegnerischen König ans Leder. In der Ausgangsposition sehen wir beide Parteien noch eher gelangweilt in ihren Positionen. Das ändert sich aber schnell. Da der weiße König im *Netz der von der Dame kontrollierten Felder* eingeschlossen ist, kann der schwarze Monarch in Ruhe, seinem Stand entsprechend, nach **c6** marschieren und seine Dame im finalen Akt auf das Feld **b7** führen, wo das Drama sein Ende findet. Ich hoffe, Sie sind inzwischen so weit schachlich entwickelt, dass Sie auch ohne konkret angegebene Zugfolge, dem Plan des Schwarzen folgen können. Wir beenden mit diesem Mattbild unsere grundsätzliche Betrachtung des zentralen Ziels eines jeden Figurenmanagers.

Einen Gegner schachmatt zu setzen, beendet nicht nur sofort die Partie, es verschafft auch *tiefe Befriedigung am Ende eines harten Tages.* Natürlich werden Sie jetzt einwenden, dass man im wirtschaftlichen Alltag selten ein echtes Matt zu Gesicht bekommt, bei dem der Mitbewerber tatsächlich vom Markt verschwindet. Chesster wird Ihnen da sicher sofort recht geben, doch ich sehe die wirtschaftliche Analogie des Matts in einem abstrakteren Zusammenhang als er.

Schachmatt ist für mich ein Synonym dafür, sein Bestes gegeben, seine Ideen verwirklicht zu haben und die *Kunst des Machbaren* in die Praxis umgesetzt zu haben. Der Weg zum Matt ist das Ziel, der *kontinuierliche Prozess der Annäherung an das Ideal*, das ist meine Art, schachmatt zu setzen. Es ist das Gefühl am Ende des Tages, es wieder einmal geschafft zu haben. Was jetzt noch bleibt, ist, eine Bilanz aus den vielfältigen, manchmal verwirrenden, aber doch jedes Mal instruktiven Lehren des **SDM** zu ziehen. Und dazu lade ich Sie jetzt herzlich ein.

8. EINE MODERNE PARTIE SCHACH

Nun ist es an der Zeit, die Summe aus allen bisherigen Erkenntnissen zu bilden. „Schach! Dem Manager" hat Ihnen hoffentlich das vermittelt, woran ich fest glaube, nämlich dass wir Menschen vieles, was uns zur Gewohnheit geworden ist, permanent neu überdenken müssen, um zu bestehen. Und dazu wird uns das Spiel der Könige, als hilfreiches intellektuelles Medium, gute Dienste erweisen. Das Schach belohnt nämlich immer diejenigen, die sowohl des Denkens als auch des Fühlen fähig sind, die ein feines Gespür für die entscheidenden Momente entwickelt haben, und die eine Herausforderung ebenso lieben wie das schließliche Ergebnis am Ende des Tages. Schach ist allemal ein lohnendes Spiel, das sich der vollständigen Erfassung durch den menschlichen Geist bis zum heutigen Tage reizvoll entziehen kann. Wie das Leben selbst, und unser wichtigster Teil daraus, unser persönliches Schaffen. Gehen wir noch einen Schritt gemeinsam, und sehen wir, welche Quintessenz ich Ihnen aus diesem Buch mitgeben möchte.

Es ist vollbracht. Chesster und ich haben es geschafft, Sie durch die gesamte Welt des **SDM** zu führen und hoffentlich auch für die tiefen Einsichten von Schachmeistern und Figurenmanagern zu begeistern. Idealerweise ist es jetzt sonntagabends, und Sie können es gar nicht erwarten, Ihre gewonnenen Einsichten mit Ihren Kollegen und Mitarbeitern auszutauschen. Sie sind frohen Mutes. Doch wie werden Sie nun Ihre persönliche Partie Schach eröffnen?

Welche Form der *Eröffnungsstrategie* sagt Ihnen am meisten zu? Wie werden Sie Ihr Mittelspiel gestalten, um es schließlich in ein gewonnenes Endspiel zu transformieren? Welche Strategeme finden eigentlich in Ihrer Situation eine Anwendung? Welche der Ideen, die Ihnen noch vor kurzem so gefallen haben, werden Sie als erste umsetzen? Wie werden Ihre Mitarbeiter auf Ihre neue Philosophie reagieren, plötzlich alles mit Schach vergleichen zu wollen?

Werden sie mitziehen oder Ihre Kompetenz in Frage stellen? Sind überhaupt alle *systemischen Voraussetzungen in Ihrem Unternehmen* umgesetzt? In welcher Art von Unternehmen arbeiten Sie überhaupt? Sind Sie durch *Regeln und interne Vorschriften* nicht in Wirklichkeit zu gefesselt, um überhaupt etwas verändern zu können? Sind Sie vielleicht die *passivste Figur* in Ihrem Unternehmen, oder unterstützen Sie die Initiative Ihrer Mitarbeiter doch eher von der Seite als von hinten? Hat der Abgang des kompetenten IT-Chefs das System als Ganzes geschwächt, ist die *Grundreihe schon akut bedroht*? Lähmt das *vergiftete Betriebsklima die Kommunikation* zu Ihren wichtigsten Figuren?

Viele Fragen, und plötzlich spüren Sie Unsicherheit aufsteigen. Dieses Gefühl der Hilflosigkeit macht sich bei Ihnen breit, und Sie beginnen immer mehr, das *Gelesene in Frage zu stellen* und den bekannten Stress aufsteigen zu fühlen. Was nun, Schachspieler, fragen Sie sich. Sie befinden sich jetzt schon wieder an einer *Grenzlinie zwischen Hoffnung und Resignation*, die Sie wahrscheinlich schon öfter bei der Umsetzung neu erworbener Fähigkeiten und Einsichten erlebt haben.

Genau jetzt werden Sie das erste Mal wirklich verstehen, wie sich ein professioneller *Schachspieler unter Wettkampfbedingungen* während seiner Partie fühlt. Er ist genauso wie Sie *überfordert von der Komplexität seiner Stellung*, von der Angst, etwas Triviales zu übersehen, etwas nicht bedacht zu haben, nicht Herr der Lage zu sein.

Jeder Zug kann die *Partie verlieren*, jede unüberlegte Handlung kann den Spieler zum Gespött seiner Kollegen machen. Ihr Kollege fühlt die *emotionale Spannung* und den aufsteigenden Stress, wenn er auf die tickende Schachuhr neben sich blickt. Und sie tickt gnadenlos. Der *psychische Druck* des anstehenden Zugs nähert sich rasant der kritischen Masse. Sie betrachten Ihren bemitleidenswerten Kameraden angespannt und leiden mit ihm.

Doch genau in dieser Sekunde lassen Sie ihn los, ein Gefühl des Wohlbefindens durchströmt Sie, und Sie treten in den „*Flow*“ ein.

Sie erkennen plötzlich intuitiv und von innen heraus, worum es im Schach und auch bei Ihren täglichen Herausforderungen wirklich geht, nämlich um die Fähigkeit, „*eine ziemlich genaue Summe*“ zu bilden und sich bei Ihren Entscheidungen von Ihrem *Gefühl* und Ihrer *Intuition* leiten zu lassen, eine *Unschärfe in Ihren Schlussfolgerungen* zu akzeptieren und zuzulassen, und sich auf das Potenzial Ihrer *bewussten und unbewussten Fähigkeiten* zu verlassen. Und davon haben Sie genug in sich. Das wissen Sie inzwischen.

Niemand verlangt von Ihnen, unfehlbar zu sein, vielmehr sollten Sie in der Lage sein, Ihre *Partie stetig voranzutreiben* und für den *optimalen Einsatz aller Ressourcen* zu sorgen. **SDM** hat sicher einiges dazu beigetragen, *neue kognitive Muster* bei Ihnen zu bilden und sie im richtigen Augenblick zum Vorschein zu bringen. Nutzen Sie das Potenzial ihres Geistes und das Ihrer Mitstreiter, *postieren Sie Ihre Assets aktiv*, entwickeln Sie *klare Visionen, Bilder von der Zukunft*, und lassen Sie ab und zu etwas *Vorsicht in der Einschätzung Ihrer Situation* walten, dann steht Ihnen bei Ihrer persönlichen Partie des Jahrhunderts nichts mehr im Wege. Das wünscht Ihnen Ihr Autor und natürlich Chesster, unser Bester.

„Mitten im Spiel empfand ich eine eigenartige Ruhe, die ich bis dahin nicht gekannt hatte. Es war so eine Art Euphorie. Ich hatte das Gefühl, ich würde den ganzen Tag laufen können, ohne zu ermüden, ich könnte alles und jeden umspielen, quasi durch die gesamte gegnerische Manschaft einfach hindurchgehen.

Es war ein seltsames Gefühl und völlig neu für mich. Vielleicht war es einfach nur Selbstvertrauen, aber Selbstvertrauen habe ich schon oft empfunden, ohne je dieses großartige Gefühl der Unbesiegbarkeit besessen zu haben.“ (Pelè, Fußballstar)

9. USEFUL LINKS

In diesem Anhang finden Sie viele nützliche Links, die Ihnen einen vielschichtigen Zugang zum Thema Schach ermöglichen. Schauen Sie überall kurz oder auch länger vorbei und erleben Sie das Schach im wirklichen Leben. Besonders zu beachten sind die letzten drei Links, die einen wissenschaftlichen Zugang zum Denkmuster von Schachgroßmeistern gewähren. Viel Spaß dabei!

www.chessformanager.net

Das Zuhause des Autors und zugleich der Ausgangspunkt für Interessierte.

www.fide.com

Dieser Link verbindet Sie mit dem Weltschachverband FIDE.

www.schach.de

Hier finden Sie den größten Schachserver Europas, zu dem Sie ein Jahr freien Zutritt erhalten, wenn Sie die beiliegende CD verwenden.

www.postino.free.fr

Diese Plattform zeigt eine Sammlung aller nationalen Schachverbände der Welt.

www.ratingtheory.com

Dieser Link bietet Mathematik-Freaks einen Zugang zur Zahlentheorie hinter dem ELO-Rating.

www.chessmetrics.com

Diese von Jeff Sonas entwickelte Plattform zeigt die ELO-Leistungen aller Schachspieler, auch derer, die vor der Einführung des ELO-Systems aktiv waren. Sehr interessant!

www.chess.at

Diese Plattform vertritt den österreichischen Schachbund und bietet zusätzlich viele Infos aus aller Welt und eine ausgewählte Link-Sammlung.

www.schachfreunde-hannover.de/literat.html

Hier finden Sie einiges an Literatur, die mit Schach in Zusammenhang steht.

www.rochadekuppenheim.de/meko/lexikon/att.html

Dieser Link verbindet Sie zu einem Schachlexikon der besonderen Art. Sehr witzig und empfehlenswert.

www.tri.org.au/chess/

Hier findet sich eine Auswahl von Schachmotiven, die auf Briefmarken verewigt wurden.

www.koenig-plauen.de/Rubriken/AnekApho/anek.htm

Bisweilen die interessantesten und witzigsten Anekdoten und Aphorismen zum Thema Schach finden Sie hier.

www.badbishop.com/gambit/gaminfo.html

Dieser Verlag hat eine neue Ära des Schachbuchs eingeleitet. Sehr empfehlenswert für Eingeweihte oder solche, die am Weg dorthin sind.

http://de.wikipedia.org/wiki/Schach#Geschichte

Die Schachgeschichte in ihrer Gesamtheit bekommen Sie hier angeboten.

www.teleschach.com/dictionary/

Das wohl fundierteste aller Schachlexika erwartet Sie hinter diesem Link.

www.computerschach.de/einleit/start.htm

Für Interessierte am Thema Computerschach bietet diese Plattform wohl interessante Einsichten.

www.gobase.org/studying/articles/elo/

Infos über die ELO-Berechnung im Schach wie auch im GO finden sie hier.

www.definition-info.de/Arpad_Elo.html

Infos über Dr. Arpad ELÖ, den Erfinder des gleichnamigen Ratingsystems erwartet Sie hinter diesem Link.

www.ewetel.net/~heike.focken/

Schach, beleuchtet aus den verschiedensten Richtungen, wird Ihnen auf dieser Plattform offenbart. Sehr interessant!

www.chessgoddesses.com

Wie der Name schon verrät, findet sich auf dieser Page alles Wichtige über die stärksten Schachspielerinnen der Welt.

www.cogsci.northwestern.edu/cogsci2004/papers/paper402.pdf

Dieser Link führt Sie zu einer hochinteressanten Studie der Kognitivwissenschaftler Michelle Cowley und Ruth M.J. Byrne, die das Denkschema von Schachgroßmeistern bei ihrer Zugauswahl mit den von Wissenschaftlern bei der Erforschung einer aufgestellten Hypothese vergleichen.

www.cogsci.northwestern.edu/cogsci2004/

Dieser Link führt Sie zur Gesellschaft für Kognitivwissenschaften, in deren „26th Annual Meeting" ein interessanter Vortrag in Bezug auf Schach von Michelle Cowley und Ruth M.J. Byrne gehalten wurde.

www.wissenschaft.de/sixcms/detail.php?id=243759

Dieser Artikel in „wissenschaft.de" zeigt eine Zusammenfassung der von Michelle Cowley und Ruth M.J. Byrne gewonnenen Erkenntnisse.

10. VERWENDETE LITERATUR

Chabris, C.F., & Hearst E.S.: Visualisation, pattern recognition and forward search. Effects of playing speed and sight of the position on grandmaster chess. *Cognitive Science*, 2003.

Cowley, M., & Byrne R.M.J.: Hypothesis testing in chess masters' problem solving. *Manuscript in preparation*, 2004.

Hirsch, Ulrich: Exoten im Management. *Hanser Verlag*, 1998.

Imai, Masaaki: KAIZEN – Der Schlüssel zum Erfolg der Japaner im Wettbewerb, *München*, 1991.

Kath, Joachim: V-Management, Visions-Visuals-Victory. *Wirtschaftsverlag Langen, Müller, Herbig*, 1995.

Kehrer, Daniel M.: Nur wer wagt, gewinnt. Erfolgreiche Unternehmer über die Kunst des kalkulierten Risikos. *Campus Verlag*, 1989.

Nunn, Dr. John: Schach verstehen, Zug um Zug. *Gambit*, 2001.

Popper, K.R.: The logic of scientific discovery. Hutchinson, 1959.

Rowson, Jonathan: The Seven Deadly Chess Sins. *Gambit*, 2000.

Slater, Robert: Business is Simple. Die 31 Erfolgsgeheimnisse von Jack Welch. *Verlag moderne Industrie*, 1996.

Wacker, Taylor, Means: Futopia oder das Globalisierungsparadies. Signum Verlag, 1997.

Watson, John: Chess Strategy in Action. *Gambit*, 2003.

Springer und Umwelt

Als internationaler wissenschaftlicher Verlag sind wir uns unserer besonderen Verpflichtung der Umwelt gegenüber bewusst und beziehen umweltorientierte Grundsätze in Unternehmensentscheidungen mit ein.

Von unseren Geschäftspartnern (Druckereien, Papierfabriken, Verpackungsherstellern usw.) verlangen wir, dass sie sowohl beim Herstellungsprozess selbst als auch beim Einsatz der zur Verwendung kommenden Materialien ökologische Gesichtspunkte berücksichtigen.

Das für dieses Buch verwendete Papier ist aus chlorfrei hergestelltem Zellstoff gefertigt und im pH-Wert neutral.